太赫兹光电测试技术

Terahertz Photoelectric Measurement Technology

谭智勇　曹俊诚／著

战略前沿新技术

——太赫兹出版工程

丛书总主编／曹俊诚

華東理工大學出版社
EAST CHINA UNIVERSITY OF SCIENCE AND TECHNOLOGY PRESS

·上海·

图书在版编目(CIP)数据

太赫兹光电测试技术 / 谭智勇，曹俊诚著. —上海：华东理工大学出版社，2020.10
战略前沿新技术：太赫兹出版工程 / 曹俊诚总主编
ISBN 978-7-5628-6102-7

Ⅰ. ①太… Ⅱ. ①谭… ②曹… Ⅲ. ①电磁辐射—研究②光电检测—测试技术 Ⅳ. ①O441.4②TN206

中国版本图书馆CIP数据核字(2020)第178785号

内 容 提 要

本书主要从太赫兹辐射源、探测器及相关测试技术出发，介绍了太赫兹频段辐射源、探测器及探测技术的基本概念和特点，阐述了太赫兹光电测试技术中所涉及的基本理论、测试原理与方法、测试系统组成和主要技术特点，最后介绍了太赫兹光电测试技术在光电器件标定、光路校准、成像系统与信号传输系统中的应用。希望通过对太赫兹频段光电测试技术的归纳和总结，促进太赫兹技术在物理学、材料学、生物医学、公共安全和信息技术等领域的应用与发展。

本书可作为太赫兹领域科研人员和相关学科研究生的参考书和工具书，亦可供有关工程技术人员参考。

项目统筹 / 马夫娇　韩　婷
责任编辑 / 胡慧勤　韩　婷
装帧设计 / 陈　楠
出版发行 / 华东理工大学出版社有限公司
地址：上海市梅陇路130号，200237
电话：021-64250306
网址：www.ecustpress.cn
邮箱：zongbianban@ecustpress.cn
印　　刷 / 上海雅昌艺术印刷有限公司
开　　本 / 710mm×1000mm　1/16
印　　张 / 17
字　　数 / 258千字
版　　次 / 2020年10月第1版
印　　次 / 2020年10月第1次
定　　价 / 278.00元

战略前沿新技术——太赫兹出版工程

丛书编委会

总序一

太赫兹是频率在红外光与毫米波之间、尚有待全面深入研究与开发的电磁波段。沿用红外光和毫米波领域已有的技术，太赫兹频段电磁波的研究已获得较快发展。不过，现有的技术大多处于红外光或毫米波区域的末端，实现的过程相当困难。随着半导体、激光和能带工程的发展，人们开始寻找研究太赫兹频段电磁波的独特技术，掀起了太赫兹研究的热潮。美国、日本和欧洲等国家和地区已将太赫兹技术列为重点发展领域，资助了一系列重大研究计划。尽管如此，在太赫兹频段，仍然有许多瓶颈需要突破。

作为信息传输中的一种可用载波，太赫兹是未来超宽带无线通信应用的首选频段，其频带资源具有重要的战略意义。掌握太赫兹的关键核心技术，有利于我国抢占该频段的频带资源，形成自主可控的系统，并在未来 6G 和空-天-地-海一体化体系中发挥重要作用。此外，太赫兹成像的分辨率比毫米波更高，利用其良好的穿透性有望在安检成像和生物医学诊断等方面获得重大突破。总之，太赫兹频段的有效利用，将极大地促进我国信息技术、国防安全和人类健康等领域的发展。

目前，国内外对太赫兹频段的基础研究主要集中在高效辐射的产生、高灵敏度探测方法、功能性材料和器件等方面，应用研究则集中于安检成像、无线通信、生物效应、生物医学成像及光谱数据库建立等。总体说来，太赫兹技术是我国与世界发达国家差距相对较小的一个领域，某些方面我国还处于领先地位。因此，进一步发展太赫兹技术，掌握领先的关键核心技术具有重要的战略意义。

当前太赫兹产业发展还处于创新萌芽期向成熟期的过渡阶段，诸多技术正处于在蓄势待发状态，需要国家和资本市场增加投入以加快其产业化进程，并在一些新兴战略性行业形成自主可控的核心技术、得到重要的系统应用。

“战略前沿新技术——太赫兹出版工程”是我国太赫兹领域第一套较为完整

的丛书。这套丛书内容丰富，涉及领域广泛。在理论研究层面，丛书包含太赫兹场与物质相互作用、自旋电子学、表面等离激元现象等基础研究以及太赫兹固态电子器件与电路、光导天线、二维电子气器件、微结构功能器件等核心器件研制；技术应用方面则包括太赫兹雷达技术、超导接收技术、成谱技术、光电测试技术、光纤技术、通信和成像以及天文探测等。丛书较全面地概括了我国在太赫兹领域的发展状况和最新研究成果。通过对这些内容的系统介绍，可以清晰地透视太赫兹领域研究与应用的全貌，把握太赫兹技术发展的来龙去脉，展望太赫兹领域未来的发展趋势。这套丛书的出版将为我国太赫兹领域的研究提供专业的发展视角与技术参考，提升我国在太赫兹领域的研究水平，进而推动太赫兹技术的发展与产业化。

我国在太赫兹领域的研究总体上仍处于发展中阶段。该领域的技术特性决定了其存在诸多的研究难点和发展瓶颈，在发展的过程中难免会遇到各种各样的困难，但只要我们以专业的态度和科学的精神去面对这些难点、突破这些瓶颈，就一定能将太赫兹技术的研究与应用推向新的高度。

中国科学院院士

雷啸霖

2020 年 8 月

总序二

太赫兹频段介于毫米波与红外光之间，频率覆盖 0.1～10 THz，对应波长 3 mm～30 μm。长期以来，由于缺乏有效的太赫兹辐射源和探测手段，该频段被称为电磁波谱中的“太赫兹空隙”。早期人们对太赫兹辐射的研究主要集中在天文学和材料科学等。自 20 世纪 90 年代开始，随着半导体技术和能带工程的发展，人们对太赫兹频段的研究逐步深入。2004 年，美国将太赫兹技术评为“改变未来世界的十大技术”之一；2005 年，日本更是将太赫兹技术列为“国家支柱十大重点战略方向”之首。由此世界范围内掀起了对太赫兹科学与技术的研究热潮，展现出一片未来发展可期的宏伟图画。中国也较早地制定了太赫兹科学与技术的发展规划，并取得了长足的进步。同时，中国成功主办了国际红外毫米波-太赫兹会议（IRMMW - THz）、超快现象与太赫兹波国际研讨会（ISUPTW）等有重要影响力的国际会议。

太赫兹频段的研究融合了微波技术和光学技术，在公共安全、人类健康和信息技术等诸多领域有重要的应用前景。从时域光谱技术应用于航天飞机泡沫检测到太赫兹通信应用于多路高清实时视频的传输，太赫兹频段在众多非常成熟的技术应用面前不甘示弱。不过，随着研究的不断深入以及应用领域要求的不断提高，研究者发现，太赫兹频段还存在很多难点和瓶颈等待着后来者逐步去突破，尤其是在高效太赫兹辐射源和高灵敏度常温太赫兹探测手段等方面。

当前太赫兹频段的产业发展还处于初期阶段，诸多产业技术还需要不断革新和完善，尤其是在系统应用的核心器件方面，还需要进一步发展，以形成自主可控的关键技术。

这套丛书涉及的内容丰富、全面，覆盖的技术领域广泛，主要内容包括太赫兹半导体物理、固态电子器件与电路、太赫兹核心器件的研制、太赫兹雷达技术、超导接收技术、成谱技术以及光电测试技术等。丛书从理论计算、器件研制、系统研发到实际应用等多方面、全方位地介绍了我国太赫兹领域的研究状况和最新成果，清晰地展现了太赫兹技术和系统应用的全景，并预测了太赫兹技术未来的发展趋势。总之，这套丛书的出版将为我国太赫兹领域的科研工作者和工程技术人员等从专业的技术视角提供知识参考，并推动我国太赫兹领域的蓬勃发展。

太赫兹领域的发展还有很多难点和瓶颈有待突破和解决，希望该领域的研究者们能继续发扬一鼓作气、精益求精的精神，在太赫兹领域展现我国家科研工作者的良好风采，通过解决这些难点和瓶颈，实现我国太赫兹技术的跨越式发展。

中国工程院院士

2020 年 8 月

丛书前言

太赫兹领域的发展经历了多个阶段，从最初为人们所知到现在部分技术服务于国民经济和国家战略，逐渐显现出其前沿性和战略性。作为电磁波谱中最后有待深入研究和发展的电磁波段，太赫兹技术给予了人们极大的愿景和期望。作为信息技术中的一种可用载波，太赫兹频段是未来超宽带无线通信应用的首选频段，是世界各国都在抢占的频带资源。未来 6G、空-天-地-海一体化应用、公共安全等重要领域，都将在很大程度上朝着太赫兹频段方向发展。该频段电磁波的有效利用，将极大地促进我国信息技术和国防安全等领域的发展。

与国际上太赫兹技术发展相比，我国在太赫兹领域的研究起步略晚。自 2005 年香山科学会议探讨太赫兹技术发展之后，我国的太赫兹科学与技术研究如火如荼，获得了国家、部委和地方政府的大力支持。当前我国的太赫兹基础研究主要集中在太赫兹物理、高性能辐射源、高灵敏探测手段及性能优异的功能器件等领域，应用研究则主要包括太赫兹安检成像、物质的太赫兹“指纹谱”分析、无线通信、生物医学诊断及天文学应用等。近几年，我国在太赫兹辐射与物质相互作用研究、大功率太赫兹激光源、高灵敏探测器、超宽带太赫兹无线通信技术、安检成像应用以及近场光学显微成像技术等方面取得了重要进展，部分技术已达到国际先进水平。

这套太赫兹战略前沿新技术丛书及时响应国家在信息技术领域的中长期规划，从基础理论、关键器件设计与制备、器件模块开发、系统集成与应用等方面，全方位系统地总结了我国在太赫兹源、探测器、功能器件、通信技术、成像技术等领域的研究进展和最新成果，给出了上述领域未来的发展前景和技术发展趋势，将为解决太赫兹领域面临的新问题和新技术提供参考依据，并将对太赫兹技术的产业发展提供有价值的参考。

本人很荣幸应邀主编这套我国太赫兹领域分量极大的战略前沿新技术丛书。丛书的出版离不开各位作者和出版社的辛勤劳动与付出，他们用实际行动表达了对太赫兹领域的热爱和对太赫兹产业蓬勃发展的追求。特别要说的是，三位丛书顾问在丛书架构、设计、编撰和出版等环节中给予了悉心指导和大力支持。

这套该丛书的作者团队长期在太赫兹领域教学和科研第一线，他们身体力行、不断探索，将太赫兹领域的概念、理论和技术广泛传播于国内外主流期刊和媒体上；他们对在太赫兹领域遇到的难题和瓶颈大胆假设，提出可行的方案，并逐步实践和突破；他们以太赫兹技术应用为主线，在太赫兹领域默默耕耘、奋力摸索前行，提出了各种颇具新意的发展建议，有效促进了我国太赫兹领域的健康发展。感谢我们的丛书编委，一支非常有责任心且专业的太赫兹研究队伍。

丛书共分 14 册，包括太赫兹场与物质相互作用、自旋电子学、表面等离激元现象等基础研究，太赫兹固态电子器件与电路、光导天线、二维电子气器件、微结构功能器件等核心器件研制，以及太赫兹雷达技术、超导接收技术、成谱技术、光电测试技术、光纤技术及其在通信和成像领域的应用研究等。丛书从理论、器件、技术以及应用等四个方面，系统梳理和概括了太赫兹领域主流技术的发展状况和最新科研成果。通过这套丛书的编撰，我们希望能为太赫兹领域的科研人员提供一套完整的专业技术知识体系，促进太赫兹理论与实践的长足发展，为太赫兹领域的理论研究、技术突破及教学培训等提供参考资料，为进一步解决该领域的理论难点和技术瓶颈提供帮助。

中国太赫兹领域的研究仍然需要后来者加倍努力，围绕国家科技强国的战略，从“需求牵引”和“技术推动”两个方面推动太赫兹领域的创新发展。这套丛书的出版必我国太赫兹领域的基础和应用研究产生积极推动作用。

曹俊诚

2020 年 8 月于上海

前言

太赫兹光电测试技术在太赫兹技术的实现和应用中发挥着重要作用，它涉及光学、电学、光电子学以及激光技术、真空和低温条件下的测试技术等，该技术的应用还涉及信息技术、材料学、光谱学和生物医学等学科，是一项多学科交叉的实验技术。20 世纪 90 年代后期，随着能带工程和激光技术的发展，太赫兹辐射的产生方式、探测技术及相关应用研究获得蓬勃发展。当年认为的“太赫兹空隙”已经逐步被“填充”，太赫兹技术也日趋成熟并逐渐获得应用。为此，对太赫兹频段的光电测试技术进行梳理和总结势在必行。

本书从太赫兹辐射源、探测器及相关测试技术出发，结合作者在太赫兹频段器件测试、系统应用以及平台建设方面的经验，介绍了太赫兹频段光电测试技术中所涉及的基本理论和概念、测试原理与方法、测试系统组成及其主要技术特点。本书共 5 章，绪论介绍了太赫兹频段光电测试技术的概况与特点；第 1 章介绍了太赫兹光电测试技术中涉及的辐射源、探测器和相关探测技术；第 2 章介绍了太赫兹频段光电测试过程中涉及的真空与低温技术；第 3 章介绍了太赫兹频段的光学元件、太赫兹激光与光电器件的测试技术；第 4 章介绍了适用于太赫兹频段的光谱测量技术；第 5 章介绍了太赫兹光电测试技术在器件参数测量与标定、太赫兹成像与信号传输方面的应用。希望通过对太赫兹频段光电测试技术的归纳和总结，促进太赫兹技术在材料学、生物医学、公共安全和信息技术等领域的应用与发展。

课题组成员在本书部分内容及相关科研项目完成过程中给予了大力帮助。特别感谢符张龙、郭旭光、顾亮亮、邱付成、王红雨、罗小青和付亚州在太赫兹量子阱探测器性能分析、光电与光谱测试技术方面给予的大力帮助;感谢万文坚、韩英军和黎华在太赫兹量子级联激光器性能测试与分析方面给予的大力帮助;感谢顾立、陈镇、王长、周涛和张戎在太赫兹通信与成像技术方面给予的大力帮助。

由于太赫兹光电测试技术涉及的学科范围较广,加之目前太赫兹技术的发展还处于多种技术的交叉融合过程中,研究成果的数据更新较快,同时限于作者的知识和能力,书中难免存在疏漏与不足之处,敬请同行与读者批评指正。

谭智勇、曹俊诚

2019 年 6 月于上海

Contents

目录

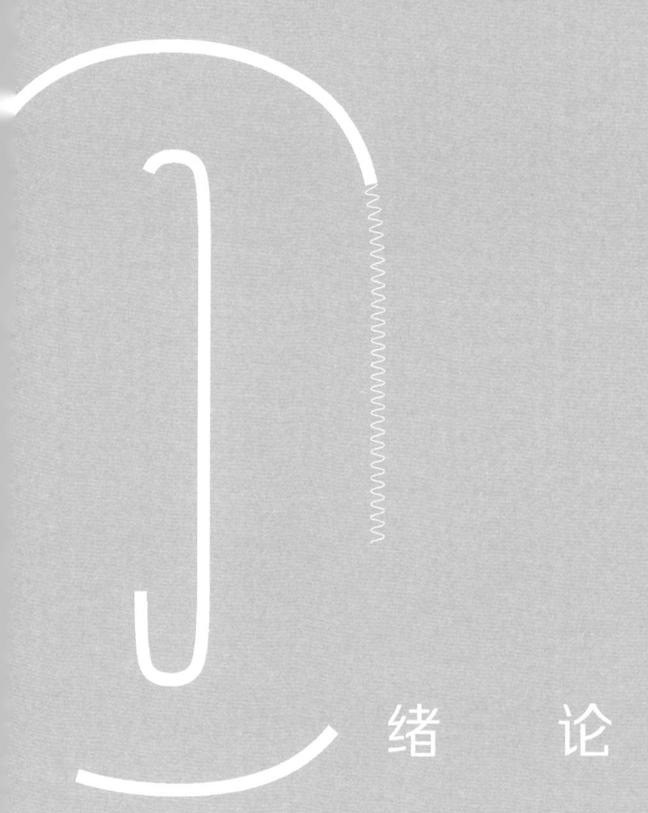

绪　论

太赫兹光电测试技术是研究太赫兹物理、材料、器件、测量技术和应用系统的重要手段。随着紧凑型太赫兹激光源、光电探测器件的出现以及光谱测量技术的发展，特别是激光技术、微电子技术和计算机技术的快速发展与结合，使得光-机-电-算一体化光电测量技术在太赫兹频段获得广泛应用，为太赫兹领域的发展提供了很好的技术基础。

一般太赫兹光电测试系统包括太赫兹光源或被测目标、光学系统、光信号探测系统、信息处理与信号控制系统等几个部分，测试系统的构成如图 0－1 所示。其中，太赫兹光源或被测目标根据具体的测量系统来确定；光学系统主要由各种光学元件构成，用于规范太赫兹光的传播路径，同时将各种被测量量转换为光学参量；光信号探测系统则采用不同的光电探测器来实现光信号向电信号的转换；信息处理与信号控制系统包括两个部分，信息处理系统从光信号探测系统中获取被测量信息，信号控制系统用于对太赫兹光源或测量目标、光学系统、太赫兹光信号探测系统的驱动控制，两者有机结合，实现被测量信息的存储、处理和显示，以实现测量过程的闭循环。随着计算机软硬件技术的快速发展，信息处理系统变得愈发重要，甚至在其他系统性能没有明显提高的情况下使测试准确度、系统适用范围等性能获得明显提高。比如在数据采集、系统控制与数据处理的过程中，采用 LabView 语言编写的测试系统在大幅提高数据获取效率的同时，还可以使测试结果读取的准确度、测量系统的可扩展性和集成性方面得以大大提高。

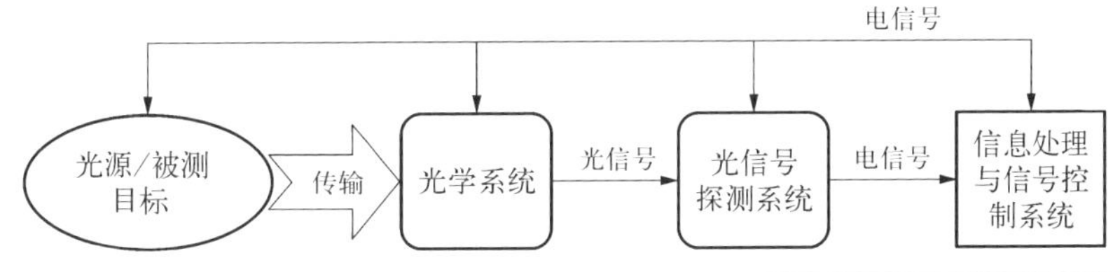

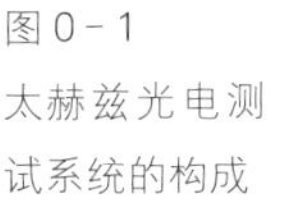
图 0－1
太赫兹光电测试系统的构成

太赫兹光电测试技术一直是太赫兹计量测试技术领域中的主要方法，它具有以下特点。

（1）精度高。太赫兹频段的光电测量精度是各种测量技术中精度较高的技术。如采用频谱分析仪进行测量的太赫兹量子级联激光器的频率稳定性测量精度可以达到 100 Hz 量级。

(2) 非接触。太赫兹光照射到被测物体上可以认为是没有测量力干扰也没有摩擦力存在的,避免了接触式测量中被测物体的损伤和测量条件的破坏。

(3) 速度快。太赫兹光电测试技术以太赫兹光为主要测量载体,而光是各种物质中传播速度最快的,这一点使得测量过程中获取和传递信息的速度达到最快,在某些瞬态测量比如太赫兹时间分辨光谱测量中光电测量方法成为唯一的测量手段。

(4) 适应性强。太赫兹光电测试技术以太赫兹光为信息载体,抗电磁干扰、电绝缘能力强,且无接触、无腐蚀,特别适合人员无法到达的现场测量。

(5) 应用广。太赫兹光电测试技术在物理学、材料科学、信息技术、生物医学、国防科技等领域有广泛应用。

上述太赫兹光电测试技术的特点,使其成为现有太赫兹测试技术中最为先进的测试技术之一。

太赫兹光电测试技术的发展和与其相关的太赫兹辐射源、探测器以及功能器件技术的发展密不可分。自 20 世纪 70 年代开始,随着天文学和材料学的发展,当时还被称为"极远红外"频段的太赫兹材料谱分析技术和天文测量技术逐步获得发展,到了 90 年代初,随着太赫兹时域光谱技术和随后的太赫兹激光技术、光电探测技术以及计算机辅助技术的发展,太赫兹光电测试技术无论从测试原理、测试方法、测量准确度和测试效率,还是适用的领域范围都取得了重要进展。

1 太赫兹辐射体与探测器件

1.1 引言

太赫兹辐射是介于红外光与毫米波之间、波长范围非常宽的一段电磁波，它处于红外光子学与微波电子学之间的交叠、过渡区域，频率范围覆盖 0.1～10 THz（对应波长为 3 mm～30 μm），该频段对应着大分子转、振动能级和自由载流子吸收等微观物理过程的能量尺度[1-3]，这一频段的辐射源和探测器均可沿用成熟的红外光技术和微波技术来实现[4-7]。太赫兹辐射的产生和探测技术是该频段电磁波获得应用的关键。自 20 世纪 90 年代开始，随着激光技术和能带工程的发展，各国科学家纷纷投入到太赫兹领域的研究中，极大地促进了这一频段辐射源、探测器和相关技术的发展[8, 9]。随着研究的深入和技术的进步，一些较为成熟的辐射源、探测器和相关探测技术逐渐出现并获得了应用[10-12]。下面从太赫兹频段的辐射度学、太赫兹辐射体、太赫兹探测器件和太赫兹探测技术等几个方面分别介绍太赫兹频段的相关基本知识，为后续章节提供基本的概念和技术要点。

1.2 太赫兹频段的辐射度学

众所周知，辐射度学是研究辐射量及其测定的学科。因此，太赫兹频段的辐射度学是研究太赫兹辐射量及其测定的一门学科。

1.2.1 基本物理量

太赫兹频段辐射度学的基本物理量与可见光、红外光以及其他电磁波频段具有相同的概念和定义[13]，在太赫兹频段，使用较多的基本物理量主要包括辐射能（Ψ）、辐射能密度（ψ）、辐射通量/功率（Φ）、辐射强度（I）、辐射出射度（M）、和辐射照度/功率密度（E）等，各基本物理量的含义及单位如表 1-1 所示。

（1）太赫兹辐射能（Ψ）

描述以太赫兹辐射形式发射、传输或接收的能量，即太赫兹辐射能量在一段

表 1-1 太赫兹辐射度学基本物理量

序号	名　　称	符号	含　　义	国际单位(符号)
1	辐射能	Ψ	以电磁辐射的形式发射、传输或接收的能量	焦耳(J)
2	辐射能密度	ψ	辐射场单位体积元内的辐射能	焦耳每立方米(J/m^3)
3	辐射通量/功率	Φ	单位时间内发射、传输或接收的辐射能/功率	焦耳每秒(J/s) 瓦(W)
4	辐射强度	I	点辐射源向某方向单位立体角发射的辐射通量/功率	瓦每球面度(W/sr)
5	辐射出射度	M	扩展源单位面积向半球空间发射的辐射通量	瓦每平方米(W/m^2)
6	辐射照度/功率密度	E	入射到单位接收面积上的辐射通量/功率	瓦每平方米(W/m^2)

时间内的积累，单位为焦耳(J)。如人体向其周围发射的太赫兹频段的辐射能。

(2) 太赫兹辐射能密度(ψ)

指单位体积元内的辐射能，即

$$\psi = \frac{d\Psi}{dv} \tag{1-1}$$

(3) 太赫兹辐射通量/功率(Φ)

指以太赫兹辐射形式发射、传输或接收的辐射能/功率，用来描述太赫兹辐射能的时间特性，即

$$\Phi = \frac{d\Psi}{dt} \tag{1-2}$$

在实际应用中，对于太赫兹连续辐射体或者接收体，以单位时间内的太赫兹辐射能，即太赫兹辐射通量表示。例如，许多太赫兹光源的发射特性、太赫兹探测器的响应值不取决于辐射能的时间积累值，而取决于辐射通量或者功率的大小。

(4) 太赫兹辐射强度(I)

指在给定传输方向上单位立体角内太赫兹光源发出的辐射通量或功率，即

$$I = \frac{d\Phi}{dt} \tag{1-3}$$

(5) 太赫兹辐射出射度(M)

指离开太赫兹光源表面单位微面元的辐射通量,即

$$M = \frac{d\Phi}{dA} \tag{1-4}$$

(6) 太赫兹辐射照度/功率密度(E)

指单位微面元被照射的辐射通量或功率,又称功率密度,即

$$E = \frac{d\Phi}{dA} \tag{1-5}$$

由上可知,太赫兹辐射出射度(M)和辐射照度(E)具有相同的量纲,只是相对于同一物体来说两者的传播方向是相反的。

此外,由于太赫兹辐射度学量也是波长(λ)的函数,在描述光谱辐射通量时,也可表示为$\Phi(\lambda)$。

1.2.2 基本定律

1. 朗伯辐射体及其辐射特性

(1) 朗伯辐射体

实际应用中,把辐射亮度与辐射方向无关,即各传播方向上辐射亮度不变的辐射源称为朗伯辐射体。绝对黑体和理想漫反射体是两种典型的朗伯辐射体。

(2) 朗伯余弦定律

定义 I_N 为某一发射表面 dA 在其法线方向的辐射强度,I_θ 为与法线成θ角方向上的辐射强度,则辐射亮度 L 可表示为

$$L = \frac{I_N}{dA} = \frac{I_\theta}{dA\cos\theta} \tag{1-6}$$

于是可以得到

$$I_\theta = I_N \cos\theta \tag{1-7}$$

上述关系式即为朗伯余弦定律。定律表明，各方向上辐射亮度相等的发射表面，其辐射强度按照余弦规律变化。

(3) 朗伯体辐射通量

对处于辐射场中的理想漫反射体，不论辐射来自何方，它都将对入射来的全部辐射通量毫无吸收且不发生透射地按朗伯余弦定律反射出去。因此，该反射表面单位面积发射的辐射通量与入射到单位面积上的辐射通量相等，即 $M=E$。根据文献[14]中的计算，朗伯体的亮度 L 为

$$L = \frac{M}{\pi} \tag{1-8}$$

于是可以得到理想漫反射体的辐射照度等于其辐射亮度乘 π，即

$$E = \pi L \tag{1-9}$$

太赫兹辐射是电磁波谱中的一个频段，因此绝对黑体在太赫兹频段的辐射以及漫反射都遵循上述规律。

2. 辐射亮度守恒定律

当太赫兹光束在同一介质传播时，沿其传播路径上取任意两个微面元 dA_1 和 dA_2，且通过微面元 dA_1 的光束也通过微面元 dA_2，定义微面元法线与光传输方向夹角分别为 θ_1 和 θ_2，两个微面元之间的距离为 r，则可得出微面元 dA_1 的辐射亮度为

$$L_1 = \frac{dI_1}{dA_1 \cos\theta_1} = \frac{d\Phi}{dA_1 \cos\theta_1 d\Omega_1} \tag{1-10}$$

微面元 dA_2 的辐射亮度为

$$L_2 = \frac{d\Phi}{dA_2 \cos\theta_2 d\Omega_2} \tag{1-11}$$

式中，

$$d\Omega_1=\frac{dA_2\cos\theta_2}{r^2} \tag{1-12}$$

$$d\Omega_2=\frac{dA_1\cos\theta_1}{r^2} \tag{1-13}$$

将 $d\Omega_1$ 和 $d\Omega_2$ 的表达式代入式(1-10)、式(1-11)可得到

$$L_1=L_2 \tag{1-14}$$

由此可知,太赫兹辐射在同一介质中传播时,若传输过程没有能量损耗,则太赫兹辐射传输的任一表面亮度相等,即亮度守恒。

同理,若太赫兹辐射从折射率为 n_1 的一种介质传输到折射率为 n_2 的另一种介质,即所取两个微面元处于不同介质中,并且认为太赫兹辐射在两个介质表面无反射和吸收损耗时,根据折射定律

$$n_1\sin\theta_1=n_2\sin\theta_2 \tag{1-15}$$

可得到

$$\frac{L_1}{n_1^2}=\frac{L_2}{n_2^2} \tag{1-16}$$

对于折射率为 n 的介质,L/n^2 称为基本辐射亮度。式(1-16)表明,在不同介质中传播的太赫兹光束,在没有能量损耗情况下,其基本辐射亮度也是守恒的。

对于太赫兹辐射在传输过程中有光学系统存在的情况,则光学系统会使得太赫兹辐射被会聚或发散,定义光学系统的透过率为 τ,物面亮度为 L_1,像面亮度为 L_2,则有

$$L_2=\tau\left(\frac{n'}{n}\right)^2 L_1 \tag{1-17}$$

式中,n 和 n' 分别为物空间和像空间的折射率。对于一般的成像系统,满足 $n=n'$,而其透过率 $\tau<1$,因而可得到 $L_2<L_1$,因此像的辐射亮度不可能大于物的辐射亮度,光学系统的存在只会使物的辐射亮度减小,而无助于辐射亮度的增加。

3. 基尔霍夫定律

通常情况下，一个向周围发射辐射能的物体同时也吸收周围环境所放出的辐射能。当物体吸收的辐射比同一时间内放出的辐射能多时，物体总能量增加，物体温度升高；反之，总能量减少，物体温度下降。当辐射能(Ψ)入射到一个物体表面时，会发生三种过程：① 能量被物体吸收(Ψ_a)；② 能量被物体表面反射(Ψ_r)；③ 能量透过物体继续向前传播(Ψ_t)。由能量守恒定律可得

$$\Psi = \Psi_a + \Psi_r + \Psi_t \tag{1-18}$$

定义物体的吸收率(α_λ)为被吸收的能量与入射总能量之比

$$\alpha_\lambda = \frac{\Psi_a}{\Psi} \tag{1-19}$$

同理得到物体的反射率(ρ_λ)和透射率(τ_λ)分别为

$$\rho_\lambda = \frac{\Psi_r}{\Psi} \tag{1-20}$$

和

$$\tau_\lambda = \frac{\Psi_t}{\Psi} \tag{1-21}$$

根据能量守恒定律则有

$$\alpha_\lambda + \rho_\lambda + \tau_\lambda = 1 \tag{1-22}$$

实验测量结果表明，物体的辐射出射度 M 与其吸收率 α 有一定的关系，1859年，基尔霍夫通过实验测量得出两者的比值 M/α 与物体的性质无关，M/α 都等于同一温度下绝对黑体的辐射出射度 M_0，上述结论即基尔霍夫定律，可表示为

$$\frac{M_1}{\alpha_1} = \frac{M_2}{\alpha_2} = \frac{M_3}{\alpha_3} = \cdots = M_0 = f(T) \tag{1-23}$$

此外，经过研究者们的推算和实验测量，基尔霍夫定律不仅适用于所有波长的全辐射情况，对波长为 λ 的单频率辐射光同样适用，即

$$\frac{M_{1\lambda}}{\alpha_{1\lambda}} = \frac{M_{2\lambda}}{\alpha_{2\lambda}} = \frac{M_{3\lambda}}{\alpha_{3\lambda}} = \cdots = M_{0\lambda} = f(\lambda,\ T) \tag{1-24}$$

上述基尔霍夫定律适用于一切物体的热辐射。定律表明，一个物体的吸收本领越大，其发射本领也越大，如果一个物体不能发射某波长的辐射能，则也不能吸收该波长的辐射能，反之亦然。因此，可以得出，绝对黑体对于任何波长在单位时间、单位面积上发出或吸收的辐射能都比同样温度的其他物体多。当然，自然界中，绝对黑体是不存在的，但随着科学技术的发展，可以根据对辐射黑体的要求，制造出一定波长范围的实际黑体，通常称之为“标准黑体”。

为了描述非黑体的辐射特性，引入辐射发射率 ε_λ 的概念。定义某一温度下辐射体的辐射出射度与同温度下黑体的辐射出射度之比为辐射发射率或者比辐射率，即

$$\varepsilon_\lambda = \frac{M_\lambda}{M_{0\lambda}} \tag{1-25}$$

由上述定义可知，ε_λ 为 0～1 内的一个量纲为 1 的数值，它是波长 λ 和温度 T 的函数，当然也与辐射体的表面性质有关。

为此，可以按照 ε_λ 的数值的不同，将辐射体分为三类：① 黑体，$\varepsilon_\lambda = 1$；② 灰体，$\varepsilon_\lambda = \varepsilon < 1$；③ 选择体，$\varepsilon_\lambda < 1$，且 ε_λ 随波长和温度变化。

实际应用中，一般把任意物体的辐射出射度表示为

$$M_\lambda(T) = \varepsilon_\lambda(T)\, M_{0\lambda}(T) \tag{1-26}$$

太赫兹频段常用材料及地面覆盖物在其常规温度下的辐射发射率 ε_λ 数值如表 1-2 所示[13]。从表中看出，无光黑漆的发射率最接近 1，在实验中是较为理想的黑体替代物。此外，在太赫兹探测器的标定过程中还会用到发射率接近 1 的黑体材料，将其浸泡在液氮中作为 77 K 标准黑体来使用。

表 1-2 太赫兹频段常用材料及地面覆盖物的辐射发射率[13]

材　料	温度/K	ε_λ	材　料	温度/K	ε_λ
雪	263	0.85	光滑玻璃	295	0.94
水	273～373	0.95～0.96	白色瓷砖	296	0.90
平滑的冰	293	0.92	毛面铝	299	0.55
黄土	293	0.85	皮肤(人体)	305	0.85
混凝土	293	0.92	磨光的钢板	1 213～1 373	0.55～0.61
干的土壤	293	0.90	无光黑漆	313～368	0.96～0.98

4. 辐射照度的距离平方反比定律

当一个均匀太赫兹点光源向空间发射球面波时，点光源在传输方向上距离点光源为 R 的某一点上的辐射照度可表示为

$$E=\frac{\Phi}{\mathrm{d}A} \tag{1-27}$$

式中，$\mathrm{d}A$ 为某一点的面积，而根据球体面积公式有

$$\mathrm{d}A=R^2\mathrm{d}\Omega \tag{1-28}$$

因此，可得

$$E=\frac{1}{R^2}\frac{\Phi}{\mathrm{d}\Omega} \tag{1-29}$$

说明太赫兹点光源在该点的辐射照度与该点到点光源的距离成平方反比关系，即辐射照度的距离平方反比定律。

在实际应用中，太赫兹点光源通常具有一定的几何尺寸，称之为面光源。根据辐射能力叠加原理，所求表面的辐射照度实际上是该点光源上所有点的辐射照度之和，设点光源的半径为 r，当 $r\ll R$ 时，上述求和的辐射照度可简化为

$$E\approx\pi L\left(\frac{r}{R}\right)^2 \tag{1-30}$$

式中，L 为面光源的发光亮度。

因此，在实际应用中，只有当某一点上微面元距离面光源表面足够远时，使用上述平方反比定律才能不产生明显的误差。例如，当面光源的线性尺寸 r 与上述距离 R 之比为 1∶5 时，使用上述平方反比定律进行计算所产生的辐射照度误差为 1%；而当上述比例降低至 1∶15 时，上述误差仅为 0.1%[13]。

5. 普朗克辐射定律

普朗克辐射定律描述的是黑体辐射出射度的分布规律，它是基于普朗克在 1900 年提出的普朗克量子假说而建立起来的，它与实验测量结果完全吻合。上述量子假说与经典理论完全不同，普朗克辐射定律揭示了辐射与物质相互作用

过程中，辐射出射度与辐射波长及黑体温度的依赖关系，是黑体辐射理论的基础。

普朗克辐射定律的内容包括以下两点假设：① 黑体(发射体)由无穷多个各种固有频率的谐振子构成，每个固有频率谐振子的能量只能取最小值 $E=h\nu$ 的整数倍；② 谐振子不能连续发射或吸收能量，只能以 $E=h\nu$ 为最小单位一份一份地进行。上述假设中 h 为普朗克常量，ν 为谐振子的频率。因此，上述谐振子只能从一个能级跃迁至另一能级，而无法处于两个能级间的某一能量态，且谐振子跃迁时伴随着辐射的发射或吸收。

根据普朗克量子假说及热平衡谐振子能量分布规律，可推导出黑体辐射出射度随温度 T 和波长 λ 的函数关系——普朗克公式的几种表达形式。其中

$$M_0(\lambda,\ T)=\frac{2\pi hc^2}{\lambda^5}\frac{1}{\exp\left(\frac{hc}{\lambda k_B T}\right)-1} \tag{1-31}$$

为了计算上的方便，定义 $C_1=2\pi hc^2=3.715\times10^{-16}\ \text{W}\cdot\text{m}^2$，$C_2=hc/k_B=1.439\times10^{-2}\ \text{m}\cdot\text{K}$。式中，$k_B$ 为玻耳兹曼常数，c 为真空下的光速。则普朗克公式简化为

$$M_0(\lambda,\ T)=\frac{C_1}{\lambda^5}\frac{1}{\exp\left(\frac{C_2}{\lambda T}\right)-1} \tag{1-32}$$

当 $\exp(C_2/\lambda T)\gg 1$ 时，则式(1-32)可简化为维恩近似式

$$M_0(\lambda,\ T)\approx\frac{C_1}{\lambda^5}\exp\left(-\frac{C_2}{\lambda T}\right) \tag{1-33}$$

由于黑体属于朗伯辐射体，其辐射亮度公式可表示为

$$L_0(\lambda,\ T)=\frac{1}{\pi}\frac{C_1}{\lambda^5}\frac{1}{\exp\left(\frac{C_2}{\lambda T}\right)-1} \tag{1-34}$$

在实际应用中，会经常用到能量密度的概念，黑体辐射的能量密度谱随温度 T 和波长 λ 变化的公式可表示为

$$u(\lambda,\ T)=\frac{8\pi hc}{\lambda^5}\frac{1}{\exp\left(\frac{hc}{\lambda k_B T}\right)-1} \tag{1-35}$$

图 1-1 为根据能量密度谱公式(1-35)计算得到的双对数坐标下 4～1 200 K黑体的能量密度谱曲线，从图中看出，每一个温度下的黑体辐射曲线对应一个特定的辐射波长峰值。这些峰值详见本章 1.3 节表 1-4。根据真空下波长与频率的换算关系 $\lambda\nu=c$，能量密度谱随温度 T 和频率 ν 的变化还可表示为

$$u(\nu,\ T)=\frac{8\pi h\nu^3}{c^3}\frac{1}{\exp\left(\frac{h\nu}{k_B T}\right)-1} \tag{1-36}$$

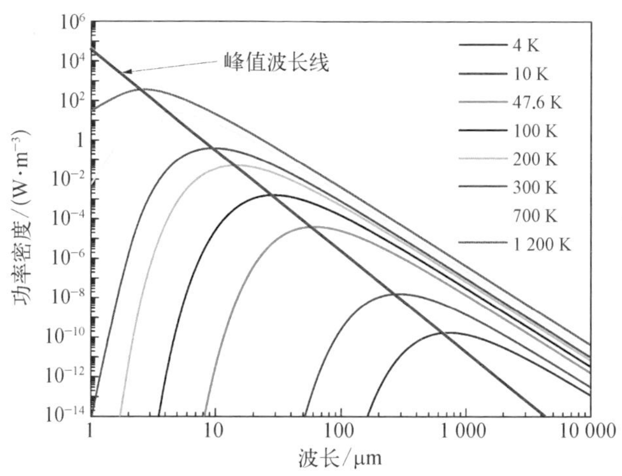

图 1-1 不同温度黑体的能量密度谱曲线

6. 斯忒藩-玻耳兹曼定律

斯忒藩-玻耳兹曼定律描述的是全波长内普朗克公式的积分值，即对黑体辐射出射度公式进行全波长范围的积分，得到辐射出射度仅随黑体温度变化的公式

$$M_0(T)=\int_0^{\infty} M_0(\lambda,\ T)\mathrm{d}\lambda=\frac{\pi^4 C_1}{15\,C_2^4}\ T^4=\sigma T^4 \tag{1-37}$$

式中，$\sigma\approx5.670\times10^{-8}$ W/($\mathrm{m}^2\cdot\mathrm{K}^4$)为斯忒藩-玻耳兹曼常量。上述定律表明，黑体在单位时间单位面积内辐射的总能量与黑体温度 T 的四次方成正比。

7. 维恩位移定律

黑体光谱辐射是单极大值函数，利用极值条件

$$\frac{\partial M_0(\lambda,\ T)}{\partial \lambda}=0 \tag{1-38}$$

可以求出峰值波长 λ_m 与黑体温度 T 的乘积满足 $\lambda_m T=2\,898\ \mu\text{m}\cdot\text{K}$。所以，当黑体温度升高时，其光谱辐射的峰值波长向短波方向移动，我们称之为“维恩位移”。

8. 最大辐射定律

将峰值波长 λ_m 代入普朗克公式，得到最大辐射出射度为

$$M_{0m}(T)=M_0(\lambda_m,\ T)=\frac{C_1}{b^5}\frac{1}{\exp\left(\frac{C_2}{b}\right)-1}T^5=BT^5 \tag{1-39}$$

式中，$b=\lambda_m T=2\,898\ \mu\text{m}\cdot\text{K}$，$B=1.286\times10^{-11}\ \text{W/(m}^2\cdot\mu\text{m}\cdot\text{K}^5)$。因此，从最大辐射定律可以看出，黑体最大辐射出射度与黑体温度 T 的五次方成正比。表 1-3 列出了黑体辐射光谱分布中几个特征波长的能量分布。

表 1-3 几个黑体辐射特征波长的能量分布[13]

波　长	关系式	能量分布
峰值波长	$\lambda_m T=2\,898$	$0\sim\lambda_m$：25%
		$\lambda_m\sim\infty$：75%
中心波长	$\lambda_3 T=4\,110$	$0\sim\lambda_3$：50%
		$\lambda_3\sim\infty$：50%
半功率波长	$\lambda_1 T=1\,728$ $\lambda_2 T=5\,270$	$0\sim\lambda_1$：4%
		$\lambda_1\sim\lambda_2$：67%
		$\lambda_2\sim\infty$：29%

总之，在太赫兹探测器性能参数的表征、标定以及太赫兹光电测试系统中，上述黑体辐射各参数的推导和计算都非常重要。

1.2.3 太赫兹辐射在大气中的传播

太赫兹辐射介于红外光与毫米波之间，其在大气环境中传播时，容易受环境

因素的影响，这些因素主要包括水汽吸收、大分子和颗粒物的散射等。在其他介质中传播时，还容易受介质吸收和介质表面反射的影响。在传播过程中，太赫兹辐射受水汽吸收的影响最大，尤其是在 1 THz 以上。

图 1-2 为采用傅里叶变换光谱仪测量得到的 1.0～20.4 THz 内大气的透过率谱。其中，环境温度为 18℃，相对湿度为 35%RH；被测辐射经过的大气距离为 1 500 mm；测量的光谱分辨率为 2.25 GHz。由图 1-2 可知，大气环境下水汽对太赫兹频段的吸收是非常强的。

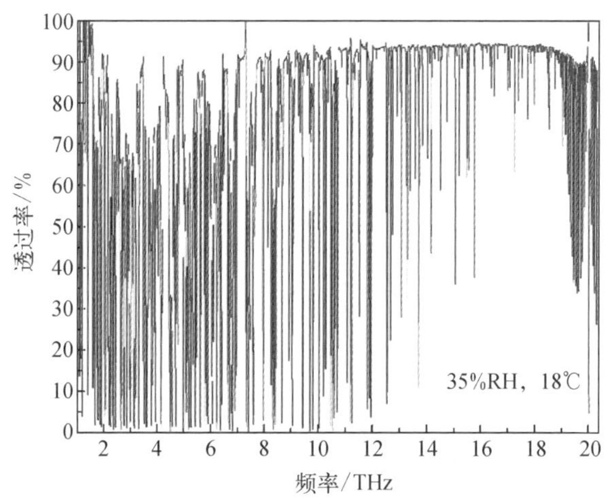

图 1-2
采用傅里叶变换光谱仪测量的大气透过率谱，大气距离为 1 500 mm

不过，仔细观察和分析后发现，在太赫兹频段还是有一些小的透过率较高（透过率大于 80%）的“窗口”存在。比如，在 1.0～5.0 THz 频段（图 1-3），透过率相对较高的频点有 1.3 THz、1.5 THz、2.0 THz、2.5 THz、3.4 THz、4.3 THz 和 4.9 THz；在 5.0～10.0 THz 频段（图 1-4），透过率相对较高的频点有 5.7 THz、6.6 THz、7.2 THz、7.8 THz、8.1 THz、8.8 THz、9.2 THz、9.6 THz、9.9 THz 和 10.0 THz。在上述频点及其附近，水汽对太赫兹辐射的吸收相对较弱，适合用于大气环境下的太赫兹成像和无线信号传输。而吸收强（透过率小于 3%）的频点或频段则更多，而且大部分的吸收峰都比较窄，这些吸收峰对应的频点或中心频率包括：1.21 THz、1.68 THz、1.71 THz、1.79 THz、1.87 THz、1.92 THz、2.04 THz、2.20 THz、2.26 THz、2.37 THz、2.46 THz、2.65 THz、2.77 THz、

2.88 THz、3.02 THz、3.16 THz、3.33 THz、3.54 THz、3.62 THz、3.65 THz、3.81 THz、3.97 THz、4.19 THz、4.53 THz、4.59 THz、4.69 THz、4.73 THz、5.00 THz、5.11 THz、5.20 THz、5.28 THz、5.32 THz、5.44 THz、5.64 THz、5.83 THz、5.92 THz、6.08 THz、6.25 THz、6.38 THz、6.66 THz、6.71 THz、6.82 THz、7.37 THz、7.43 THz、7.61 THz、7.98 THz、8.35 THz、8.41 THz、8.46 THz、8.68 THz、9.08 THz、9.45 THz、9.71 THz、9.83 THz。上述透过率较高和吸收较强频点或频段的测定，为太赫兹频段光电测试技术的应用提供了很好的基础数据支撑。

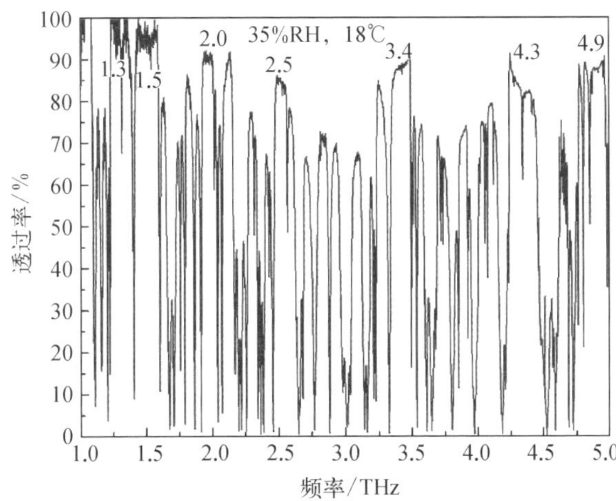

图 1-3 1.0～5.0 THz 频段的大气透过率谱及太赫兹"窗口"的主要频点分布

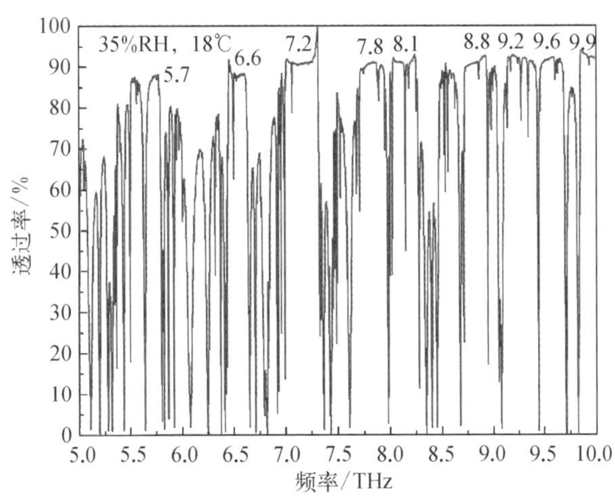

图 1-4 5.0～10.0 THz 频段的大气透过率谱及太赫兹"窗口"的主要频点分布

1.3　太赫兹辐射体

按照辐射体的来源划分，太赫兹辐射体可以分为自然辐射体和人工辐射体两大类，其中，人工辐射体又称为光源或波源，这里统称为辐射源。在太赫兹光电测试技术中，光是信息的载体，太赫兹光源的质量及其制备技术的成熟与否对太赫兹光电测试技术的发展起着关键的作用。因此，了解太赫兹辐射体的基本特性，对设计和搭建太赫兹光电测试系统至关重要。

1.3.1　基本性能参数

1. 辐射效率

在给定波长范围内，太赫兹光源所发出的辐射通量（辐射功率）Φ_e 与产生该辐射通量所需要的功率 P_0 之比称为太赫兹辐射源的辐射效率 η_e，表示为

$$\eta_e = \frac{\Phi_e}{P_0} = \frac{\int_{\lambda_1}^{\lambda_2} \Phi_e(\lambda)\,d\lambda}{P_0} \tag{1-40}$$

式中，$\lambda_1 \sim \lambda_2$ 为太赫兹光电测试系统的光谱测量范围。辐射效率高的太赫兹辐射源通常具有体积小、能量转换效率高等优势，更容易获得实际应用。

2. 光谱功率分布

太赫兹辐射体大多是由单频辐射组成的窄谱或宽谱辐射体。辐射体输出的功率与光谱有关，即与太赫兹辐射的波长有关，称之为太赫兹光谱的功率分布。有四种常见的典型的太赫兹光谱功率分布形态：① 线状光谱源，又称单频光源，如太赫兹频段的量子级联激光器、二氧化碳气体激光器、自由电子激光装置和返波管等；② 带状光谱源，如高压汞灯；③ 连续光谱源，如标准黑体、硅碳棒（SiC）、光电导发射天线等；④ 复合光谱源，它由连续光谱源与线状、带状光谱源组合而成，这种光谱在太赫兹频段目前比较少见。

在太赫兹光电测试系统中，为了最大限度利用太赫兹辐射源的能量，通常选

择光谱功率分布峰值波长与光电器件灵敏度波长一致的光源或辐射源来构建测试系统。

3. 空间光强分布特性

由于太赫兹光源发光时存在一定程度的各向异性，大多数光源的发光强度在各方向上存在差异。定义配光曲线为在太赫兹光辐射空间的某一截面上，发光强度相同的点连接而成的线，即该光源在该截面上的发光强度曲线。为了提高太赫兹光的利用效率，通常在实验测量系统中选择发光强度高的方向作为太赫兹光发射的方向。目前，由于太赫兹光源的实现技术还不成熟，绝大多数太赫兹光源的空间光强分布相比成熟的可见光源、红外光源和微波辐射源来说还有较大差距。因此，太赫兹光束整形技术也是太赫兹激光技术研究的重要分支之一。

4. 辐射源的稳定性

辐射源的稳定性主要包含三个方面，一是辐射能量或者输出功率的稳定性；二是辐射频率的稳定性，这一点是针对线状光谱的辐射源来说的；三是描述脉冲光源的重复频率、脉宽等参数的稳定性。不同的太赫兹光电测量系统对光源的稳定性要求不一样，具体则根据被测量对象来确定。例如，针对太赫兹光源脉冲频率、脉冲持续时间等参数的测量系统对光源的稳定性要求较低，只要确保不因光源工作状态的波动产生假脉冲或者漏脉冲即可。而针对太赫兹光源辐射通量、光强、亮度等参数的探测系统，其对光源的稳定性要求就要高很多。比如，用于表征物质吸收光谱的光源，其在频率方面的稳定性要求就非常高。再比如，用于雷达成像，尤其是相干成像的太赫兹光源，其输出激光的频率、相位和功率要求都较高。

1.3.2 太赫兹辐射源

由于太赫兹频段与微波和红外光频段相邻，该频段绝大多数辐射的产生方式都是沿用微波和红外光领域的方法。通常将太赫兹辐射源分为热辐射源、固态电子学源、真空电子学源和光子学源。热辐射源是传统而经典的一种辐射源，不仅是在太赫兹频段，在毫米波、红外光甚至可见光频段也都有分布。严格来讲，太赫兹频段只是热辐射源的一小段而已。固态电子学源和真空电子学源由于都有电子参与，可以统称为电子学源。目前利用电子学方法产生太赫兹辐射的方法有：倍频源（Multiplier）、耿氏振荡器（Gunn Oscillator）、返波振荡器（Backward Wave Oscillator，BWO）、自由电子激光器（Free Electron Laser，FEL）、回旋管（Gyrotron）等。利用光子学方法产生太赫兹辐射的方法有：量子级联激光器（Quantum Cascade Laser，QCL）、超短脉冲光电导效应或光整流效应、差频产生（Difference Freqnency Generation，DFG）、太赫兹参量产生器（Terahertz Parameter Generation，TPG）或太赫兹波参量振荡器（Terahertz Wave Parameter Oscillator，TPO）、光学切连科夫（Cherenkov）辐射效应、光学受激辐射等[1,5,8,9]。下面就太赫兹光电测试系统中涉及的几种主要辐射源进行详细介绍。

1. 热辐射源

热辐射源属于传统的宽谱辐射源，一切温度高于绝对零度（0 K）的物体都能产生热辐射，温度愈高，辐射出的总能量就愈大。热辐射源的光谱是连续谱，从理论上来说，其波长范围可覆盖从 0 直至无穷大，包括了可见光、红外光、太赫兹频段和毫米波频段。比如人体（37℃）辐射出的电磁波波长主要分布在 10 μm 左右；而对于一个温度为 10 K 的物体，其辐射出的电磁波波长主要分布在 300 μm 左右。热辐射源是太赫兹领域发展初期非常重要的一种辐射源，也是目前用于标定器件关键性能指标最常用的一种辐射源，它对太赫兹辐射在天文学、物理学和材料科学等领域的应用起到了重要作用。

（1）标准黑体

标准黑体是热辐射研究中的“标尺”，它既可用于衡量其他辐射源的输出能量，也是探测器噪声等效功率、探测率等关键参数标定的常用辐射源。

标准黑体具有温度特性稳定、表面发射率和辐射输出均匀等特点，是测量和标定太赫兹探测器光响应率和探测率的标准辐射源。1.2.2 节介绍了不同温度黑体的能量密度谱曲线（图 1-1），每个温度下都有一个对应的峰值波长和中心波长。例如，飞机发动机温度约为 1 200 K，计算得到其热辐射的峰值波长为

2.41 μm,中心波长为 3.42 μm;人体温度约为 310 K,其热辐射的峰值波长为 9.35 μm,中心波长为 13.26 μm。同理,可计算出温度为 700 K、300 K、200 K、77 K、47.6 K、10 K 和 4.2 K 的标准辐射体或物体对应的辐射峰值波长和辐射中心波长(表 1-4)。

表 1-4 不同温度物体对应的辐射峰值波长(频率)和辐射中心波长(频率)

物体温度/K	对应典型事物	辐射峰值波长/μm	辐射峰值频率/THz	辐射中心波长/μm	辐射中心频率/THz
1 200	飞机发动机温度	2.42	124.22	3.42	87.59
700	坦克发动机温度	4.14	72.46	5.87	51.09
310	人体温度	9.35	32.09	13.26	22.63
300	室温	9.66	31.06	13.70	21.90
200	热电制冷常用温度	14.49	20.70	20.55	14.60
77	液氮温度	37.64	7.97	53.38	5.62
47.6	1 THz 光子能量对应的热力学温度	60.88	4.93	86.34	3.47
10	常用深冷温度	289.80	1.03	411.00	0.73
4.2	液氦温度	690.00	0.43	978.57	0.31

(2) 硅碳棒(SiC)

硅碳棒,又称 Globar,是一种由 SiC 材料制成的热辐射源,通常用作傅里叶光谱仪内部的辐射源,其工作时可被加热到 1 000~1 650℃,辐射的波长主要覆盖 4~15 μm 波段,在 30~200 μm 波段(对应于 10~1.5 THz 频段)也有比较适合的辐射能量,常用于中红外、远红外及太赫兹频段的光谱测量。

图 1-5 为采用傅里叶变换光谱仪测量的硅碳棒光源光谱(能量)分布曲线,测量时的探测器为氘化硫酸三甘肽(DTGS),分束器为溴化钾(KBr),光谱分辨率为 4 cm^{-1}。由图可知,其峰值辐射波长为 6.93 μm(分别对应于 43.3 THz 和 1 443 cm^{-1})。

同时,还测量了硅碳棒在 0.9~20.4 THz 频段的光谱分布(图 1-6),测量时光谱分辨率为 2 cm^{-1},所用分束片为 6 μm 厚的 Mylar 膜,Mylar 是一种坚韧聚酯类高分子物,属于 Polyethylene Terephthalate(PET)类。由图可知,在上述频段以及 0.9~10 THz 频段(蓝色方框),硅碳棒均可作为一种很好的辐射源。

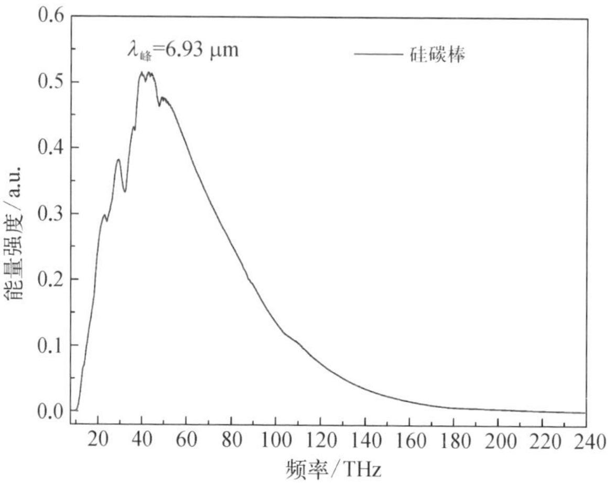

图 1-5
硅碳棒光源光谱分布，探测器为 DTGS

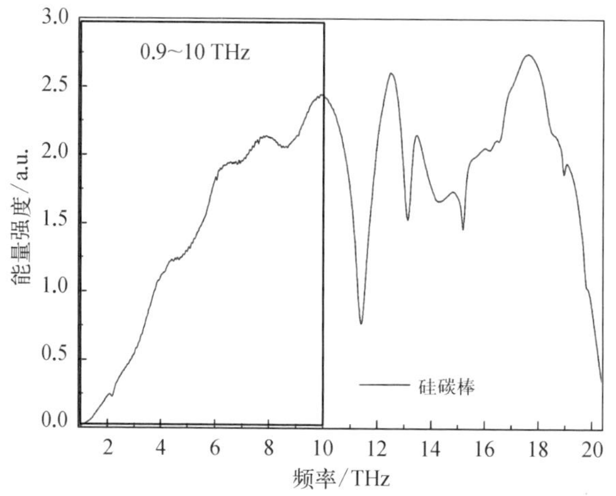

图 1-6
硅碳棒光源在太赫兹频段的光谱分布，探测器为低温 Si-测辐射热计

(3) 高压汞灯

高压汞灯亦称水银灯，是一种内部含有汞蒸气的灯，以气体放电的方式产生电磁辐射，其在 15～2 500 μm 波段(对应 20～0.12 THz 频段)的有效辐射通常被用于低频太赫兹频段(1～0.1 THz)的傅里叶变换光谱测量。

(4) 人体辐射

人体温度为 37℃左右，对应的辐射波长主要为 6～16 μm，其在太赫兹频段也有一定的辐射，使用灵敏度较高的探测器可实现对人体辐射的探测并成像。

比如基于 94 GHz 和 220 GHz 等低频太赫兹辐射探测的主/被动成像系统就可以应用于人体安检成像中[15]，目前 94 GHz 的人体安检系统已获得机场等重要场所的初步应用。图 1-7 为采用傅里叶变换光谱仪测量的人手辐射(温度通常约为 35℃，即 308 K)在 1.5～20.4 THz 频段的光谱(能量)分布，测量时的探测器为 DTGS-FIR，分束片为 6 μm 厚的 Mylar 膜，光谱分辨率为 2 cm^{-1}。由图可知，人手辐射在 1.5～10 THz 内仍有一定的能量分布。

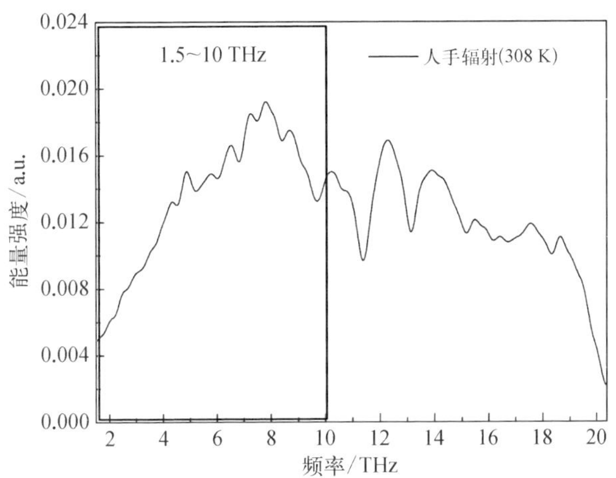

图 1-7 采用傅里叶变换光谱仪 DTGS-FIR 探测器测量的人手辐射光谱分布

除了标准黑体(T=300～1 200 K)、硅碳棒、高压汞灯和人体辐射等常见辐射源，还有像太阳辐射、低温标准黑体(T=77 K)等辐射源，在太赫兹光电测试系统中均发挥着重要作用。

2. 光子学太赫兹辐射源

(1) 太赫兹量子级联激光器

太赫兹量子级联激光器(Terahertz Quantum-Cascade Laser, THz QCL)[5]是太赫兹频段的重要辐射源之一[9]。它具有体积小、性能稳定、易集成和能量转换效率高等优点，是太赫兹应用技术领域非常重要的一种紧凑型光源。随着器件性能的不断提高[16-19]，THz QCL 在成像[9]、通信[20]、外差探测[21]和光频梳[22]等领域被广泛研究。器件的优异性能[23]使其在上述领域的应用优势越来越明显。

QCL 是电子参与为主的单极型半导体激光器，THz QCL 是中红外 QCL 在太赫兹频段的扩展，其工作原理如图 1-8 所示。当器件处于一定外加偏压时，电子从较高能态跃迁到较低能态，辐射出光子，各周期产生的光子通过级联增益后以激光的形式辐射出来。器件的辐射波长取决于量子阱中量子限制效应决定的两个激发态之间的能量差。通过调节该能量差可以根据需要设计器件的激射频率。目前 THz QCL 的激射频率可覆盖 1.2～5.2 THz 的多个频点，在外加磁场辅助下，器件的最低工作频率可达 0.68 THz[23]。用于生长 THz QCL 有源区结构的材料主要有 GaAs/AlGaAs 材料[5] 和 InGaAs/AlInAs/InP 材料[23]，本书光电测试系统中所涉及的 THz QCL 均基于 GaAs/AlGaAs 材料。

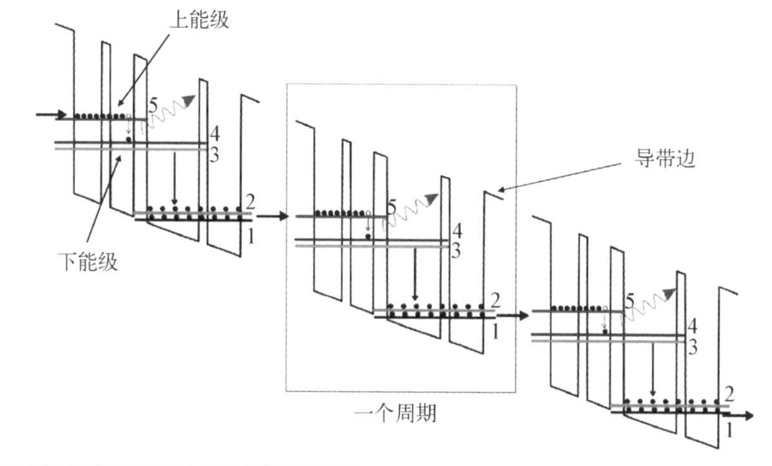

图 1-8 THz QCL 能带结构及电子输运示意图

根据电子跃迁方式的不同，THz QCL 的有源区分为啁啾超晶格、束缚态到连续态、共振声子、散射辅助[24] 和交叉结构[18]。目前，无论是在工作温度还是输出功率方面，后三种有源区结构的器件性能都比前两种要好。根据波导结构的不同，器件可分为半绝缘等离子体波导（又称单面金属波导）和双面金属波导[23] 两种类型。器件的激射波长通常为 100 μm（3 THz）量级，而器件的有源区厚度通常只有 10 μm 量级。因此激光从器件脊条端面输出时存在衍射效应，输出光束较为发散。从性能上来看，单面金属波导器件的波导限制因子差，很大一部分光没有被限制在波导内部，而是延伸至衬底区域，其光束较为集中，有效输出功率较高，远场光束的发散角为 30°～40°；双面金属波导器件由于存在两个方向的限制，其限制因子高，大部分光都被限制在波导中，因此器件的阈值电流密度低，但这样会导致器件波导的耦合输出较差，光束的远场发散角远大于单面金属波导器件的光束发散角。

截至目前，器件激射频率可覆盖 1.2～5.2 THz[23]，在连续波模式下，最高工作温度为 129 K[25]，最大输出功率达 230 mW[16]；在脉冲模式下，最高工作温度近 200 K[26]，最大输出功率达 2.4 W[19]。器件通过工艺改善后的最佳光束发散角可小于 10°[23]，采用高阻硅超半球透镜可实现发散角小于 3°的太赫兹激光束[17]，采用小型离轴抛物面反射镜(Off-Axis Parabolic, OAP)可实现准平行太赫兹激光输出，光束发散角仅为 1.86°[27]。在实用化模块方面，斯特林制冷型太赫兹激光源最大有效输出功率大于 4 mW[28]，完全满足一定距离范围内的无线信号传输、快速成像和光路校准等应用。此外，器件被证明存在亚千赫兹的量子噪声限线宽[29]，并且也出现了潜在的可调谐性[30]，有望在多频点太赫兹实时成像方面获得应用。

总体来说，就器件本身而言，THz QCL 的辐射功率高出光学泵浦源和热辐射源好几个数量级，且相比庞大而昂贵的超快激光源[31]或气体激光器[32]，其在构建紧凑型太赫兹光电测试系统和应用系统方面更加具有优势[33]。上述吸引人的特点不仅仅促使人们对基于 THz QCL 的实时成像系统产生极大的研究兴趣，还为进一步改进太赫兹成像技术提供了巨大潜力。表 1-5 中所示是基于 GaAs/AlGaAs 材料的 THz QCL 目前最好的工作性能参数。

表 1-5 THz QCL 工作性能参数表[19, 23]

激射模式	频率/THz	最大输出功率/W	最高工作温度/K
连续波	1.2～5.2	0.23	129
脉冲	1.2～5.2	2.4	200

(2) 太赫兹气体激光器

太赫兹气体激光器是基于二氧化碳红外激光器泵浦(泵浦波长约为 10 μm)特定种类和压强气体产生太赫兹激光的腔体式激光器。这种激光器具有输出功率大、频谱纯度较高、输出激光光束质量好以及激光频率准连续可调等特点，是研究太赫兹辐射与物质相互作用、太赫兹频段探测器及探测技术方面非常重要的辐射源。

由于采用了较为成熟的二氧化碳红外激光器技术，太赫兹气体激光器是出现较早的一种太赫兹辐射源，商用化程度较高。表 1-6 所示为英国的爱丁堡仪器公司(Edinburgh Instruments, EI)FIRL 100 型激光器的主要输出性能参数。

表 1-6 FIRL 100 太赫兹激光器输出性能参数表

波长/μm	频率/THz	气体种类	二氧化碳泵浦线	典型功率/mW
96.5	3.11	CH_3OH	9R10	60
118.8	2.53	CH_3OH	9R36	150
184.3	1.63	CH_2F_2	9R32	150
432.6	0.69	HCOOH	9R20	30
513.0	0.58	HCOOH	9R28	10

FIRL 100 使用的泵浦激光包含 80 根谱线，泵浦激光波长覆盖 9.1～10.9 μm，输出的太赫兹激光光束质量好(M^2因子小于 1.25)。从表 1-6 中可以看出，气体激光器的输出激光谱线为准连续谱线，不能实现连续可调。

由于气体的可控性较差，气体激光器的使用者需要具备非常高的经验和技巧，这种激光器对泵浦气体的种类敏感，当采用确定的气体种类作为泵浦气体后，对气体压力的调节也非常关键，压力值对气体激光器输出功率大小及其稳定性影响较大。因此，尽管太赫兹气体激光器具有诸多优点，但其输出功率稳定性差以及价格昂贵、体积笨重等缺点使得这种传统太赫兹辐射源的实际应用受到很大限制。

(3) 太赫兹光电导天线

光电导天线又称光电导开关，是一种光电导型太赫兹辐射源[34]。其基本结构是在光电半导体衬底之上蒸镀两个具有微小间隙的金属电极，然后在两个电极上施加一定的偏置电压。太赫兹光电导天线的工作原理为：采用泵浦激光脉冲(激光中心波长通常为 800 nm 或 1 560 nm)照射天线两个电极之间的间隙时，会使间隙中衬底材料的电子从价带跃迁到导带，从而产生自由载流子，上述光生自由载流子在外加电场的作用下会进行加速运动，从而产生电磁辐射，当泵浦光脉冲的脉宽为飞秒尺度时，产生的电磁脉辐射冲恰好对应于太赫兹频段。由于太赫兹辐射的场强与偏置电场强度成正比，因此可以通过提高外加偏压来提高太赫兹辐射的功率。此外，自由载流子的密度与激发光的强度相关，因此提高泵浦光的强度可以提高光生载流子密度，进而也可以提高太赫兹辐射的功率。

随着光电导材料和器件制备工艺技术的发展，利用光电导天线方式产生太赫兹辐射的频率可以覆盖 0.1～30 THz，通过加大偏置电压的方式，辐射的平均功率目前最高可达到毫瓦量级。因此，光电导天线具有优异的频谱性能和潜在的应用价值，是目前获得广泛应用的太赫兹辐射源之一[1, 8]。

（4）*差频太赫兹辐射源*

采用两束波长相近、频率差恰好落在太赫兹频段的连续波激光作为泵浦光（激光中心波长通常包括 850 nm 或1 560 nm），对光电导材料进行激励，从而产生一个光生电流，电流的频率恰好等于两束光的频率差，即太赫兹频段，然后将产生的太赫兹电流耦合到传输线电路或天线结构上就可以向自由空间辐射出太赫兹波，其中，传输线电路或天线结构主要包括光电导天线、单行载流子光电二极管等。通过调节泵浦激光的中心频率，可实现对产生的太赫兹辐射频率的调谐[35]。上述方法通常叫作光混频太赫兹辐射产生方法，也叫光学外差太赫兹辐射产生方法。由于受到材料非线性效应能量转换效率低的影响，采用这种方法产生的太赫兹辐射平均功率较低，通常在毫瓦量级以下。

除了上述介绍的太赫兹辐射源以外，基于光子学的太赫兹辐射源还包括：① 基于非线性晶体差频产生的太赫兹辐射源；② 基于同步辐射产生的太赫兹辐射源；③ 基于新材料（如石墨烯等）实现的太赫兹辐射源等。

1.4　太赫兹探测器件

太赫兹探测器是接收太赫兹辐射信号的关键器件，广泛应用于太赫兹光电测试系统、测量仪器及测量系统、通信与成像应用系统中。下面分别介绍太赫兹探测器的基本性能参数、主要类型和几种主要的太赫兹探测器。

1.4.1 基本性能参数

太赫兹光电测试系统的设计和构建，很大程度依赖于太赫兹频段探测器的性能，而探测器的工作性能则由特定条件下的一些参数来描述和确定。

1. 太赫兹探测器的工作条件

太赫兹探测器种类繁多，器件工作性能与其工作条件直接相关，为了使不同工作原理的太赫兹探测器能互换使用，在给出器件性能参数时，通常会注明相关的工作条件。在实际应用中，与探测器性能相关的工作条件主要包括以下五个方面。

(1) 工作温度

太赫兹频段的探测器受环境影响较大，其中温度的影响最为直接，尤其是用半导体材料制作的探测器，无论是探测器的响应信号强度还是噪声大小，都与探测器的工作温度密切相关。太赫兹探测器常用的工作温度包括：室温(300 K)、干冰温度(195 K)、液氮温度(77 K)、二级机械制冷机温度(10 K)以及液氦温度(4.2 K)。

(2) 放大电路频段和带宽

由于噪声是限制探测器极限性能的主要因素，器件响应信号在放大过程中，其噪声电压(电流)与探测器工作带宽的平方根成正比，同时噪声还是探测器响应速度所对应频率的函数，因此在描述探测器性能时，通常需要说明其放大电路的工作频段和带宽。

(3) 辐射源光谱分布

在表征太赫兹探测器光响应谱时，会采用一定光谱分布的太赫兹源来标定。由于探测器的光谱响应信号依赖于太赫兹源的辐射波长，且探测器的光响应谱是入射辐射波长(频率或波数)的函数，在表征过程中需要扣除辐射源光谱分布对探测器实际响应光谱的影响，同时在描述时需要说明辐射源的辐射波长以及辐射被调制时的调制频率。

(4) 光敏面尺寸

太赫兹探测器的响应信号及噪声均与器件光敏面面积相关,大部分探测器的探测信噪比与光敏面面积的平方根成正比。因此,在说明探测器工作条件时,探测器的光敏面面积也是一个非常重要的参数。

(5) 偏置情况

大多数太赫兹探测器需要在供电情况下工作,即需要某种形式的偏置。如光电导型太赫兹探测器需要工作在直流偏置条件。此外,响应信号的强弱和噪声的大小均与偏置情况有关。因此,器件的偏置情况也需要在工作条件中说明。

2. 辐射响应相关参数

(1) 响应率(响应度)

响应率是描述太赫兹探测器灵敏度的参量,它是衡量探测器响应后输出信号与输入辐射之间关系的参数[36]。定义为探测器的输出均方根电压(电流)与入射到太赫兹探测器上平均辐射功率的比值,即

$$R_V=\frac{V_S}{\Phi},\ R_I=\frac{I_S}{\Phi} \tag{1-41}$$

式中,Φ 为入射辐射功率;R_V 和 R_I 分别表示电压响应率和电流响应率,其单位分别为 V/W 和 A/W。

太赫兹探测器的响应度是描述器件将太赫兹辐射信号转换成电信号能力大小的一个参数,通常为波长的函数。与式(1-41)对应,定义光谱响应度为

$$R_{V\lambda}=\frac{V_S}{\Phi(\lambda)},\ R_{I\lambda}=\frac{I_S}{\Phi(\lambda)} \tag{1-42}$$

则积分响应度与光谱响应度的关系为

$$R_V=\frac{V_S}{\Phi}=\frac{\int_{\lambda_1}^{\lambda_0}R_{V\lambda}\Phi(\lambda)\mathrm{d}\lambda}{\int_{\lambda_1}^{\lambda_0}\Phi(\lambda)\mathrm{d}\lambda},\ R_I=\frac{I_S}{\Phi}=\frac{\int_{\lambda_1}^{\lambda_0}R_{I\lambda}\Phi(\lambda)\mathrm{d}\lambda}{\int_{\lambda_1}^{\lambda_0}\Phi(\lambda)\mathrm{d}\lambda} \tag{1-43}$$

式中,λ_0 和 λ_1 分别为太赫兹探测器的长波限和短波限;R_V 和 R_I 分别为积分

电压响应度和积分电流响应度，其单位分别为 V/W 和 A/W。由此可知，积分响应度不仅与探测器光谱响应度相关，还与入射太赫兹辐射的光谱分布有关，因此在说明积分响应度时，通常需要指出测量所使用的太赫兹辐射源的特性，即光谱分布。

对于光子型太赫兹探测器来说，由于探测器表面的镜面反射损失、电子陷阱、电子在扩散中与空穴复合或者被量子阱俘获以及探测器材料的吸收等因素，探测器的量子效率通常小于 1，且在长波部分下降明显。而对于热探测器来说，为了提高响应度，通常在探测器表面涂覆一层吸收率很高的黑色涂层（如炭黑、金黑等），使得吸收层的吸收率为一个恒定的值，几乎与波长无关。此外，由于热探测器表面温度的变化只与吸收辐射能量的大小有关，导致其响应度曲线近似为直线，可响应的频谱范围几乎包含了整个太赫兹频段，这一点使得热探测器被广泛应用于太赫兹光辐射的测量系统中。

(2) 量子效率

量子效率是评价太赫兹探测器工作性能的一个重要参数，这一概念主要是针对光子型探测器来说的。定义量子效率为在某一特定波长上每秒内产生的光电子数与入射光量子数之比。与可见光和红外频段类似[13]，太赫兹频段的光子型探测器的量子效率可以表示为

$$\eta(\lambda)=\frac{R_{\lambda}hc}{q\lambda} \tag{1-44}$$

式中，q 为电子电荷；λ 为入射光波长；R_{λ} 为入射波长下探测器的响应率；h 为普朗克常量；c 为光速。

从式(1-44)看出，理论上，若 $\eta(\lambda)=1$，则入射一个光量子就能发射一个电子或产生一个电子-空穴对。不过，实际上太赫兹探测器的量子效率 $\eta(\lambda)$ 是小于 1 的。因为 $\eta(\lambda)$ 反映的是入射辐射与最初的太赫兹光敏元的相互作用，而在相互作用过程中辐射能量会有一定的损失。

(3) 响应时间

太赫兹探测器的响应时间被定义为当入射太赫兹辐射到达探测器后，探测器的输出上升到稳定值所需的时间（或者当入射太赫兹辐射消失后，探测器的输

出下降到辐照前的值所需的时间)。响应时间是描述太赫兹探测器对入射太赫兹辐射响应快慢的一个参数。通常采用时间常数 τ 来表示。在实际应用中,还会用到探测器的上升时间和下降时间的概念,具体说来,探测器的上升时间是指其响应幅度从峰值的 10%上升到 90%所需的时间,而下降时间是指响应幅度从峰值的 90%下降到 10%所需的时间。

(4) 频率响应

太赫兹探测器的频率响应是一个与响应时间相关的应用性能参数。由于探测器信号的产生和消失过程存在滞后现象,因此定义探测器的响应随入射太赫兹辐射调制频率而变化的特性为探测器的频率响应[36]。由时间常数的定义可得到太赫兹探测器响应度与入射太赫兹辐射调制频率的关系为

$$R(f)=\frac{R_0}{\sqrt{1+(2\pi f\tau)^2}} \tag{1-45}$$

式中,$R(f)$ 表示频率为 f 时的响应度;R_0 表示频率为 0 时的响应度;τ 为时间常数(即探测器的电阻电容乘积——RC 值)。定义式(1-45)中,当 $\frac{R(f)}{R_0}=\frac{1}{\sqrt{2}}$ 时,对应于探测器响应的上截止频率表示为

$$f_{上}=\frac{1}{2\pi\tau}=\frac{1}{2\pi RC} \tag{1-46}$$

即探测器的时间常数决定了其响应带宽。

3. 噪声相关参数

评价太赫兹探测器工作性能时,除了器件本身对太赫兹辐射的响应度,还有很重要的一个方面是探测器的噪声水平。对于一个探测器来说,只要有频率匹配的光辐射存在,器件就有响应信号,同时只要处于工作状态,器件内部就会产生噪声,探测器之所以能展现出被探测的光信号,是因为其吸收光辐射后产生的信号强度大于器件内部的噪声幅度,否则光信号即使存在也会淹没在杂乱的噪声信号中。从这一点,也不难看出,有些低温太赫兹探测器,在入射太赫兹辐射

较弱时，其工作温度只能维持在较低水平（此时的器件噪声较低），以保证较好的信噪比，当不断增大入射太赫兹辐射的功率时，在保证一定信噪比的情况下，探测器的工作温度可以随之提高。上述噪声指的是器件内部的固有噪声，对于太赫兹频段的光探测器来说，固有噪声包括散粒噪声、热噪声、产生-复合噪声、温度噪声以及 $1/f$ 噪声等[36]。下面介绍太赫兹探测器中跟噪声相关的几个参数。

（1）信噪比

信噪比通常用于判断探测器噪声大小，定义探测器的信噪比为器件产生的信号功率与噪声功率的比值（S/N）。即

$$\frac{S}{N}=\frac{P_{\mathrm{S}}}{P_{\mathrm{N}}} \tag{1-47}$$

太赫兹探测器上产生的信号功率（P_{S}）和噪声功率（P_{N}）分别可以用信号电流的平方（I_{S}^2）与负载电阻（R_{L}）的乘积和噪声电流的平方（I_{N}^2）与负载电阻（R_{L}）的乘积来表示。于是式(1-47)可表示为

$$\frac{S}{N}=\frac{I_{\mathrm{S}}^2}{I_{\mathrm{N}}^2} \tag{1-48}$$

在实际应用中，信噪比通常用分贝(dB)来表示，即

$$\left(\frac{S}{N}\right)_{\mathrm{dB}}=10\lg\frac{I_{\mathrm{S}}^2}{I_{\mathrm{N}}^2}=20\lg\frac{I_{\mathrm{S}}}{I_{\mathrm{N}}} \tag{1-49}$$

利用 S/N 评价两种太赫兹探测器时，必须在信号辐射功率相同的情况下进行。比如，对于单个太赫兹探测器来说，其 S/N 的大小与入射太赫兹辐射功率及器件接收面积有关。如果入射辐射强，接收面积大，S/N 就大，但上述结论并不能表示这一类探测器的性能就一定很好，因此，仅用 S/N 评价探测器的性能存在一定的局限性。

（2）噪声等效功率

噪声等效功率(Noise Equivalent Power, NEP)被定义为入射到太赫兹探测器上经调制的均方根辐射通量 Φ 所产生的均方根信号电压 V_{S}（或电流 I_{S}）正好与均方根噪声电压 V_{N}（或电流 I_{N}）相等时，入射到探测器上的太赫兹辐射通

量[36]。于是对于光伏探测器来说，其 NEP 可表示为

$$\mathrm{NEP}(V)^{①}=\frac{\Phi}{V_{\mathrm{S}}/V_{\mathrm{N}}}=\frac{V_{\mathrm{N}}}{R_V} \tag{1-50}$$

同理，对于光电导探测器来说，其 NEP 可以表示为

$$\mathrm{NEP}(I)=\frac{I_{\mathrm{N}}}{R_I} \tag{1-51}$$

式中，R_V 和 R_I 分别为探测器的电压响应率和电流响应率。因此，NEP 又被称为探测器的最小可探测功率 $P_{\min}$。一般来说，在实际应用中，比较优良的探测器的 NEP 约为 10 pW 量级。

(3) 探测率 D 与比探测率D^*

从前面定义的 NEP 来看，对于一个探测器来说，NEP 越小，探测器的噪声就越小，器件的性能越好。但 NEP 不能比较两个不同来源的探测器之间的性能优劣。对探测器性能的描述通常还用到另一个参数，即 NEP 的倒数，其定义为探测率 D，即

$$D(V)=\frac{1}{\mathrm{NEP}(V)}=\frac{R_V}{V_{\mathrm{N}}} \tag{1-52}$$

或

$$D(I)=\frac{1}{\mathrm{NEP}(I)}=\frac{R_I}{I_{\mathrm{N}}} \tag{1-53}$$

因此，探测器的 D 越大，说明探测器的性能越好，但这一结论是有前提条件的。由于探测率 D 在测量过程中还与探测器的光敏面积 A_{d} 和测量带宽 Δf 相关，上述结论只适合于相同大小和相同测量带宽的两个探测器之间的比较。

实验证明，对于许多类型的太赫兹探测器来说，器件的噪声电压 V_{N}（或电流 I_{N}）与其光敏面积 A_{d} 的平方根和测量带宽 Δf 的平方根均成正比。为了客观地对不同来源的探测器性能进行比较，通常将探测率参数归一化到测量带宽为 1 Hz，探测器光敏面积为 1 cm^2。上述归一化的探测率被称为比探测率[36]，用

① 根据行业习惯，使用缩写代表物理量，如 NEP 为探测器噪声等效功率。

D^* 表示。根据式(1－52)和式(1－53)得到

$$D^*(V)=\frac{\sqrt{A_d\Delta f}}{\text{NEP}(V)}=\frac{R_V}{V_N}\sqrt{A_d\Delta f} \tag{1-54}$$

或

$$D^*(I)=\frac{\sqrt{A_d\Delta f}}{\text{NEP}(I)}=\frac{R_I}{I_N}\sqrt{A_d\Delta f} \tag{1-55}$$

从定义可以看出，D^* 实际上是单位辐射通量入射到太赫兹探测器单位面积上在单位带宽测量条件下的信噪比。当然，在实际使用太赫兹探测器的过程中，还需要考虑器件的暗电流、动态范围、器件阻抗、寿命以及线性度等其他参数。

1.4.2 热探测器

热探测器具有响应频谱宽、性能稳定等特点，是太赫兹频段探测技术和应用系统早期研究时最为常用的探测器类型。

1. 测辐射热计

测辐射热计(Bolometer)是一类可以探测微小辐射能量的热探测器的总称，由美国天文学家 S. P. Langley 于 1881 年发明，可用于测量可见光、红外光、太赫兹波以及微波频段的辐射能。热-电探测器(热敏电阻)是测辐射热计最常见的一种类型。热-电探测器的基本单元是一个超高灵敏的热敏电阻(图 1－9)，该热敏电阻通常工作于 4.2 K 的液氦温度环境中，以减小背景热噪声的影响，热-电探测器工作时任何热辐射照射到器件上后都会导致其温度上升引起热敏电阻阻值发生变化，通过放大电路提取并放大后将上述变化转换成电压的变化，通过测量上述电压的变化来实现对热辐射的探测。本质上，太赫兹辐射也属于一种热辐射，因此上述热-电探测器可以很好地工作于太赫兹频段。这类较灵敏的探测器通常需要工作于低温环境，探测波长可覆盖 2～5 000 μm(对应于 150～

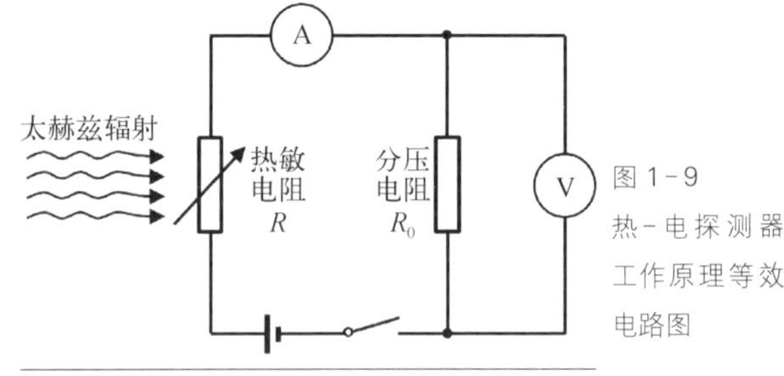

图 1－9 热-电探测器工作原理等效电路图

0.06 THz)，NEP 为 0.1～1 pW・$Hz^{-1/2}$ 量级，工作温度通常为 1.2～4.2 K。

由于这种探测器测量的是器件温度的变化，因此需要对入射热（太赫兹）辐射进行调制，使探测器交替地被激励和弛豫，测量到的阻值（放大后对应于电压）变化对应为入射辐射能量的变化。同时，上述介绍的测辐射热计工作于液氦温区，在使用时还需要掌握一些常见的操作技巧与经验。比如，在给测辐射热计液氦腔输送液氦时，如何做到既节约又高效，如何判断测辐射热计是否正常工作以及测辐射热计无信号输出时的故障判断等，这些都需要拥有丰富的实际操作经验，这一点在太赫兹光电测试系统中也显得非常重要。此外，由于测辐射热计的响应频段很宽，热辐射背景对太赫兹频段光电探测系统的影响较大，需要在实际使用过程中进行有效滤除。

2. 热释电探测器

热释电（Pyroelectric）探测器是基于晶体热释电效应的一种热探测器，材料通常为晶体（比如钽酸锂晶体），其工作原理如图 1-10 所示，当太赫兹辐射照射探测器敏感面时，组成探测器敏感面的热释电晶体的温度发生变化，从而出现结构上的电荷中心相对位移，使得其自发极化强度发生变化，产生特定方向的晶体表面电荷，将上述表面电荷形成的电势进行提取和放大就可以得到探测器对太赫兹辐射的响应。由于这种类型的探测器灵敏度不高，主要应用于辐射功率较强的功率测量与标定。

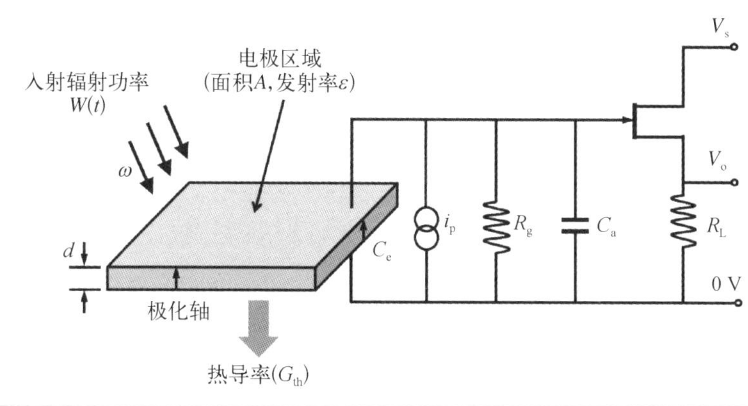

图 1-10 热释电探测器工作原理及放大电路示意图

热释电探测器的材料除了有钽酸锂之外，还有一种为氘化硫酸三甘肽(DTGS)的材料，用这种材料制备的太赫兹探测器主要应用于傅里叶变换光谱仪中，用作光谱仪标配的热探测器。DTGS探测器的特点是采用了薄膜热释电技术，其响应频段为13～200 μm，其灵敏度相对钽酸锂材料的热释电探测器要高，比探测率 D^* 约为 10^8 量级，电压响应度可达10 000 V/W。

与测辐射热计一样，热释电探测器在使用过程中只对变化的太赫兹辐射信号有响应，在直接探测过程中需要对入射的辐射进行周期性调制。因此，在使用时需要对其输出信号进行交流(AC)耦合采样，在使用示波器显示波形或者用锁相放大器进行信号读取时，这一点尤其重要。此外，热释电探测器对热辐射有一定的响应，热辐射背景对太赫兹频段光电探测系统的影响较大，需要在实际使用过程中进行有效滤除。如傅里叶光谱仪中DTGS太赫兹探测模块上就采用了黑色聚合物膜来有效滤除热辐射背景。表1-7显示了典型热释电探测器的主要性能。

表1-7 典型热释电探测器的主要性能

参数名称	数值
工作频率范围	0.02～3 THz
典型响应率(电压)	1 000 V/W
动态范围(功率)	1 μW～10 mW
最优调制频率	5～30 Hz
噪声水平	1.0 mV

3. 热电堆探测器

热电堆(Thermal Pile)探测器是一种基于温差电偶(也叫热电偶)原理工作的探测器。温差电偶是一种利用温差电现象制成的基本元件，它由两种能产生显著温差电的金属丝(如铜和康铜)或p型和n型半导体构成，把两种材料的其中一个结点涂成金黑(或铂黑)或覆盖上镀黑的薄片，以吸收辐射并引起温升，这一结点称为热端；而未被辐射(加热)的一端称为冷端。在热端和冷端有温差时，回路中会产生温差电动势，即出现温差电偶现象。热电堆探测器就是利用这种现象，将多级温差电偶串联起来以提高响应率的一种热探测器。

典型热电堆探测器的主要性能如表 1-8 所示。这种探测器通常包括能量和功率两种测量模式，具有测量动态范围大、敏感面积较大、即时校准以及带数显功能等优点。基于这种探测器的功率计的功率测量范围可以从几十微瓦覆盖至几瓦。不过，在使用过程中，需要注意功率计的冷端（即安装在辐射吸收体旁边的敏感面）容易受空气流动、温度波动等环境变化的影响，在较为精确或者信号比较弱的功率测量实验中要及时校零。此外，根据热电堆探测器的工作原理，其对辐射信号的探测可以在时间上进行积累，使用过程可以选择积分时间为 1 s、3 s 等。因此，热电堆探测器可以直接测量得到太赫兹辐射的能量值或功率值，而不需要像热释电探测器那样，对入射辐射进行周期性调制，其缺点是易受环境影响。

表 1-8 典型热电堆探测器的主要性能

参数名称	数值
吸收体类型	p 型/n 型
工作频率范围	0.3～10 THz
功率模式	
功率测量范围	50 μW～3 W
功率噪声水平	4 μW
热漂移(30 min)	5～30 μW
最大可测平均功率密度	0.05 kW/cm^2
典型响应时间(幅度从 0%至 95%)	2.5 s
功率测量精度	±15%
能量模式	
能量测量范围	20 μJ～2 J
能量数值挡位	200 μJ～2 J
最小可测能量值	20 μJ

4. 高莱探测器

高莱（Golay Cell）探测器是目前太赫兹频段较为灵敏的一种常温探测器，它的敏感头由一个包含辐射吸收材料和可形变薄膜的气体池组成，薄膜用于反射一组设计好的激光光束，当太赫兹辐射被材料吸收后，会对气体池加热，导致其膨胀，促使薄膜形变，并引起设计好的激光光束在传播方向上发生偏转，使得光电二极管上的信号幅度发生相对应的变化，其工作原理及结构示意图如图 1-11 所示。

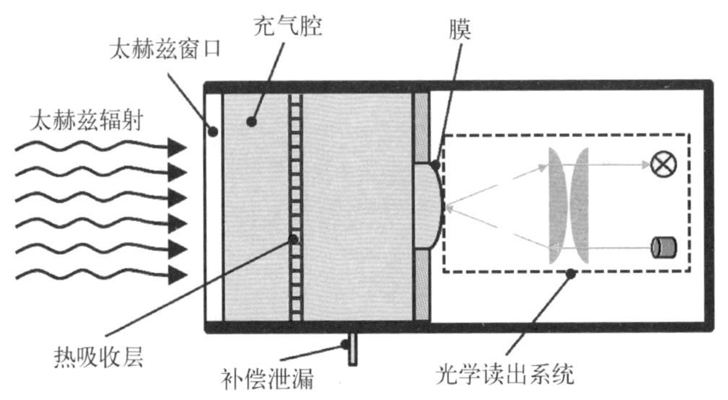

图 1-11 高莱探测器的工作原理及结构示意图

从上述工作原理来看，高莱探测器属于一种热-光-电探测器，其入射太赫兹辐射能量的大小与探测器信号幅度改变的大小呈正相关，因此可以直接从光电二极管上的信号变化大小衡量出入射辐射能量的多少。不过，它只对变化的辐射信号有响应，即只有当入射辐射发生变化时，探测器才能产生随辐射变化的响应波形，这一变化的频率在 10～20 Hz 为最佳，因此在使用示波器显示波形或者用锁相放大器进行读取时需要对其输出信号进行 AC 耦合采样。

此外，其封闭的气体池对外界环境的变化反应比较灵敏，使用时需要隔绝振动，运输过程中应避免 1～100 Hz 的剧烈振动；由于高莱探测器灵敏度高、响应波长范围大，还应该尽量避免红外背景辐射的干扰和影响。表 1-9 显示了典型高莱探测器的主要性能参数，由表可以看出，这种探测器是常温太赫兹探测器中最为灵敏的直接探测器，在太赫兹光电测试系统中获得了广泛应用。

表 1-9 典型高莱探测器的主要性能参数

参数名称	数值
最大测量功率值	10 μW
最优调制频率	15±5 Hz
工作波长(频率)	
TPX 窗口	0.3～6.5 μm 及 13～8 000 μm

(续表)

参 数 名 称	数 值
HDPE 窗口	15～8 000 μm
金刚石窗口	0.4～8 000 μm
噪声等效功率(NEP)@ 20 Hz	
典型值	140 pW/$Hz^{1/2}$
最小值	80 pW/$Hz^{1/2}$
光响应率@ 20 Hz	
典型值	100 kV/W
最大值	150 kV/W
比探测率(D*)	
典型值	7.0×10^{9} cm・$Hz^{1/2}$/W
最大值	11.0×10^{9} cm・$Hz^{1/2}$/W

1.4.3 光子型探测器

1. 太赫兹量子阱探测器

太赫兹量子阱探测器(THz QWP)[6]是一种工作在太赫兹频段的低维半导体量子器件,其有效探测频率可覆盖 2～7.5 THz 和 8.8～15 THz。THz QWP 是量子阱红外探测器(Quantum Well Infrared Photodetector, QWIP)在太赫兹频段的扩展,两者在器件性能和特点上具有相似性。器件的导带结构及工作原理示意图如图 1－12 所示,多个量子阱与势垒组成的周期结构以及上、下接触层构成了器件的有源区,每个周期包含一层掺杂的量子阱层(GaAs 材料)和一层量子垒层(AlGaAs 材料),当外加太赫兹辐射作用于器件敏感面时,位于量子阱中束缚态的电子吸收太赫兹光子能量($h\nu$)后跃迁至接近势垒边的准连续态(其中,h 为普朗克常量,ν 为太赫兹光子的频率),上述光生载流子(电子)在外加偏压的作用下,形成特定方向的光电流,通过测量和分析光电流的大小和变化可以得到入射光辐射的强弱和变化情况,进而实现对太赫兹光的探测。器件的峰值响应频率由上述结构中束缚态到准连续态的能量差决定,上述能量差则可以通过调节有源区的势垒高度、量子阱宽度和阱中的掺杂浓度等参数来改变,从而实现按需设计。为保证器件对入射光的充分吸收，器件有源区的周期数通常为10～100个[36]。THz QWP具有响应谱窄、体积小、易集成、响应速度快等优点，在探测过程不需要滤光片，非常适合于高频太赫兹频段（1～10 THz）的高速和高频探测，是目前太赫兹频段非常重要的一种紧凑型快速探测器[27]。

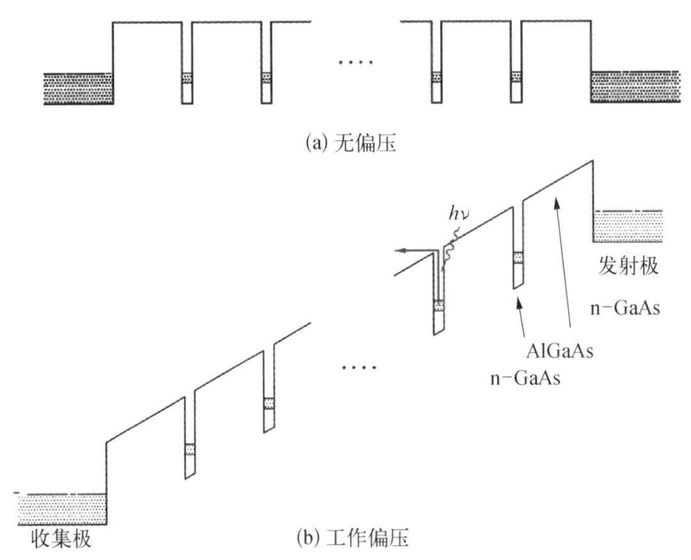

图 1-12 THz QWP 导带结构及工作原理示意图[36]

2004年，THz QWP由加拿大的Liu等[6]首次研制成功。随后，在器件理论设计[37, 38]、光电性能提高[39-42]和应用研究[43-46]方面均取得了重要进展。比如在器件的理论设计方面，Guo等[37]考虑器件中多体效应影响，将器件峰值探测频率的设计误差由最初的30%减小到5%，大幅提高了器件的理论设计精度；随后，Guo等又设计了表面等离子体增强光栅结构和金属微腔结构的THz QWP器件，理论上将器件探测时的耦合效率分别提高了30倍和约100倍[38]。在器件性能提高方面，Zhang等[42]研制出金属光栅耦合THz QWP，将器件的峰值响应率提高了146%；Wang等[40]设计并研制了双色THz QWP，双峰值探测频率分别为3.75 THz和5.55 THz，将探测器的响应谱宽从1.5 THz左右提高至接近3 THz；随后，Wang等[41]又设计并研制出宽带偏压可调谐的THz QWP器件，峰值探测频率可从4.5 THz调节至6.5 THz。在器件的应用研究方面，2009年，Grant等[43]首次将THz QWP应用于一套3.8 THz的无线信号传输系统，演示了太赫兹音频信号的传输，实现了 1 THz 以上载频的无线信号传输零的突破；Fathololoumi 等[44]采用 THz QWP 研究了对 THz QCL 的热淬灭过程的研究，实现了微秒量级的时间分辨功率；此外，Patrashin 等[45]采用低温读出电路实现了对 4 个 THz QWP 器件在 4 K 温度下的信号读取；Fu 等[46]采用频率上转换技术，将 THz QWP 与发光二极管(LED)集成，研制出具有成像功能的太赫兹频率上转换探测芯片，可实现每秒一百万帧的太赫兹成像速度。

2. 阻挡杂质带探测器

阻挡杂质带(Blocked Impurity Band，BIB)探测器属于非本征光电导探测器的一种。它是在传统非本征光电导探测器的基础上，为了避免因掺杂浓度提高(提高非本征光电导吸收系数)而引起的极大暗电流，在器件结构中增加了一层本征层而形成的一种探测器。当太赫兹辐射入射到 BIB 探测器时，吸收层中杂质能级上的电子吸收辐射后跃迁至导带形成光生载流子，在外加偏压下形成非本征光电流(电导)，通过跨阻放大获取被探测信号[47]。BIB 探测器具有响应率高、响应波段宽、易集成、方便大规模制备和数据读出等优点，在天文和深空探测领域具有广泛的应用。由于应用领域的敏感性，国外一直对这种器件尤其是阵列器件的研制技术进行封锁，目前我国在太赫兹频段的 BIB 器件研究尚处于起步阶段。在成熟且商用的太赫兹 BIB 单元探测器中，锗掺镓(Ge：Ga)探测器是一个典型代表，其响应率大于 0.1 A/W，噪声等效功率小于 1 pW・$Hz^{-1/2}$，探测时的 −3 dB 带宽大于 50 kHz。

除上述两种典型的光子型探测器之外，还包括太赫兹量子级联探测器、光伏型 THz QWP 和电荷敏感太赫兹光晶体管等，下面分别进行简单介绍。

(1) 太赫兹量子级联探测器。这种探测器源于 THz QCL 的有源区架构，于 2004 年由加拿大的 Graf 等提出并研制成功[48]，最初的设想是利用量子级联结构实现既可以发射太赫兹光又可以接收太赫兹光的收发器。但后来研究发现，THz QCL 出射的激光，经过样品反射后，再耦合至器件内部可实现自混探测[49]，这一发现使得这种探测器的研究意义锐减，再加上其探测性能不如光电导型 THz QWP，目前这种探测器被研究得较少。

(2) 光伏型 THz QWP。这种探测器仅停留于理论设计中，主要是借用了 QWIP 有源区中的“四区”和“三区”结构来设计，光伏型 THz QWP 的特点是暗电流低且可以零偏压工作[50]。不过，由于成熟材料体系中 Al 组分比例太低(小于 1.5%)，生长出来的材料质量欠佳，所以目前太赫兹频段的光伏型 THz QWP 还没有实现。

(3) 电荷敏感太赫兹光晶体管(Charge Sensitive Terahertz Phototransistor, CSTP)。这种晶体管本质上属于量子点探测器，即设计的量子阱结构被人为地隔离在一个单独的空间(即量子点)，当其被太赫兹光照射时，会被激发充电而产生感应电荷，光生感应电荷经由器件的二维电子气(2DEG)结构进行传导，从而实现探测过程。这种探测器是电荷敏感红外光晶体管(Charge Sensitive Infrared Phototransistor, CSIP)在太赫兹频段的扩展，其特点是响应率非常大(10^5 A/W 量级)且 NEP 非常低，NEP 理论设计值可以低达 10^{-22} W/Hz$^{1/2}$ 量级，但由于太赫兹频段 CSTP 的量子效率太低，仅有 0.01%，远远低于远红外频段 CSIP 的量子效率(7%)，因此当前实验测量得到的比探测率值仅达到 10^{12} cm · Hz$^{1/2}$/W，只比同温度(4.2 K)下 THz QWP 的典型比探测率高几十倍[51]。

1.4.4 多像元探测器

1. 线列探测器

为了提高成像速度，除了提高探测器的响应速率之外，还可以通过空间换时间的办法，即通过增加像元数量来大幅度提高成像速度。线列探测器就是一种很好的选择。它将多个单元探测器通过工艺制备的方式进行有序排列，并在信号读出方面做一些特殊的处理，以达到多个探测器同时探测的目的。目前在低频太赫兹频段，在通道式或者移动式的检测环境中，通过线列与平行运动的结合实现对目标物体的二维成像，以达到提高成像速率的目的。当线列的像元达到一定数量时，通过提高线列探测器整体的响应速率和平移运动的速率，可接近或者达到实时成像的目的。比如在高频太赫兹频段，由于 THz QWP 具有非常快的响应速度，探测带宽可以达到 100 MHz 以上，因此可以通过将多个 THz QWP 单元器件做成线列的形式来进行目标探测，以提高探测成像的效率，目前具体的 THz QWP 线列芯片还在研究当中。

2. 阵列探测器

太赫兹频段的阵列探测器种类较多，在高频太赫兹频段，按材料划分，主要包括非晶硅、氧化钒(VO_x)和钽酸锂($LiTaO_3$)晶体。其中以 VO_x 材料的阵列探测器应用最为广泛。此外，基于 THz QWP－LED 上转换技术的无像素探测器也可以算作阵列探测器的一种扩展，它主要通过将 THz QWP 的面积做到毫米量级，并利用上转换成像过程中可见光和近红外弱光探测器敏感元尺寸小的特点，实现等效像元素达 512×512 的阵列探测效果。而在低频太赫兹频段，以采用 CMOS 工艺和 HEMT 技术制备的阵列探测器最为常见。

上述太赫兹阵列探测器中，微测辐射热计(Micro-Bolometer)探测器是一种主流探测形式，由于非晶硅和氧化钒优异的均匀性使其在制备微测辐射热计探测阵列方面优势明显。由于这类探测器在红外波段(尤其是 8～14 μm 波段)有很强的响应，且对太赫兹辐射的探测灵敏度较高，在实际应用时通常需要配置专门设计的太赫兹滤光片，以滤除红外辐射的影响。这类阵列探测器的单像元尺寸(边长)通常有 17 μm、23.5 μm、25 μm、35 μm 和 50 μm 等，像元素通常包括 80×80、120×80、180×160、240×180、320×240、384×384 和 640×480 等。从目前使用效果来看，氧化钒的探测器性能比多晶硅略微优异一些。比如经过谐振腔优化后的氧化钒探测器阵列，其单像元的 NEP 可达 100 pW 量级，优于多晶硅探测器的性能。表 1－10 显示了典型太赫兹阵列探测器的主要性能。

表 1－10 典型太赫兹阵列探测器的主要性能

参 数 名 称	描 述
探测器类型	Uncooled Micro－Bolometer
敏感面材料	非晶硅/VO_x
像元数	180×240/320×240
单像元尺寸	17 μm/23.5 μm
测量频率范围	0.5～7 THz
NEP	<500 pW @ 4 THz
信号输出接口类型	数字化图像数据：USB2.0；同步信号：BNC
帧率	9 Hz/8.5 Hz

3. 太赫兹照相机

在可见光和红外光频段，照相机的概念包括光学镜头、探测阵列、读出电路、图像屏以及照相过程涉及的控制系统和拍照按钮等。由于太赫兹频段的阵列探测技术发展还不是特别成熟，这一频段的照相机通常包括太赫兹镜头、探测阵列敏感元、读出电路、控制软件及图像显示装置。对于紧凑型太赫兹照相机，其在使用过程中需要注意以下几点：① 连接照相机的方形USB口在插拔过程中尤其要注意手上静电的影响，容易致使接口损坏；② 在连接照相机电源时，最好先把适配器上电，以免电压过冲对照相机供电接口损坏；③ 务必按说明书要求的电压接入充电适配器；④ 对于入射照相机的太赫兹激光功率不可太高，长时间大功率辐射下容易使照相机敏感元因长时间饱和而出现损坏；⑤ 照相机使用和保存的环境温度和湿度不可超过说明书要求的范围；⑥ 另外，由于兼容性问题，部分方形USB线并不与照相机兼容。

1.5 太赫兹探测技术

太赫兹探测技术是太赫兹领域中非常重要的一个分支，可以说没有探测技术，太赫兹技术的应用就无从谈起。太赫兹探测技术涉及的范围很广，针对不同的应用，探测技术实现的形式和方法差异较大。不过总体来讲，太赫兹探测技术主要涵盖了探测器技术、直接探测技术和相干探测技术、微弱信号探测技术、太赫兹雷达技术以及太赫兹高速探测技术等。由于太赫兹频段的探测器还不是很成熟，围绕具体应用的探测技术并不是很多。因此该频段的探测技术主要集中在探测器实现技术以及红外和毫米波探测技术在太赫兹频段的延伸和验证。

1.5.1 直接探测技术

顾名思义，直接探测技术是指利用探测器对太赫兹辐射进行直接响应和探测的技术。从目前探测器的技术水平来看，直接探测技术包括强度探测、频率探测和偏振探测等，主要应用于无线信号传输、目标物成像以及光谱测量等方面。

1.5.2 相干探测技术

太赫兹频段的相干探测与毫米波、微波频段类似，它是指相干的辐射信号和本地振荡源在满足波前匹配条件下，一起入射到探测器敏感面上，产生拍频或相干叠加，探测器输出电信号大小正比于待测辐射信号波和本地振荡波之和的平方的探测方式。太赫兹频段相干探测技术中典型的探测器包括热电子测辐射热计（HEB）、肖特基二极管和基于光学 beat note 的 THz QWP[21]。此外，在太赫兹时域光谱技术中，所用的光电导天线探测技术其实也是一种准相干探测技术。相干探测由于设置了稳定的本地振荡源，系统的探测信噪比和探测灵敏度比直接探测要高几个数量级。

1.5.3 微弱信号探测技术

1. 基于低温测辐射热计的微弱信号探测技术

由于实际应用中各种条件和资源的限制，使得微弱信号探测成为电磁波在实际应用中一直要面临的一个问题，太赫兹频段也不例外。由于大气环境对太赫兹辐射的强吸收效应，使得微弱信号探测技术成为太赫兹辐射应用过程中需要重点解决的技术难题之一。微弱信号探测技术的关键在于如何有效滤除噪声的同时进行微弱信号的提取和放大，涉及的具体技术包括低温放大技术和锁相放大技术等。

2. 超高灵敏度探测器及单光子探测技术

单光子探测技术是一种新式光电探测技术，其原理是利用新式光电效应，实现对入射的单个光子进行计数，从而大大提高探测系统的灵敏度和信噪比。比如在可见和红外频段，单光子探测技术有望将现有的机载光电探测距离从几十公里提高到几千公里，从而带来机载目标探测系统的革命[52]。太赫兹频段的单光子能量极弱，相比可见光和红外频段，探测器的灵敏度需要高几个数量级。比如，红外频段的单光子探测器 NEP 量级只需要达到 10^{-14} W/Hz$^{1/2}$ 即可，而太赫兹频段的单光子探测器 NEP 量级要小于 10^{-16} W/Hz$^{1/2}$ 才行。

目前实现太赫兹频段单光子探测技术的探测器主要有超导-绝缘体-超导

(SIS)探测器、高灵敏 HEB 探测器以及电荷敏感太赫兹光晶体管，后者属于量子点探测器类型，其理论 NEP 量级可达 10^{-19} W/Hz$^{1/2}$。

1.5.4 雷达技术

太赫兹雷达技术是该频段非常重要的一种探测技术。与传统雷达系统的组成与实现方式相似，目前已实现的太赫兹雷达系统主要包括基于真空电子学辐射源、基于固态电子学辐射源和基于 THz QCL 等三种方式，且三种系统的接收方式均为外差式接收。

由于缺乏高性能的太赫兹辐射源，太赫兹频段的雷达技术需要解决的问题与传统雷达技术有较大不同，主要包括：① 太赫兹电子学研究中的诸多共性基础问题；② 太赫兹波在自由空间、大气、水和金属等介质中的信道传播特性；③ 太赫兹波与目标相互作用的散射特性；④ 太赫兹辐射源、功率放大器、耦合波导等器件；⑤ 宽带复杂信号理论和超高速实时信号处理技术等[52]。

相比传统雷达技术，太赫兹雷达技术具有以下优点：① 太赫兹波相比微波辐射波长更短，对目标散射特性的刻画能力更强；② 太赫兹雷达的载波频率高，更容易发射大带宽信号，可实现更小尺寸目标的探测和更高分辨率的雷达成像；③ 太赫兹频段更容易实现极窄的天线波束，获得更高的天线增益和角跟踪精度，大大提高了多目标识别和分辨的能力；④ 相比激光雷达，太赫兹波穿透烟尘、沙土的能力更强，且对空间高速运动目标的气动光学效应与热环境效应不敏感，可用于复杂环境与高速运动目标探测；⑤ 在系统集成方面，相比微波和毫米波雷达，太赫兹雷达的收发系统更易于小型化，适合于星载与弹载平台[52]。

1.5.5 高速探测技术

太赫兹频段的高速探测技术依赖于高速的探测器和宽带的放大器，在 0.1～3 THz 频段，运用肖特基二极管及其倍频器、HEB 探测是主要的探测手段；而到了 3 THz 以上，采用光电探测器来实现高速探测则更具优势。高速探测的具体实现过程包括以下几项重要的技术。

1. 低温放大技术

当前，太赫兹频段的光电探测器均工作于低温环境，因此低温环境下宽带放大技术的运用成了太赫兹高速探测实现的关键。由于常温放大器在工作时受300 K热噪声影响，其对微弱信号的放大效果并不理想。低温放大技术，通常是指采用低噪声放大器，在低温环境下实现对微弱信号的放大，以获得信噪比更好的探测信号。涉及的温度通常有液氮温度(77 K)和液氦温度(4.2 K)。SiGe放大器是最为常用的低温宽带放大器，采用这种放大器可在兆赫兹至几十吉赫兹带宽下实现信号30 dB左右的增益与放大[53]。

2. 高速封装技术

要实现器件的高速信号输出，高速封装必不可少。高速封装技术的运用主要是为了提高器件的响应速率、调制带宽、工作频率等高频特性，除了需要从芯片层面减少特征尺寸和寄生参数以达到提高截止频率的目的外，提高芯片外部封装的高频特性也非常重要。封装主要是为了使外部电学信号能够顺利加载到芯片上，通常这一过程是通过电极片和键合金丝来完成的。而高速封装则需要从微波方面进行考虑，采用微带线、金属共面波导等高频电极结构将电信号引入芯片中。技术难点在于高频电极结构的设计与制作需要根据不同响应频率来设计结构参数，同时从晶圆级层面来制备上述电极结构。

上述高速性能是衡量器件响应速度的重要指标，高速探测技术通常被应用于快速成像、高速通信和时间分辨光谱测量等方面，是器件、测试系统高速响应性能的重要体现。

1.5.6 信号同步技术

在太赫兹信号的探测、电信号的提取与放大的过程中，希望能提取到的有效信号越多越好，信号的信噪比越高越好，这一点就离不开信号同步技术。总体来说，信号同步技术就是在实际测量和应用过程中，给光信号产生端施加一个给定的有规律(周期)的电信号，使得在光电转换后信号的提取过程中能够按照给定电信号的规律来进行放大，以达到降低噪声、提高信噪比的一种技术。信号同步技术通常采用以下几种途径和方法。

1. 光学斩波

这种方式通常利用斩波器旋转过程中金属扇面和镂空面交替变化对入射光信号进行一定频率的切换以达到调制的目的，然后将该旋转频率与电信号提取端进行同步采集，达到降低噪声提高信噪比的效果。这里用到的斩波器通常包含 2～6 个扇面，旋转可实现的调制频率最高可达到几千赫兹。

2. 电子开关

电子开关是成像系统中比较常用的同步技术，目标信号的产生，通过电子开/关的一一对应关系，每开一个开关对应一组信号，这一组信号包含了频率、功率和相位三种参数，三种参数都可以在系统中预设，可以是一样的参数不同的位置，也可以是一样的位置不同的参数，以达到对目标物体成像过程中提高信噪比的目的。电子开关通常集成在驱动电源上，主要包括集线开关和芯片开关两种，集线开关可实现的开关速率较低，通常在千赫兹量级，但其耐压特性高、可通过电流较大，是大电流驱动应用的主要手段；芯片开关体积小，可以直接集成在驱动电路板上，针对不同输出端口进行指令式控制输出，开关速率可达到兆赫兹量级。

3. 锁相放大技术

锁相放大技术是一种非常传统和有效地提高信噪比和实现微弱信号探测的技术，它的实现得益于锁相放大器的出现。锁相放大器是一种能够在极强噪声环境下获取信号幅度和相位信息的电学仪器，它利用了零差检测方法和低通滤波技术来测量相对于周期性参考信号的信号幅值和相位[54]，即它利用了与被测信号有相同频率和相位关系的参考信号作为基准信号，只对被测信号本身和那些与参考信号频率相同或频率倍数关系、相位相同的噪声分量有响应。

在锁相放大测量过程中，锁相放大器可以提取以参考频率为中心的特定频带内的电信号，并有效滤除所有其他频率分量，测量的灵敏度较高。目前锁相放大器最好的动态储备可以高达 120 dB,意味着锁相放大器可以在噪声幅值超过期望信号幅值几百万倍的情况下实现精准测量。因此,锁相放大器具有检测灵敏度高、信号处理简单等特点,且功能非常丰富多样,是各种电学和光学实验室中常备的电学仪器,也是太赫兹光电测试系统,尤其是微弱信号探测系统中的必备仪器。

1.6 小结

本章主要从太赫兹频段最基础的几个概念着手,沿用红外和可见光频段的理论,介绍了太赫兹频段辐射度学的基本理论,以及太赫兹辐射在大气中的传播特点。介绍了太赫兹辐射体、探测器以及探测技术的相关基础知识和要点,给出了太赫兹频段主要辐射源、探测器及相关技术的性能和应用范畴。本章介绍的内容,是太赫兹光电测试技术中最为基本的物理、器件和技术知识,也是太赫兹技术应用过程中的基础知识。

参考文献

[1] Ferguson B, Zhang X C. Materials for terahertz science and technology. Nature Materials, 2002, 1(1): 26 - 33.

[2] Cao J C. Interband impact ionization and nonlinear absorption of terahertz radiations in semiconductor heterostructures. Physical Review Letters, 2003, 91(23): 237401 - 237401.

[3] Kaindl R A, Carnahan M A, Hägele D, et al. Ultrafast terahertz probes of transient conducting and insulating phases in an electron-hole gas. Nature, 2003, 423(6941): 734 - 738.

[4] Liu H C, Song C Y, Wasilewski Z R, et al. Coupled electron-phonon modes in optically pumped resonant intersubband lasers. Physical Review Letters, 2003, 90(7): 077402.

[5] Köhler R, Tredicucci A, Beltram F, et al. Terahertz semiconductor-heterostructure laser. Nature, 2002, 417(6885): 156 - 159.

[6] Liu H C, Song C Y, SpringThorpe A J, et al. Terahertz quantum-well

photodetector. Applied Physics Letters, 2004, 84(20): 4068 - 4070.
[7] Borak A. Toward bridging the terahertz gap with silicon-based lasers. Science, 2005, 308(5722): 638 - 639.
[8] Siegel P H. Terahertz technology. IEEE Transactions on Microwave Theory and Techniques, 2002, 50(3): 910 - 928.
[9] Tonouchi M. Cutting-edge terahertz technology. Nature Photonics, 2007, 1(2): 97 - 105.
[10] Redo-Sanchez A, Laman N, Schulkin B, et al. Review of terahertz technology readiness assessment and applications. Journal of Infrared, Millimeter, and Terahertz Waves, 2013, 34(9): 500 - 518.
[11] Baker C, Lo T, Tribe W R, et al. Detection of concealed explosives at a distance using terahertz technology. Proceedings of the IEEE, 2007, 95(8): 1559 - 1565.
[12] Nagatsuma T, Ducournau G, Renaud C C. Advances in terahertz communications accelerated by photonics. Nature Photonics, 2016, 10(6): 371 - 379.
[13] 范志刚.光电测试技术.3 版.北京：电子工业出版社，2015.
[14] 金伟其，王霞，廖宁放，等.辐射度光度与色度及其测量.2 版.北京：北京理工大学出版社，2016.
[15] 侯丽伟，谢巍，潘鸣.太赫兹成像安检系统.第九届全国信号和智能信息处理与应用学术会议，嘉兴：中国高科技产业化研究会，2015：361 - 364.
[16] Wang X M, Shen C L, Jiang T, et al. High-power terahertz quantum cascade lasers with ~0.23 W in continuous wave mode. AIP Advances, 2016, 6(7): 075210.
[17] Wan W J, Li H, Cao J C. Homogeneous spectral broadening of pulsed terahertz quantum cascade lasers by radio frequency modulation. Optics Express, 2018, 26(2): 980 - 989.
[18] Li L H, Zhu J X, Chen L, et al. The MBE growth and optimization of high performance terahertz frequency quantum cascade lasers. Optics Express, 2015, 23(3): 2720 - 2729.
[19] Li L, Chen L, Freeman J R, et al. Multi - Watt high - power THz frequency quantum cascade lasers. Electronics Letters, 2017, 53(12): 799 - 800.
[20] Gu L, Tan Z Y, Wu Q Z, et al. 20 Mbps wireless communication demonstration using terahertz quantum devices. Chinese Optics Letters, 2015, 13(8): 081402 - 081404.
[21] Li H, Wan W J, Tan Z Y, et al. 6.2-GHz modulated terahertz light detection using fast terahertz quantum well photodetectors. Scientific Reports, 2017, 7(1): 3452.
[22] Wan W J, Li H, Zhou T, et al. Homogeneous spectral spanning of terahertz semiconductor lasers with radio frequency modulation. Scientific Reports, 2017, 7(1): 44109.
[23] Liang G Z, Liu T, Wang Q J. Recent developments of terahertz quantum cascade lasers. IEEE Journal of Selected Topics in Quantum Electronics, 2017, 23(4): 1 - 18.

[24] Kumar S. Recent progress in terahertz quantum cascade lasers. IEEE Journal of Selected Topics in Quantum Electronics, 2011, 17(1): 38 - 47.
[25] Wienold M, Röben B, Schrottke L, et al. High-temperature, continuous-wave operation of terahertz quantum-cascade lasers with metal-metal waveguides and third-order distributed feedback. Optics Express, 2014, 22(3): 3334 - 3348.
[26] Fathololoumi S, Dupont E, Chan C W I, et al. Terahertz quantum cascade lasers operating up to 200K with optimized oscillator strength and improved injection tunneling. Optics Express, 2012, 20(4): 3866 - 3876.
[27] 谭智勇,曹俊诚.基于太赫兹半导体量子阱器件的光电表征技术及应用.中国激光,2019,46(6): 36 - 49.
[28] 谭智勇,万文坚,黎华,等.基于太赫兹量子级联激光器的实时成像研究进展.中国光学,2017,10(1): 68 - 76.
[29] Vitiello M S, Consolino L, Bartalini S, et al. Quantum-limited frequency fluctuations in a terahertz laser. Nature Photonics, 2012, 6(8): 525 - 528.
[30] Vitiello M S, Tredicucci A. Tunable emission in THz quantum cascade lasers. IEEE Transactions on Terahertz Science and Technology, 2011, 1(1): 76 - 84.
[31] Amanti M I, Scalari G, Beck M, et al. Stand-alone system for high-resolution, real-time terahertz imaging. Optics Express, 2012, 20(3): 2772 - 2778.
[32] Lee A W M, Hu Q. Real-time, continuous-wave terahertz imaging by use of a microbolometer focal-plane array. Optics Letters, 2005, 30(19): 2563 - 2565.
[33] Richter H, Greiner-Bär M, Pavlov S G, et al. A compact, continuous-wave terahertz source based on a quantum-cascade laser and a miniature cryocooler. Optics Express, 2010, 18(10): 10177 - 10187.
[34] Brown E R, McIntosh K A, Nichols K B, et al. Photomixing up to 3.8 THz in low-temperature-grown GaAs. Applied Physics Letters, 1995, 66(3): 285 - 287.
[35] Matsuura S, Ito H. Generation of CW terahertz radiation with photomixing. Berlin: Springer, 2005.
[36] Schneider H, Liu H C. Quantum well infrared photodetectors: Physics and applications. Berlin: Springer, 2006.
[37] Guo X G, Tan Z Y, Cao J C, et al. Many-body effects on terahertz quantum well detectors. Applied Physics Letters, 2009, 94(20): 201101.
[38] Guo X G, Cao J C, Zhang R, et al. Recent progress in terahertz quantum-well photodetectors. IEEE Journal of Selected Topics in Quantum Electronics, 2013, 19(1): 8500508.
[39] Luo H, Liu H C, Song C Y, et al. Background-limited terahertz quantum-well photodetector. Applied Physics Letters, 2005, 86(23): 231103.
[40] Wang H X, Zhang R, Wang F, et al. Two-colour THz quantum well photodetectors. Electronics Letters, 2017, 53(16): 1129 - 1130.
[41] Wang H X, Fu Z L, Shao D X, et al. Broadband bias-tunable terahertz photodetector using asymmetric GaAs/AlGaAs step multi-quantum well. Applied

Physics Letters, 2018, 113(17): 171107.
[42] Zhang R, Shao D X, Fu Z L, et al. Terahertz quantum well photodetectors with metal-grating couplers. IEEE Journal of Selected Topics in Quantum Electronics, 2017, 23(4): 1-7.
[43] Grant P D, Laframboise S R, Dudek R, et al. Terahertz free space communications demonstration with quantum cascade laser and quantum well photodetector. Electronics Letters, 2009, 45(18): 952-954.
[44] Fathololoumi S, Dupont E, Ban D Y, et al. Time-resolved thermal quenching of THz quantum cascade lasers. IEEE Journal of Quantum Electronics, 2010, 46(3): 396-404.
[45] Patrashin M, Hosako I. Terahertz frontside-illuminated quantum-well photodetector. Optics Letters, 2008, 33(2): 168-170.
[46] Fu Z L, Gu L L, Guo X G, et al. Frequency up-conversion photon-type terahertz imager. Scientific Reports, 2016, 6(1): 25383.
[47] 张耘.新型太赫兹 BIB 探测器工艺技术研究.杭州：杭州电子科技大学，2017.
[48] Graf M, Scalari G, Hofstetter D, et al. Terahertz range quantum well infrared photodetector. Applied Physics Letters, 2004, 84(4): 475-477.
[49] Dean P, Mitrofanov O, Keeley J, et al. Apertureless near-field terahertz imaging using the self-mixing effect in a quantum cascade laser. Applied Physics Letters, 2016, 108(9): 091113.
[50] 谭智勇，曹俊诚.光伏型太赫兹量子阱探测器研究进展.物理，2008，37(3)：199-202.
[51] Kajihara Y, Nakajima T, Wang Z, et al. Terahertz single-photon detectors based on quantum wells. Journal of Applied Physics, 2013, 113: 136506.
[52] 王瑞君，王宏强，庄钊文，等.太赫兹雷达技术研究进展.激光与光电子学进展，2013，50(04)：4-20.
[53] Montazeri S, Wong W - T, Coskun A H, et al. Ultra-low-power cryogenic SiGe low-noise amplifiers: Theory and demonstration. IEEE Transactions on Microwave Theory and Techniques, 2016, 64(1): 178-187.
[54] 孙志斌，陈佳圭.锁相放大器的新进展.物理，2006，35(10)：879-884.

2 太赫兹光电测试中的真空与低温技术

2.1 引言

对于使用者来说，一台设备或者装置最好工作于常温常压，使用环境的相对湿度在 50%RH 左右。一旦一台设备需要工作在低温或者高温条件下，对使用者来说都具有不便利性，甚至隐含着一定的危险性。在太赫兹频段的光电测试技术中，这一情况却不得不面对。因为这一频段的很大一部分器件、装置和测试系统仍然需要工作在真空和低温环境才能发挥其最好的性能。因此，作为太赫兹频段光电测试技术的重要组成部分，有必要让涉及该领域的科研人员能够比较方便地了解和熟悉太赫兹光电测试技术中实现真空和低温条件的一些方法和技巧。本章主要对真空和低温的基本知识、太赫兹频段测试系统中如何有效地实现低温和真空环境进行详细介绍。

2.2 真空技术

2.2.1 真空概述

"真空"一词来源于拉丁语"Vacuum"，其原来的意思为"虚无"。众所周知，绝对真空的状态是不可能达到的，只能无限接近，比如在压强低达 10^{-15} Pa 的极高真空状态时，单位体积内的分子数还能有十到几十个。通俗来说，一切低于大气压的气体状态都可以称为真空状态。从 1643 年托里查利发现真空开始，真空的概念就进入了人类的生活、生产和研究的诸多方面。比如真空包装保鲜、热水瓶保温、拔火罐治疗等日常生活中常见的事物，真空蒸馏、真空绝缘、真空吸力等工艺处理过程，都与真空环境息息相关。

真空技术则是指建立一个低于大气压力的物理环境，以及在这样一个环境中进行工艺制作、物理测量和科学试验等所需的技术。真空技术在实施过程中涉及的主要步骤或内容包括真空获得、真空测量、真空检漏和真空应用四个方面（图 2-1），而技术本身研究的对象主要包括两方面：第一个方面是真空环境的结构、性质以及在这种环境中物质之间的相互作用；第二个方面是在不同真空度条件下，真空环境和各种物质之间发生的相互作用以及产生的不同效应等[1]。

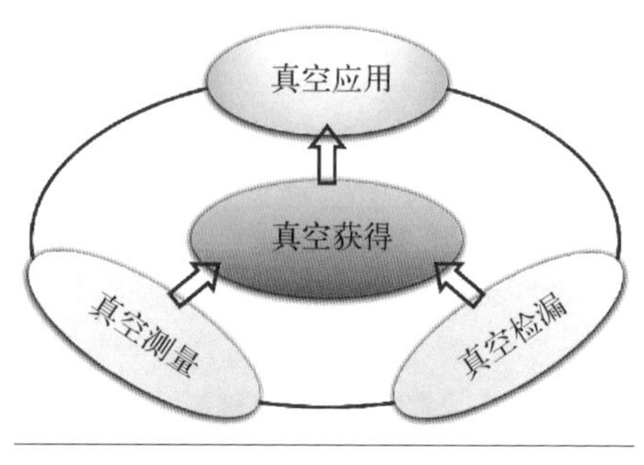

图 2－1 真空技术实施过程中涉及的四大方面

真空技术在 20 世纪得到迅速发展，并获得广泛应用。20 世纪初，在真空获得和测量设备方面，机械泵、扩散泵，皮拉尼真空计、热阴极电离真空计等装置的发明，为工业生产和科学研究使用高真空技术创造了非常好的条件；随后，油扩散泵，冷阴极电离真空计的出现使高真空的获得和测量技术再次向前发展了一大步；到了 20 世纪 50 年代，离子泵、涡轮分子泵、B－A 规的发明又使真空技术进入到一个更高的阶段——超高真空时代[2,4]。近年来，随着表面物理技术、超导技术、受控热核反应装置、高能加速器以及空间技术等领域的兴起，这些领域的发展对真空技术又提出了更新和更高的要求，进一步加速了真空技术在超高真空和极高真空领域的发展[1]。

真空环境的优劣通常用真空度的高低或压强的大小来衡量和描述。真空度是对气体稀薄程度的一种客观量度，其最直接的物理量是单位体积中的分子数。不过，由于分子数量难以直接测量，在实际应用过程中，真空度的高低通常都是用气体压强来表示。比如气体压强越低，就表示真空度越高，反之真空度越低。

伴随着真空技术的发展历史，描述压强的单位有很多，比如标准大气压(atm)、帕(Pa)、托(Torr)、巴(bar)、磅力每平方英尺(psi)、毫米汞柱(mmHg)、工程大气压(at)等。其中，Pa 为描述压强的国际单位，1 Pa＝1 N/m^2。表 2－1 是各压强单位之间的常用换算关系。在实际使用过程中用得比较多的单位包括 Pa、Torr、mbar、atm 和 psi。根据压强的大小通常将真空环境细分为粗真空、低真空、高真空、超高真空和极高真空[2]。

表 2-1 常用压强单位之间的换算关系

	Pa	atm	Torr	bar	psi	mmHg	at
1 Pa		/	/	/	/	/	/
1 atm	101 325		760	1.013 25	14.7	760	1.034
1 Torr	133.322	/		/	0.019	1	/
1 bar	100 000	0.987	750		14.5	750	1.02
1 psi	6 895	0.068	51.72	0.069		51.72	0.07
1 mmHg	133.322	/	1	/	/		/
1 at	98 066	0.967	735.56	0.98	14.22	735.56	

注：斜线/表示不常用换算

此外，在真空技术中还会涉及平均自由程的概念。根据理想气体状态方程

$$n = \frac{p}{k_{\mathrm{B}} T} \tag{2-1}$$

平均自由程可表示为

$$\bar{\lambda} = \frac{k_{\mathrm{B}} T}{\sqrt{2} \pi \sigma^2 p} \tag{2-2}$$

式中，k_{B} 为玻耳兹曼常数；σ 为气体分子直径。因此，当温度（T）和气体种类（σ）一定时

$$\bar{\lambda} p = \frac{k_{\mathrm{B}} T}{\sqrt{2} \pi \sigma^2} = 常数 \tag{2-3}$$

此时，平均自由程 $\bar{\lambda}$ 与压强 p 成反比。即当压强越低时，平均自由程越长，反之平均自由程越短。通俗地说，气体在标准状态或低真空状态下，平均自由程都很小，而在高真空状态下，平均自由程可达几米到几千米，比如在真空显像管中，真空度达 10^{-6} Torr，此时平均自由程为 77 m，所以阴极发射的电子可毫无阻挡地到达屏幕，这也说明电真空器件需要在很高的真空度下才能工作。

在实际应用中，为了估计不同压强下的平均自由程，会先计算出给定温度下单位压强时的平均自由程 $\bar{\lambda}_0$，比如常温(27℃，300 K)下空气在 1 Torr(133.32 Pa)时的平均自由程 $\bar{\lambda}_0$ 为 7.7×10^{-5} m，于是可以估算出温度为 25℃(298 K)的空气，10^5 Pa 压强下的平均自由程为 70 nm，10^3 Pa 压强下的平均自由程为 7 μm，

1 Pa压强下的平均自由程为 7 mm，10^{-3} Pa压强下的平均自由程为 7 m，10^{-5} Pa压强下的平均自由程为 0.7 km。

在描述封闭空间中气体分子的碰撞形式时，或者在讨论非平衡态过程如气体流动问题时，还会用克努森数（Kn）来描述气体的许多重要性质和现象。克努森数被定义为分子平均自由程 $\bar{\lambda}$ 与封闭空间线性尺寸 d 的比值，即 $Kn=\bar{\lambda}/d$。当 $Kn \ll 1$ 时，分子间的碰撞占主要地位；当 $Kn \gg 1$ 时，分子与封闭空间内壁的碰撞占主要地位；当 $Kn=1$ 时，两种碰撞都存在，属于过渡状态。当 $Kn \leqslant 1$ 时，气体遵循分子运动论的基本物理规律；当 $Kn \gg 1$ 时，气体在固体表面的吸附停留占主要地位，遵循表面物理化学的一些基本规律[2]。

2.2.2 真空的测量

在对真空进行测量之前，需要先实现真空的状态。自然环境中，除了大气层以外的高真空环境之外，在地球大气层之内的人类居住环境中，真空状态是比较少见的。因此，真空的获得通常需要借助外力来实现，最为常用的设备就是真空泵。在大气环境下，真空的实现需要满足的一个先决条件就是封闭空间，真空的获得就是采用真空泵对特定的封闭空间的抽气过程。在真空的获得过程中，除了需要配备合适的、抽气性能良好的真空泵之外，为了保证真空系统能达到和保持工作所需要的真空状态和环境，真空系统或其零部件还必须进行严格的检漏环节，以消除封闭空间中破坏真空的漏气孔等。

在真空的测量过程中，通常将测量低于大气压环境中气体压强的工具称为真空计，也称为真空规管，简称规。真空计可以直接测量气体的压强，被称为绝对真空计；也可以通过与压强有关的物理量来间接测量，被称为相对真空计。按照真空计测量原理所利用的物理机制不同，可将真空计分为三大类：利用力学性能、气体动力学效应和带电粒子效应的真空计。利用力学性能的真空计主要有波尔登规（俗称机械压力表）和薄膜电容规；利用气体动力学效应的真空计主要有皮拉尼电阻规和热电偶规；利用带电粒子效应的真空计主要有热阴极电离规和冷阴极电离规。各类真空规管具体可测量的压强范围如图2-2所示。

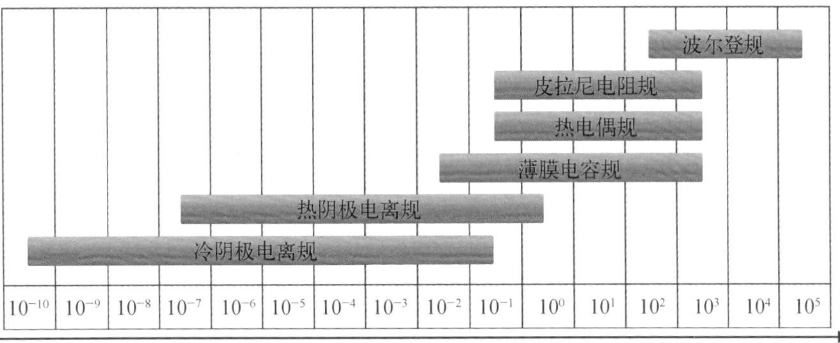

图2-2 不同真空规管可测量的压强范围

2.2.3 真空泵

真空泵是指利用机械、物理、化学等方法对被抽容器或腔体进行抽气而获得真空状态的装置或设备。通俗来说，真空泵是使用各种方法在一定封闭空间中改善、产生和维持真空状态的装置。按照可实现的真空程度划分，真空泵可分为粗真空泵和高真空泵，前者主要是机械泵，后者主要包括分子泵、扩散泵等。因此，在需要真空和低温环境的太赫兹光电测试系统中，真空泵是非常重要的辅助设备。

1. 机械泵

机械泵是获得低真空时的常用真空装置。它是运用机械方法不断地改变泵内吸气空腔的体积，使被抽容器内的气体体积不断膨胀，从而获得真空的装置。它可以在大气压环境下工作，极限真空度一般为 $10^{0}\sim10^{-2}$ Pa，机械泵的抽气速率与泵的转速和空腔体积有关，通常在每秒几升到每秒几十升。

根据动力来源划分，机械泵又分为干泵和油泵。干泵的工作噪声低、对腔体无污染且运输方便，在粗真空的获得过程中被广泛应用。油泵的抽力比干泵要大，但油泵在工作过程中容易返油，因此需要增加额外的返油阱来防止泵油对目标腔体的污染。此外，油泵工作过程中会排放尾气，为了保持周围大气环境的洁净，尾气排放口还需要增加额外的过滤装置；有些油泵工作时噪声比较大，需要增加消声装置。总体来说，油泵的外围技术不断更新，使其在实际应用过程中能有效避免缺点，并充分发挥其成本低的优点。

2. 分子泵

分子泵是目前获得高真空环境使用最为广泛的真空泵之一，它通常指的是涡轮分子泵。分子泵属于次级泵，开启时需要一定的真空度要求。机械泵是支撑分子泵开启的常用前级泵，它与分子泵组合后统称为分子泵组。分子泵的工作原理是利用高速旋转的转子把动量传递给气体分子，使气体分子获得定向速度，从而被压缩并驱向排气口，然后被前级泵抽走的一种高真空泵。分子泵的开启压强通常在 30 Pa 以下。上述开启阈值压强的设置主要是为了避免压强较大时过多的气体分子对分子泵中高速旋转转子的磨损和损坏。

3. 扩散泵

扩散泵是获得高真空环境使用较为广泛的真空泵之一，它通常是指油扩散泵。扩散泵也是一种次级泵，同样也需要机械泵作为前级泵来组合使用。扩散泵（油扩散泵）的工作原理是利用高速蒸汽射流来携带气体，以达到抽气的目的。它的工作原理与水蒸气喷射泵相似。扩散泵的开启压强比分子泵略低，通常在 10 Pa 以下，这样做也是为了保护扩散泵免受过多气体分子的磨损。

需要注意的是，扩散泵属于高真空油泵，工作时油气的存在也容易造成被抽腔体的污染，而分子泵在不污染真空腔体的条件下还可以获得与之相当的真空度，因此分子泵的应用比扩散泵更为广泛。

最后，将上述真空程度、真空获得方式和真空测量装置汇总成一个表格，便于区分不同真空程度、真空获得方式和真空测量装置的差异，详见表 2-2。

表 2-2 真空程度、真空获得方式和真空测量装置[2]

真空程度	真空获得方式	真空测量装置
低真空 $10^3 \sim 10^{-1}$ Pa	罗茨泵，滑阀泵，余摆线泵，油增压泵，旋片泵	热传导、压缩式、振膜式真空计，放射性电离计，放电管指示器
高真空 $10^{-1} \sim 10^{-6}$ Pa	涡轮分子泵，扩散泵	冷、热阴极电离真空计，B-A 计
超高真空 $10^{-6} \sim 10^{-12}$ Pa	涡轮分子泵，加阱扩散泵，钛离子泵	改进型电离计，磁控式电离真空计，B-A 计
极高真空 $<10^{-12}$ Pa	冷凝泵，冷凝升华钛泵	冷、热阴极磁控电离真空计

2.2.4 真空附件

真空的获得除了封闭的腔体或容器、必要的真空泵组和真空计之外，还需要用于连接容器和真空泵组之间的各种法兰、阀门、波纹管和卡箍等。下面分别对法兰、阀门和波纹管进行简要介绍。

(1) 真空法兰

真空法兰主要包括 CF 法兰、KF 法兰和 ISO 法兰。三种法兰都是真空系统中常用的法兰标准，是实现不同腔体和封闭空间之间连接的一种真空系统附件。

CF 法兰是一种用于超高真空中的法兰连接，属于金属静密封方式，可以承受高温烘烤，法兰标准尺寸包括 DN16、40、63、100、160、200 和 250(这里数值后面的单位均为 mm，下同)，这种法兰适用的真空度最高达 10^{-10} Pa，法兰密封材料主要包括 PTFE、无氧铜、Viton 等，法兰材料通常为 304 和 316 不锈钢。

KF 法兰是一种应用在真空系统中的快卸法兰，是 ISO-KF 法兰的简称，它是常规真空操作中快速连接不同腔体时最为常用的一种。它由两个成对称分布的 KF 法兰、O 形密封圈、定心支架和卡箍组成。KF 法兰的真空接头是小尺寸的快装法兰接头，其标准尺寸包括 DN10、16、25、40 和 50，这种法兰适用的真空度为 10^{-6} Pa，法兰密封材料通常为 Buna、Silicone、Viton、铝丝等，法兰材料通常为 304 和 316 不锈钢。

ISO法兰及其配管适用于从大气压到高真空环境下($10^5\sim10^{-6}$ Pa)经常装拆的各种应用中,一般的直径超过50 mm。根据接口和紧固方式的不同,ISO法兰有两种结构,即ISO-K和ISO-F。ISO-K真空接头通常由法兰、法兰爪(Clamp)、O形密封圈、中心定位环组成;ISO-F真空接头通常由法兰、O形密封圈、中心定位环组成。两者的区别在于,ISO-K采用的是法兰爪固定,而ISO-F采用的是螺栓固定。两者的真空接头均为大尺寸接头,标准尺寸包括DN63、100、160、200、250、320、400、500和630;法兰密封材料通常为Buna、Silicone、EPDM、Viton、铝丝等,法兰材料通常为304和316不锈钢。

(2) 真空阀门

真空阀门是指在真空系统中,用来改变气流方向,同时能调节气流量大小、切断或接通管路的真空系统元件。

根据真空阀门的阀板结构形式,将真空阀门分为插板阀(C)、充气阀(Q)、挡板阀(D)、球阀(U)、翻板阀(F)、微调阀(W)、蝶阀(I)、压差阀(Y)、隔膜阀(M),阀门名称后面的字母是对其类型的缩写。在太赫兹光电测试过程中常用的真空阀门包括挡板阀、球阀和蝶阀。根据真空阀门阀瓣上的耐压特性,将真空阀门分为低真空阀门(介质压力为$760\sim1$ mmHg)、中真空阀门(介质压力为$1\sim10^{-3}$ mmHg)、高真空阀门(介质压力为$10^{-4}\sim10^{-7}$ mmHg)、超高真空阀门(介质压力小于等于10^{-8} mmHg)。真空阀门的控制既可在现场进行手控和遥控,也可用电动、电磁传动(电磁阀)、气动和液动控制。

(3) 真空波纹管

真空波纹管是一种用金属材料制成的真空连接管道,它可以根据应用系统的需要进行弯曲。制备真空波纹管的材料通常采用比较有韧性的钢材料,根据连接系统真空法兰的类型,真空波纹管也分为KF型和CF型,波纹管的内径尺寸主要有21.5 mm、27 mm、41.5 mm和50.5 mm,对应的通径尺寸分别为16 mm、25 mm、40 mm和50 mm。太赫兹光电测试过程中用得比较多的波纹管为KF型波纹管,常用通径为16 mm、25 mm和40 mm。真空波纹管目前广泛用于半导体制造、国防科研、航空航天和生物制药等领域。

2.2.5 真空检漏技术

1. 漏气、漏孔与漏率

真空系统(包括腔体、容器、器件等)因密封系统的材料本身缺陷或焊接缝、机械连接处存在孔洞、裂纹或间隙等缺陷,导致外部大气通过上述缺陷进入系统内部后,使得系统的真空度达不到预期值的现象,称之为漏气[3]。

造成漏气的缺陷通常称为漏孔,由于漏孔的尺寸很小、形状复杂,无法用常规的几何尺寸来表示,因此在真空检漏过程中,采用漏率这个概念来描述漏孔大小。漏率通常被定义为单位时间内漏入真空系统的气体量[3],其单位为 $Pa \cdot m^3/s$ 或 $Torr \cdot L/s$,两者的换算关系为 $1\ Torr \cdot L/s = 0.133\ Pa \cdot m^3/s$。

漏率的测量通常采用比较法,将被检测漏孔与标准漏孔在检漏仪上进行比较,从而得出被检测漏孔的漏率。标准漏孔是指在温度为(23±7)℃、露点温度低于−25℃的干燥空气中,保持漏孔一端压强为(100±5)kPa,另一端压强小于1 kPa 的状态下,经过校准后确定漏率的漏孔。常用标准漏孔包括玻璃毛细管漏孔、薄膜渗氦漏孔、玻璃-白金丝漏孔、多孔金属以及放射性漏孔等。

2. 常见漏气判断与解决办法

抽真空的过程是一个动态过程,不管腔体是否密封,只要抽气速度达到一定水平,超过腔体内部放气速度或者漏孔的漏气速度,腔体内部的压强就会小于大气压,甚至在腔体比较小的时候,即使有小漏孔的存在也一样可以达到预期的真空值。但与完全密封或者密封性非常好的腔体相比,这时的真空度相对来说要差很多,或者压强的变化要慢很多,这一点恰恰可以半定量化地判断真空系统漏孔的漏气量级。因此,在没有专门检漏仪器的情况下,尤其是一些漏率较大的情况,可以通过一些操作技巧来判断和解决,具体如下。

(1) 压强判断法

当真空系统存在漏孔,且漏率较大时,真空系统在抽真空的过程中,可以通过观察真空计的压强值来判断,比如启动前级泵(机械泵)后,真空系统的压强一直维持在 100 Pa 以上,说明系统存在较大的漏气。通常产生的原因包括真空接口未连接好,被抽气的腔体内存在较大量的放气过程,密封窗口表面不平整或者有划痕等。

当真空系统的漏孔较小，难以通过观察机械泵抽气过程中的真空度来判断时，可以开启分子泵，在分子泵抽气的过程中来判断。比如分子泵开启后，真空系统的压强一直维持在 $10^{-2}\sim10^{-1}$ Pa，说明真空系统存在小漏。通常的原因包括真空接口处的 O 形密封圈被玷污，连接时未及时清理干净，或者窗口表面的粗糙度过大，存在较大的颗粒使大气容易漏进去等。

(2) 功率判断法

当真空系统的漏孔进一步减小，使用压强的办法难以观察时，可以通过分子泵的工作功率来判断，比如分子泵开启后，真空系统的压强一直维持在 10^{-2} Pa 以上，如果分子泵组一直工作以维持上述真空环境，大部分的真空和低温实验是可以继续进行的，但当系统对真空度要求比较高时，这个真空条件还是没有达到预期值。分子泵工作时的功率是跟被抽气体流速和流量严格相关的一个参数。使用时可以发现，当分子泵刚开启之后的一段时间，由于分子泵的转速在逐渐上升，这时系统的真空度还比较差，于是分子泵就只能通过不断地增加功率来实现系统压强的快速降低，当压强降到一定数值，比如 2×10^{-2} Pa 时，分子泵的工作功率会逐渐下降并达到一个稳定值，这个稳定值对漏气孔的进气非常敏感，比如腔体内压强抽到 1×10^{-2} Pa 时，分子泵的功率为 8 W，一旦有小漏气发生，分子泵的功率会升至 10 W 甚至更高，这时就可以判断，真空系统存在小漏的情况，需要及时进行排漏检查。

3. 真空检漏技术

在对腔体抽真空时，漏孔两侧会存在一定的压力差，检漏技术就是利用这个压力差形成的气体流动，并将这个流动进行人为放大，从而实现检漏的。因此，真空检漏技术是一种用适当的方法判断真空系统是否漏气，并能确定漏孔位置及漏率大小的一门检测技术，相应的检漏仪器称为检漏仪。借助真空检漏技术可以准确判断真空系统制造和使用过程中系统的真空气密性，并探查出漏孔所在的位置，以便及时采取措施将漏孔封闭，提高真空系统的稳定性和可靠性，使系统的真空状态得以维持。在检漏过程中，需要掌握一些基本规律，比如为了便于检测出漏孔位置，通常先对组成真空系统的零部件进行检漏，因为将零部件经过严格检漏后，组装的系统漏气的可能性就会大大减小，同时也可以缩小检测的范围和面积[3]。

根据检漏过程涉及的参数性质，真空检漏方法主要包括气压检漏、荧光检漏、氨敏纸检漏、放电管检漏、高频火花检漏和仪器检漏等。在太赫兹光电测试系统涉及的真空检漏技术中，以氦质谱检漏技术最为常用。氦质谱检漏技术采用与真空质谱计相同的工作原理，以氦气为示漏气体、以磁偏转质谱计为检漏工具，采用固定的加速电压和磁场检测氦离子来实现对真空系统的检漏。氦质谱检漏仪具有结构简单、操作方便、灵敏度高、性能稳定等优点[3]。其主要技术指标包括：① 灵敏度，即最小可检漏率，单位为 Pa·m^3/s；② 反应时间与清除时间，单位为 s；③ 工作压强与极限压强，单位为 Pa。

在实际检漏过程中，为了提高氦离子流的输出，通常会适当牺牲分辨能力以降低对测量放大器的要求，通常也会根据被检漏目标腔体的具体情况采用合适的方法。这些方法包括氦室法、喷吹法、累积法和反流检漏法。

（1）氦室法

氦室法是将真空系统的可疑部分用氦室罩上并充入高纯氦气，从而形成丰富的氦气环境，再用氦质谱检漏仪进行检漏的方法。这种方法检漏效率较高，可以找到漏孔的大致范围，适合于对大容器检漏，缺点是漏孔的位置不能准确判定。

（2）喷吹法

喷吹法是采用喷枪对真空系统的可疑位置喷射高纯氦气，以形成局部氦气环境，再用氦质谱检漏仪进行检漏的一种方法。这种方法的优点是可以比较精确地判定漏孔的位置，缺点是需要对所有可疑的位置逐一检查，检漏效率低。

（3）累积法

累积法是先用氦室对可疑部分充入高纯氦气，再将检漏仪节流阀关闭，积累一段时间，然后打开节流阀，通过观察氦离子流的变化来进行检漏的方法。这种方法相比单纯的氦室法和喷吹法更为灵敏，检漏灵敏度可提高 1～2 个数量级。

（4）反流检漏法

反流检漏法是将被检容器接在抽气系统的扩散泵与机械泵之间，利用扩散泵的反流作用，使氦气反流到质谱室而进行检漏的方法。这种方法的优点是可以非常快速和有效地检测容积大、放气量大、漏率大的容器。

2.2.6 太赫兹光电测试中的真空

1. 真空的实现

为了具体地说明太赫兹光电测试系统中真空的获得过程，以低温环境下太赫兹量子器件的性能测试实验为例，对冷却前密闭腔体的真空获得过程进行描述。在举例过程中，采用的泵组为涡轮分子泵组，上述实验的目标压强为 10^{-4} Pa。

第一步，将安装太赫兹量子器件的真空腔体与真空泵组正确连接，连接所使用的真空附件包括波纹管、卡箍，连接时要注意保持接口的清洁，以免灰尘等较大的微粒黏附在接口上造成小漏。

第二步，确认真空腔体和泵组端两个阀门均处于关闭状态，开启机械泵之后，先打开泵组端的阀门，打开时需要确认气体流过阀门的声音，然后打开真空腔体端阀门，同样需要确认气流流过的声音，以避免阀门失效而出现“假抽”。

第三步，观察真空计数值的变化，这里的真空计可以安装在泵组端，也可以安装在真空腔体端，当真空计数值低于 30 Pa 时，开启分子泵。根据泵组品牌和生产商的不同，分子泵开启的方式可分为手动和自动两种。

第四步，将分子泵参数显示面板切换至压强、功率、转速和电流界面，重点观察分子泵的功率数值，看其在整个分子泵开启后的过程中是否由低逐渐升高至极大值，并在分子泵转速达到极大值后其工作功率降低至一个稳定值。这个稳定值跟被抽腔体的初始状态、是否漏气、腔体内是否有工作气体均有很大关系。同时，观察真空计的压强数值，是否符合标准的变化速度和规律。

第五步，当前四步工作均正常后，根据被抽真空腔体的大小，让分子泵组抽真空 1～10 h 不等。比如用于太赫兹量子阱探测器冷却的连续流液氦杜瓦，抽 1 h即可达到 10^{-4} Pa 数量级，但如果采用的冷却装置是液氦直接冷却的杜瓦，要达到上述压强量级，则需要抽 5 h 以上，尤其是杜瓦的放置时间较长或者有开腔操作的情况下。

第六步，当真空腔体达到目标压强或真空度后，先后关闭真空腔体端阀门和真空泵组端阀门，然后依次关闭分子泵和机械泵。

2. 常见技术问题与解决办法

(1) 泵的维护

在大部分实验过程中，真空泵单次使用时间并不是很长，维护的关键在于使用方法和习惯上。因此，要实现对真空泵的有效维护首先就要养成良好的使用习惯，严格按照操作手册上的要求来使用，尽量避免因误操作和过度操作带来的损坏。泵的维护主要涉及漏油、无法达到极限真空度、泵的维修及启动故障等。

漏油是油泵最常见的一种故障，经常出现在真空泵的电机轴承轴封、油箱的密封垫和油窗中，产生上述部位漏油的原因主要包括真空泵使用时间过长引起上述部位老化或其他外部原因导致密封性能失效，从而出现漏油。对于上述问题的解决办法包括：① 更换老化的密封垫、轴封、油窗等；② 用高匹配或原装的高质量泵油冲洗真空泵；③ 用溶剂清洗注油口处的滤网，以保证油箱清洁。

无法达到极限真空度也是常见问题之一，且这种情况比较复杂。首先要检查真空泵本身真空系统的气密性，排除漏气的可能性之后，打开气镇，让真空泵运行 30 min 左右，将非泵油污染引起的可压缩蒸汽抽空，排除可压缩蒸汽对极限真空度的影响。在排除上述两个因素之后，对油泵进行机械维修，主要包括：① 更换旋片和弹簧；② 清洗泵腔及转子；③ 检查排气阀门，必要时对其进行更换。

真空泵不能启动主要表现为加电后不运转。引起这种情况的原因也很复杂，根据使用经验，通常有四种：① 保险管烧坏；② 电路中元器件烧坏；③ 电机烧坏；④ 旋片卡住。从维修的角度来看，原因①和②的解决相对简单，后面两种原因较为复杂，需要仔细分析和判断。电机烧坏的表现为电机定子线圈烧毁，这种情况的原因要么是瞬间电流过大，要么是电机轴承磨损严重引起电机功率加大，最终烧毁电机。因此，要先检查电机轴承，再检查电机线圈。若轴承损坏，则立即更换；若电机线圈烧毁，则维修相应的电机，并重新绕制定子线圈；若轴承和线圈同时损坏严重，则直接更换电机。旋片卡住表现为旋片与泵腔内表面的摩擦阻力过大，导致电机无法带动旋片，出现不工作的症状，对于这种情况，若是旋片变形，则及时修复旋片和弹簧，若不能修复则及时更换旋片。

(2) 杜瓦腔体中真空的实现及影响因素

在液氮或液氦杜瓦的使用过程中，为了尽可能减少漏入腔体的水汽或气体分子影响冷却过程和冷却能力，通常会在腔体内安装一个活性炭装置，用以吸收漏入的水汽或气体分子，在杜瓦开腔安装内置器件或腔体长时间暴露于大气环境时，活性炭会吸附较多的气体，在抽真空时，会出现真空压强的下降速度比相同体积无活性炭腔体的下降速度要慢很多的情况。这种情况很容易误判为腔体漏气，当采用抽速小于 150 L/min 的干泵获得真空时，要达到分子泵开启的阈值(小于 30 Pa)需要几个小时甚至更长时间。这时需要用抽速非常大(大于 250 L/min)的油泵或者大型干泵，对腔体预抽，以尽快达到分子泵开启的压强阈值，以便利用分子泵的工作参数来尽快判断是否漏气。此外，在机械泵抽气过程中，需要等待较长时间，必要时可利用分子泵的抽速来较快地达到分子泵开启阈值，当然这种操作必须保证腔体内气压介于分子泵开启阈值和 100 Pa 之间，否则当压强超过 100 Pa 时，不适宜开启分子泵，此时也不建议用这种方法。

大腔体在抽气的过程中，气压下降的速度通常要慢很多，这时很容易误判为漏气，这主要是腔体大了之后，尤其是开腔操作后，腔体内吸附的气体较多所致，此时，需要耐心等待机械泵缓慢将腔体压强抽至 30 Pa 以下，待分子泵开启一段时间后再根据分子泵的功率来判断是否漏气。对于同一个抽气真空泵来说，腔体越大，上述需要等待的时间越长。小腔体在抽气过程中，气压下降的速度和腔体的压强都较为理想，容易出现的问题是真空阀门失效。因为腔体太小，其真空获得过程所表现出来的各参数变化与没有腔体差别不大，这时，如果出现阀门失效的情况，是很难分辨出来的，尤其是在真空计安装于腔体外的情况下。所以，对于小腔体，如果条件允许，最好是先往腔体中放入一定量的气体，关闭阀门，然后在抽气时分步骤开启阀门，通过观察真空计示数变化来判断阀门是否有效。

(3) 真空计的常见问题

真空计示数与实际状态不符，或者示数值不变化，但一直维持在粗真空值状态。首先把被抽气腔体阀门关闭，观察示数是否变化，如果变化则表示腔体及其接口处漏气，需要对其进行排查；如果还是不变，则继续关闭真空泵组的连接阀门，继续观察示数是否变化；如果示数变化，说明连接真空泵和腔体的波纹管漏气，需要对其排查；如果示数不变化，说明外接密闭空间暂时不是引起示数不变的原因，而真空泵组自身的密闭性通常是不会出现问题的，此时大多数情况下是真空泵组的电路或者真空计的水晶头接触不良，这种问题通常会发生在一体化启动的分子泵组上，解决的办法是依次关闭分子泵和机械泵，待分子泵转速降至安全值后关闭泵组的电源，重新插拔一下真空计的水晶头，重新开机，再按正常操作规程依次开启机械泵和分子泵，观察示数与之前的数值相比是否有所变化。

2.3 低温技术

2.3.1 低温概述

制冷是实现低温环境常用的方法，也称致冷或冷冻，它是将物体温度降低到或维持在自然环境温度以下的过程，按照实现方式可分为天然制冷和人工制冷。天然制冷(冷却)主要是指采用天然冰或深井水通过热传导过程来实现制冷的方法，其制冷的能力和可达到的制冷温度均难以满足现代生产、生活和科研的需要。因此，研究和开发人工制冷技术显得非常必要。人工制冷主要是指利用制冷设备，通过外接能量的加入使热量从低温物体向高温物体转移，从而对目标物体进行降温的过程。概括来说，制冷技术是使某一空间或物体的温度降至低于周围环境温度，并保持在设定低温状态下的一门科学技术。制冷技术主要研究获得低温的方法、相关制冷机理以及与此相应的制冷循环，同时还需要研究为制冷机提供符合其工作性能的工作介质[5]，这几方面的关系如图 2-3 所示。

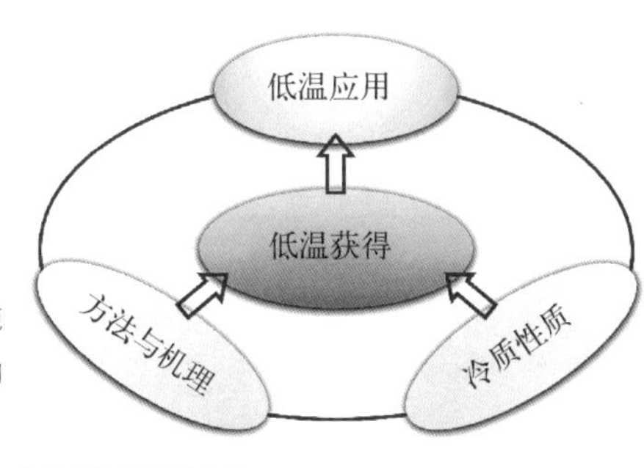

图 2-3 低温技术实施过程中涉及的四个方面

其实早在公元前人们就已经开始了实现低温的过程，当时人们利用天然冰雪制造用于维持低温环境的建筑，比如冰窖、冰屋等，用以实现对食物等物质的低温保存，大大延长了食物的保存时间。这些在中国、埃及和希腊等文化发展较早的国家都有出现并被记载下来。

现代制冷技术开始于19世纪中叶，绝大部分都是指人工制冷技术。最早的人工制冷技术可追溯到19世纪的蒸汽机时代。1834年，美国发明家彼尔金斯发明了乙醚在封闭循环中的膨胀制冷技术，形成了早期的制冷机雏形——蒸汽压缩式制冷机。后来，随着氨制冷剂、液态空气、液态氢气、液态氦气和氟利昂的出现，压缩式制冷机逐渐占领了整个制冷技术领域，在制冷温度和制冷量方面均获得快速发展。此外，伴随着制冷剂和真空技术的发展，杜瓦瓶于1892年被发明，它是除压缩制冷机之外另一种获得较广泛应用的制冷技术。除了工业生产和生活中常见的制冷技术外，在实验研究和极限低温的营造方面，随着顺磁盐绝热退磁技术、热电制冷技术、激光冷却制冷技术等的发展，可实现的温度已经远远低于液氦本身的温度。比如，采用3He-4He混合液稀释制冷技术可实现4×10^{-3} K的低温，采用激光冷却原子的制冷方法可实现5×10^{-10} K的超低温[5]。

随着社会的发展，越来越多的制冷技术逐步应用于生活、工业生产、核工业、建筑行业、农业与医学以及科学研究等方面，极大地促进了上述行业和领域的快速发展[5]。

低温的获得主要通过相关的低温技术来实现。在获得低温的过程中，通常需要克服环境或背景温度的阻力，因此需要对制冷系统输入一定能量。此外，根据目标温度的不同(图2-4)，将制冷技术分为普冷技术和深冷技术，分别对应普冷区温度和深冷区温度。获得低温的方式有很多，总体上可分为物理方式和化学方式两种，其中以物理方式最为常见[5]。

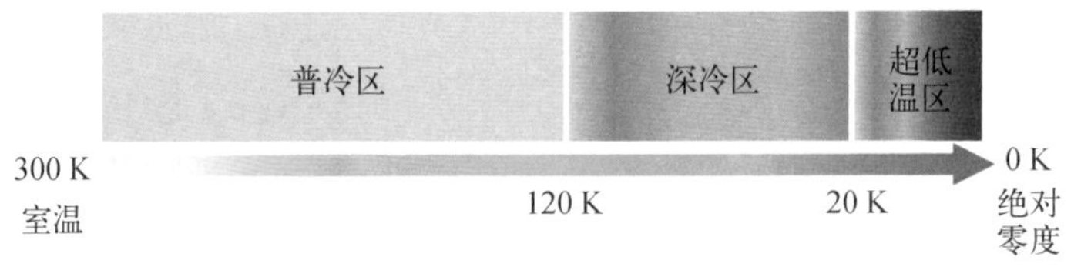

图2-4 不同制冷温度对应的温区

2.3.2 冷质与冷量

1. 冷质

冷质是制冷剂的统称,是制冷循环中实现低温热传导最直接的物质。在制冷循环中,冷质又称制冷工质,是制冷机中完成热力循环的工质,即在制冷系统中不断循环并通过其本身状态的变化以实现制冷的工作物质。冷质工作时,在低温下吸收被冷却物体的热量,然后在较高温度下转移给冷却水或空气。

在实现低温的过程中,需要关注的冷质参数较多,如饱和蒸气压强、比热、黏度、导热系数、表面张力等,而其中与目标温度最直接相关的两个参数是冷质的潜热(与比热有关)和导热系数。冷质的潜热是指在温度保持不变的情况下,冷质从一个相变化到另一个相吸收或者放出的热量。因此,潜热的大小可以直观地衡量冷质的冷却能力。比如,液氮的潜热就比液氦大很多,液氦在使用时容易被热辐射加热蒸发,而液氮耐受辐射的能力要比液氦强很多。而导热系数描述的则是在足够多冷质条件下,冷质传导热量的速度和能力。

2. 冷量

冷量是制冷量的简称,它是指制冷设备或者冷质在冷却目标物体时,单位时间内从目标物体上带走的热量的总和。比如空调的制冷量是指空调进行制冷运行时,单位时间内从密闭空间、房间或区域内去除的热量总和。从物理量纲来看,冷质的潜热其实也代表了单位质量或体积的冷质所能实现的制冷量。

在实际应用过程中,低温系统的冷量还跟冷却温度有关,比如同一个制冷机,其在 77 K 温度下的冷量就要比 10 K 温度下的大很多,这也反映了制冷机在温度越低时,需要克服的环境给予的降温阻力越大,导致其带走热量的能力越小。

2.3.3 低温的测量

低温环境的温度通常采用低温温度计来测量。低温温度计的测温可覆盖 1～500 K。由于温度计在工作原理和制备材料上的差异,不同温度计的测温范围、响应时间、灵敏度以及稳定性等都存在较大差别[6]。在太赫兹光电测试系统中,涉及的温度通常为 3～300 K,此时电阻型、二极管型和热电偶型温度计用得较多。综合比较温度测量的准确度和稳定性，上述温度计中以电阻型温度计的应用最为广泛。

电阻型温度计的测温过程是基于温度计材料的电阻率随温度的精确变化来实现的。温度计材料的电阻率与其材料温度有一一对应关系，利用这一点可以对每个电阻率下的温度值进行精确校准。目前常用电阻型温度计主要由铂、铜等材料制成，整个温度计主要由感温元件、引出线和保护套管等组成[6]。根据温度计材料温度系数的极性，电阻型温度计可分为正温度系数温度计（Positive Temperature Coefficient，PTC）和负温度系数温度计（Negative Temperature Coefficient，NTC）。典型的正温度系数温度计包括铂、铜、铑、铁电阻型温度计等，典型的负温度系数温度计则包括锗和氮氧化锆电阻型半导体温度计等[6]。

在实际应用中，电阻型温度计在同一温度点的测温过程中会出现温度值的漂移，从而影响温度计测温的稳定性和准确度。为此，实际使用的电阻型温度计在出厂之前都需要进行长时间稳定性和热冲击稳定性的测量和校准[6]。热冲击最为常见的情形是低温腔体的漏热现象。在低温条件下，系统很小的漏热也会影响温度测量的准确性，比如微瓦级的热流就足以造成毫开尔文（mK）级的温度不确定度，这在需要精确测温的极低温环境中尤其要避免。

此外，对于被测器件温度的确定，除了低温温度计的准确测量外，被测器件的电流-电压曲线和同一万用表下测量的电阻值也是正确判断器件实际工作温度的有效方法。由于低温温度计安装的位置与器件位置有一定的距离，会形成一定的温度梯度，因此后面这种方法测量得到的电阻值与温度的对应关系更为直接，它反映的就是器件本身的温度情况。所以，在太赫兹光电测试过程中，对器件低温电阻的测量是判断器件工作温度最直接和有效的方法。当然，这里需要注意的是，在使用万用表时，其测量电阻挡的供电电压需要预先测定，以避免测量过程对某些低偏压工作芯片造成的烧毁和损坏。

2.3.4 制冷方式与装置

制冷方式是制冷技术的实现途径和手段，是决定一种制冷技术性能优劣、效率高低以及应用场景的关键。伴随着制冷技术的发展，制冷方式也是依次出现并逐步获得改进的。传统制冷方式主要包括压缩式制冷、吸收式制冷以及冷质直接冷却。随着制冷技术的不断发展，后来又逐步出现了脉管制冷、斯特林制冷、热电制冷、太阳能制冷、激光制冷和磁制冷等。下面就太赫兹光电测试系统中涉及较多的脉管制冷、斯特林制冷、热电制冷以及冷质直接冷却进行详细介绍。

1. 脉管制冷

脉管制冷循环最初由吉福特(Gifford)和朗斯沃斯(Longsworth)于 1963 年提出，其主要是利用高压气体被绝热抽空而达到制冷的目的。脉管制冷机(Pulse Tube Refrigerator, PTR)的工作原理为：脉管的一端封闭，另一端连接蓄冷器和冷端热交换器(即制冷器)，当高压气体进入脉管时，呈现层流状，这样在充气时，由于气体被压缩，在脉管中会形成温度梯度，封闭端的温度最高，压缩热被冷却系统带走，于是在脉管中高压气体被抽空时，在脉管出口端形成低温制冷区域[7]。

按制冷机的驱动方式，脉管制冷机可划分为 G－M 型、斯特林型和热声驱动型。G－M 型脉管制冷机利用有阀门的 G－M 压缩机提供低频压力波(频率为 1～2 Hz)工作，是目前获得 4.2 K 以下低温及在该温区提供大制冷量的主要方法；斯特林型脉管制冷机通过无阀压缩机提供高频压力波(频率为 30～60 Hz)工作，随着板弹簧支撑、间隙密封和动圈式(或动磁式)线性压缩等技术的发展，其压缩机的电功率转换效率可达 80%及以上，是小型化大功率制冷机中的常用机型；热声驱动型脉管制冷机主要利用热声振荡产生压力波，驱动脉管工作，去除了脉管中最后一个运动部件，从而使装置更为可靠，寿命更长[7,8]。

按制冷机输液管的布置方式，脉管制冷机可分为直线型、同轴型和 U 型布置三种[7]。直线型布置结构简单，气流从回热器流到脉管的过程中，冷质的流动方向始终保持不变，是理论上最理想的布置方式。但在实际应用中，这种布置会带来制冷机轴向尺寸的成倍增加，导致其管路布置和真空容器的结构非常复杂。为了解决上述问题，技术开发者们提出了同轴型布置的结构，它主要是将中空的脉管同轴布置在回热器中心，并与回热器形成一个共同的壁面，把回热器的断面变成一个环形通道，也就是说回热器的内壁就是脉管的外壁，这种布置的制冷机结构紧凑，特别适用于对空间大小和形状有特殊要求的场合。不过这种结构在气流从环形回热器流入脉管时需要经过180°转弯，气体的回流会产生较大损失。综合考虑上述直线型布置和同轴型布置的优缺点后，开发人员又提出了介于上述两种布置的U型布置。相比直线型布置其轴向尺寸只有直线型的一半，且具有较好的紧凑性；相比同轴型布置由于流体可以从回热器通过U形过渡管平稳地流到脉管，回流损失要小得多，是目前使用最为广泛的布置结构。

脉管制冷机的工作冷质通常为液氦，根据制冷需要，可分为单级、双级和三级制冷。脉管制冷机的最低制冷温度可以低于3 K，77 K时的最大制冷量可以达到80 W以上[8]。

脉管制冷机因其具有结构简单、结构中无低温运动部件、膨胀及振动小、装置可靠性高、寿命长等优点，在科学实验、半导体加工、医疗、航空航天等领域有着广泛应用，具体包括冷冻医疗、半导体加工场合、超导量子干涉仪、核磁共振成像系统、红外探测仪、太空探测设备等。此外，在空间飞行器或太空望远镜中，由于无法频繁更换制冷装置，脉管制冷机的长寿命特点有着巨大优势[7-9]。

为了正确使用脉管制冷机，减少机器故障，延长机器的使用寿命，在实际使用过程中需要注意以下几个方面：① 对于G-M型制冷机，开启压缩机时需要记录压缩机的工作时长和开启时的气压最大值与最小值，这一点在制冷机工作时长超过900 h后尤其重要；② 对于大冷量的机型，在冷却系统不完善的情况下，需注意压缩机出水口的水温，如果冷却水冷却能力不足以让出水口水温低于40℃，制冷机的冷量达不到标准值，同时如果出水口水温过高，制冷机的压缩机会因水温过高而出现自动停机。此时可以在水冷系统中通过增加水压的办法来提高水流量，提高冷却能力，另外还可以通过降低环境温度来改善冷却系统的散热，达到降低水温的目的；③ 斯特林型脉管制冷机在工作时，由于制冷温度和冷量受制冷机供电电压和电流的控制，如果制冷机长期工作在极限温度下，容易大幅降低制冷机的使用寿命，这时可通过手动调节制冷机的供电参数，比如降低最大供电电流和电压来延长实际的使用寿命，但降温速度会受到一定的影响。

2. 斯特林制冷

斯特林制冷机(Stirling Cooler, SC)是一种电驱动机械式制冷机，其工作原理为通过气体以绝热膨胀做功(按逆向斯特林循环工作)而实现制冷，其理想工作过程是由两个定容过程和两个定温过程组成的可逆循环[10]。冷质在压缩腔被定温压缩后(1 ⟶ 2)，经回热器被定容冷却(2 ⟶ 3)，然后在膨胀腔内定温膨胀(3 ⟶ 4)，再经回热器被定容加热(4 ⟶ 1)后返回压缩腔，上述循环的详细热力学过程如图 2-5 所示。要实现上述理想的可逆循环，一个气缸内的两个活塞必须做间断式的运动[10]。但实际工作时，两个活塞利用的是同一根曲轴的转动来实现连续的往复运动，加上机器内还存在工质流动阻力、换热不完全和冷量损失等情况，实际的制冷过程与理想的可逆循环过程有一定的差异。

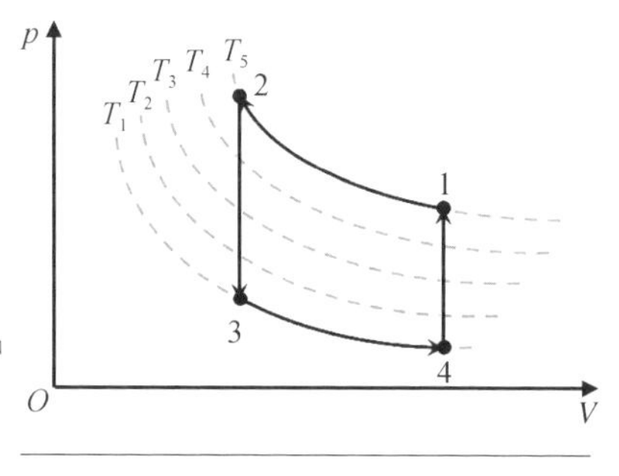

图 2-5 斯特林循环中的热力学过程

就制冷温度来说，二级斯特林制冷机的制冷温度可达 80 K，三级斯特林制冷机的制冷温度可达 10.5～20 K，而四级斯特林制冷机的制冷温度可达 7.8 K，目前斯特林制冷机的最低温度可达到 3.1 K。相比脉管制冷机，斯特林制冷机的制冷效率较高、制冷量大，二级斯特林制冷机在 77 K 下制冷量可超过 10 W[10]。不过斯特林制冷机由于振动较大，其寿命相比之下不长，且工作噪声较大，即使配置了低振动模块，在制冷过程中仍然有较大的振动，不适用于需要避免振动的应用系统。

总体来说，斯特林制冷机具有结构紧凑、质量轻、体积小、启动快、效率高、工作温度范围宽、操作简便等优点，具有很高的实用价值，被广泛应用于高温超导、低温生物医学、太赫兹技术以及航空航天等领域[10, 11]。

3. 热电制冷

热电制冷，又称温差电制冷，是一种利用热电效应(即 Peltire 效应)进行工作的制冷方式。热电效应是指两种不同材料组成的电回路在有直流电通过时两个接头处(根据温度低和高分别定义为冷端和热端)分别发生吸热和放热的现象[12]。在制冷过程中,从冷端吸收的热量通过 n 型和 p 型半导体热电偶元件传递到热端热源接收器,然后再释放至周围环境中,从而实现对冷端连接物的制冷。实验证明,半导体比金属更容易产生热电效应,大部分热电制冷过程也都是通过半导体材料来实现的,故热电制冷也称作半导体制冷。从上述工作原理可以看出,由于温差电制冷的过程能实现的制冷量较低,且效率也较低,热电制冷机不适合于大制冷量的应用场景。通常热电制冷机包含 2～3 级制冷,最多可以做到 8 级制冷,最低制冷温度可以达到 190 K 以下,制冷量在几十毫瓦至几十瓦[12]。

热电制冷方式具有无冷质、无振动、噪声低、灵活性强、寿命长、易实现冷热切换等优点,相应的热电制冷机具有尺寸小、质量轻、制冷速度快、控制精度高等优点,并可根据电流流动方向实现制冷和加热双重功能,因此热电制冷机非常适合于微型制冷领域或有特殊要求的用冷场所,在电子技术、生物工程、医疗、工业生产、国防和科学研究等领域有着广泛应用。具体包括:生物组织的切片标本冷却,血液分析仪、移动式冰箱和家用胰岛素的冷却,部件局部的冷却,红外探测装置的冷却,半导体激光器的冷却,冷却箱、凝固点和露点测试仪、分光光度计的冷却以及石英晶体振荡器和 CPU 的冷却等[12]。

4. 杜瓦冷却

杜瓦俗称杜瓦瓶或保温瓶,是储存液态气体、保护晶体元件以及低温实验研究较为理想的容器和工具。杜瓦于 1893 年由苏格兰物理学家和化学家詹姆斯-杜瓦爵士发明。杜瓦的保温原理为基于多层腔壁的真空绝热与腔体的小口排气设计。通过良好的真空绝热层设计,让冷质处于一个与外界热隔离的环境,同时在腔体末端设置小排气口,进一步减少腔体内冷质与外界的热交换,以减少冷质的受热蒸发,延长存放时间。根据冷质在杜瓦瓶内的状态和流动形式,可将杜瓦分为静置型和连续流型。

(1) 静置型杜瓦

顾名思义,静置型杜瓦在使用时,杜瓦瓶内的冷质是处于一种安静的放置状态,因此这种杜瓦装置可实现的低温温度与所盛放的液态冷质温度相同,比如液氦杜瓦可实现的温度为4.2 K，液氮杜瓦则对应于77 K。静置型杜瓦的优点是初次冷却后可实现即用即加，尤其是液氮杜瓦，可以根据实际需要不断地往杜瓦瓶内添加液氮，以达到长时间使用的目的。液氦杜瓦使用时，由于液氦温度(4.2 K)跟室温(300 K)的温差非常大，且液氦容易挥发，需要使用带真空密封层的液氦输液管来进行添加。

除了用于冷却样品外，通过制造出大容积(容积通常为60 L、100 L和250 L)的杜瓦罐，可有效地将杜瓦罐内的冷质保存一周甚至更长的时间，方便即时使用。在超导器件研究、太赫兹低温测试实验和核磁共振成像应用中液氦的用量较大，液氦罐的使用较频繁。

对于液氦罐的使用，涉及的重要参数和关键内容包括：罐内压力数值、罐内冷质体积，以及安全阀、放气口和输液口的操作。在使用液氦时，输液口阀门开启，放气口阀门根据需要可以开启或关闭，(一级)安全阀也可以根据需要开启或关闭，罐内压力数值通过观察压力表获得，罐内冷质体积可以通过观察容量计或氦液面计测算得出。除了上述(一级)安全阀以外，为了防止液氦罐因漏气等因素引起罐内压力的急剧上升，液氦罐还专门设置了不可关闭、达到阈值压力后自动开启的二级和三级安全阀。下面以静置型液氦杜瓦的输液为例来说明液氦罐在静置和使用时各部分的工作状态。

第一步，确认静置液氦罐各部分所处的状态：输液口阀门关闭、放气口阀门关闭、安全阀开启、压力表数值为零。

第二步，确认杜瓦的液氦腔已充满高纯氦气，然后打开液氦罐放气口阀门，将罐内集聚的氦气放掉。

第三步，开启输液口阀门，关闭放气口阀门和安全阀。

第四步，将杜瓦专用输液管的针阀开1～2圈，然后将输液管的一端从输液口缓慢插入液氦罐，并用螺帽和O形密封圈将输液管与输液口密封，同时观察压力表的数值。

第五步，当压力表数值超过3 psi时，使用放气口阀门放掉部分罐内的氦气，以保持压力表数值在3 psi以内，然后关闭放气口阀门，继续插入输液管至液氦罐底部。

第六步，将输液管的另一端插入杜瓦液氦腔，利用液氦罐内与外界大气环境的压力差将液氦输入杜瓦内，同时观察杜瓦液氦腔出气口气体的变化，最终将液氦杜瓦灌满。

第七步，打开放气口阀门，将罐内多余的氦气放掉，确认压力表数值为零，然后打开安全阀，拔出输液管，关闭输液口阀门和放气口阀门，此时液氦罐为静置状态。

(2) 连续流型杜瓦

连续流型杜瓦中的冷质以流体形式存在，冷质的输入是通过输液管来实现的。具体为：通过将输液管的一端插入储存冷质的杜瓦罐，另一端插入连续流型杜瓦的内腔，并在杜瓦罐和杜瓦内腔之间人为制造一定的气压差，使杜瓦罐中的冷质在压差作用下被输送到杜瓦内腔体中与样品座连接的高导铜液槽处，冷质进入液槽后，会因为受热而蒸发，通过将蒸发的冷质气体排出杜瓦内腔，带走热量，达到冷却的目的。此时，由于冷质蒸发带走热量时，高导铜液槽处的温度已降低到冷质的温度，根据蒸发散热原理，这种方式可以实现比冷质本身更低的温度。如负压型连续流型液氦杜瓦可实现的最低温度为 2.8 K。

以液氦冷质为例，在实际使用中，压差的形成通常有两种方式，即正压和负压。正压的形成指的是通过给杜瓦罐施加高纯氦气或者在输液管插入时关闭罐体安全阀和放气口阀门，使罐内气压高于外界大气压，液氦在压差的作用下通过输液管流入杜瓦内的高导铜液槽，液氦在遇热蒸发后变成氦气被压差形成的压力排出杜瓦内腔；负压的形成指的是在输液管出口增加一个排气孔，通过真空泵的抽力快速将遇热蒸发后的氦气抽走，从而形成液氦罐内压力大于高导铜液槽处压力的状态，此时液氦同样会在压差形成的压力作用下，从液氦罐被输送至液氦槽。为了精确调节输液管中液氦的流量，在输液管上插入液氦罐的一端会设置一个针阀，由于输液管的内径很小，针阀上调节输液管流量孔的针也非常细小，在操作时需要注意针阀不可拧得过紧，以免损坏阀门针。此外，在上述操作过程中，还会涉及液氦罐的压力表值和抽气泵的流量计与气压值。实际应用时，正压液氦连续流杜瓦冷却系统使用的液氦罐压力表数值通常在 9 psi 以内；负压液氦连续流杜瓦冷却系统的抽气泵压力数值在－1 000 Pa 左右。

此外，在实际使用中，还会涉及制冷量的调节，具体可以通过针阀调节冷质流量的大小来实现。不过，输液管的内径仅有 1 mm 左右，对于使用液氦的连续流型冷却系统来说，其最大的制冷量为 6～8 W @ 10 K。

2.3.5 太赫兹光电测试中的低温

1. 低温的实现

太赫兹光电测试技术中与低温相关的部分主要包括测试系统中探测器、辐射源和被测样品的冷却。通俗来讲，只要是涉及制冷或冷却的技术，都可以用上面介绍的方法来实现，具体的差异在于需要达到的具体温度、实现目标温度所期望的时间、被冷却物件与导热样品架的连接、制冷环境中需要的光输入输出口位置与数量等。

在太赫兹光电测试系统中，通常需要制冷或冷却到较低温度（小于 200 K）的探测器包括 THz QWP（＜10 K）、HEB（4.2 K）、低温测辐射热计（4.2 K/1.3 K）、CSTP（＜4.2 K）、超导隧道结探测器（＜4.2 K）、Ge：Ga 光电探测器（4.2 K）、阻挡杂质带（BIB）探测器（＜10 K）等，辐射源包括 THz QCL（＜200 K）、基于超导磁体的自由电子激光太赫兹辐射源（4.2 K）等[13－15]；而对于需要冷却的样品，通常用变温范围来描述，比如样品低温光谱测量的变温范围为 3～200 K。

由于太赫兹辐射光子能量弱，太赫兹频段的探测器大多需要工作于低温环境，尤其是光子型探测器和高灵敏的热探测器，其工作温度都需要达到液氦温区。因此，用于太赫兹探测器测试的低温设备通常包括 4 K 型脉管制冷机、静置型液氦冷却杜瓦和连续流型液氦冷却杜瓦。太赫兹辐射源的冷却主要涉及 THz QCL 和自由电子激光装置中的超导磁体，前者的冷却包括脉管制冷机、斯特林制冷机、静置型液氮冷却杜瓦和连续流型液氦/液氮冷却杜瓦，而后者的冷却则主要是大容积的液氦杜瓦。被测量样品的冷却装置通常采用静置型杜瓦或连续流型杜瓦。需要注意的是，在冷质运输不太方便的地区，研究人员更倾向于使用脉管制冷机或者斯特林制冷机等电制冷装置。

如何将器件或样品冷却到目标温度，除了上述冷却方式和装置外，一些细节也颇为关键，比如用于样品导热的材料、导热结构、冷却环境热辐射的屏蔽、温度的稳定与降温速度的控制等，都需要在实际测试过程中进行优化和总结。

2. 常见问题与解决办法

(1) 安全问题

低温冷质的使用是具有一定危险性的，比如液氮的温度为 77 K，相当于 $-196^{\circ}C$，且液氮的潜热较大，当具备一定量的时候，可以在空气中保持一定的时间。因此，液氮的使用过程中要注意防止大量液氮泼洒的情形，尤其是夏天手臂等皮肤裸露部位，碰到大量的液氮泼洒容易导致皮肤因极度寒冷而坏死。正常使用液氮的过程中，需要佩戴防冻手套，以免直接接触输液管外壁、低温装置冷却接口而发生冻伤的情况。此外，在液氮使用过程中，应保持房间通风，以避免大量氮气集聚，造成空气中氮气浓度含量过高而影响实验人员的呼吸。尤其需要注意的是，氮气的化学性质较不活泼，一旦大量吸入人体内，无法用化学方法降低浓度，人体容易因缺氧而发生生命危险。液氦的潜热很小，大量泼洒到空气中的可能性极小，即使发生这种情况，也是液氦周围的空气先被液化，形成液态空气后才会接触到皮肤，因此，直接被液氦冻伤的情况不多见。由于 1 L 液氦汽化后会形成 600 L 氦气，因此使用液氦时更应注意其汽化引起局部压力急剧上升带来的危险。

(2) 真空变差的判断与处理

由于任何一个实际使用的封闭腔体，都存在一定的漏率，只不过大小不一，而且从理论上讲，外界气体进入密封腔体是一个动态过程，一直都在以某种漏率发生着，尤其是在 O 形圈密封的腔体中，上述现象更为明显。因此，在真空抽好之后进行降温的过程中，外界环境的气体其实一直在往封闭腔体内泄漏，气体泄漏进去后会吸附于降温导热体上，随着温度的降低，泄漏进去的气体会逐渐由气态转变为液态再变成固态。在腔内温度低于 50 K 甚至更低时，气体凝固的速度通常会大于泄漏的速度，此时腔体内的压强($<10^{-4}$ Pa)要比真空抽好时的压强($<10^{-3}$ Pa)小很多，若此时真空泵组仍然连接腔体，则会发生通常说的“倒吸现象”。如果真空泵组的前级泵是油泵，这种情况容易使油泵内的油气分子倒吸入腔体而造成腔体玷污，这一点需要特别注意。另外，上述缓慢“漏气”凝固的现象

在低温腔体升温过程中就会显现出来，原先凝固在低温导体上的固态气体因为升温或加热而汽化，导致腔体的真空度变差。如果制冷系统单次工作时间过长，导致低温体上凝固的气体过多，腔体真空度变得很差，则在升温过程中会出现腔体真空罩表面结冰或结霜的现象。因此，对于长时间工作的制冷装置，需要在升温过程，尤其是加热快速升温的同时进行抽真空操作，以避免凝固的气体汽化后形成导热通道，引起装置表面结冰和结霜的情况出现。此外，当冷却装置工作较长时间后，必须要进行自然升温或加热升温，让长时间凝固的气体释放出来，重新抽走后才能再次实现腔体内良好的真空绝热环境；同时还需要避免装置处于低温状态时进行抽真空操作，因为这时低温装置的真空度很高，通常的机械泵或者分子泵组不可能抽得动里面已经非常稀薄的气体，从而容易误导操作者对真空环境和低温状态的判断。

(3) 漏热的判断与处理

漏热是低温实验的常见问题，主要表现为冷质耗散较快，严重时出现腔体表面结霜的情况。漏热的实质是腔体内部原本绝热的低温部件与外部常温或者温度更高的部件之间出现了热交换的情况，这样会使得维持低温部件在某一目标温度时的冷质消耗大幅增加，同时温度高的部件与低温部件实现热连接后，温度会相应降低，使周围环境出现冷凝现象，即表面结冰或结霜的情况。这时，可以通过观察系统部件的表面温度，判断漏热点，如果漏热不严重，可以采用外部散热的办法，让漏热处的周围环境形成一定的绝热或者干燥层，以免水汽凝结过快；同时，也可以在系统设计时增加一个临时的外罩，在漏热情况出现时，对相应的部位进行外部抽真空处理，以避免水汽分子与漏热点的接触，达到减小漏热的目的。如果情况比较严重，则需要开腔检查，去除漏热接触点。

2.4 小结

本章从基本概念和使用技巧出发，主要介绍了与太赫兹光电测试系统相关的真空和低温技术。首先介绍了真空的实现、真空的测量与检漏技术以及真空技术在太赫兹光电测试中的应用。随后介绍了低温的实现、制冷方式与装置以及低温技术在太赫兹光电测试中的应用，并在每一节最后对相应技术中可能遇到的问题进行了详细分析与讨论，希望对涉及相关应用技术的人员有所帮助。本章介绍的内容是在进行太赫兹光电测试时最为基本的辅助技术，也是太赫兹技术应用过程中的基本技术。

参考文献

[1] 马兴坤，陈宜保，刘梦林.真空的获得与测量.大学物理，2002，21(8)：36－38.

[2] 龙志翘.真空技术及其发展和应用.真空电子技术，1982(2)：57－59.

[3] 曹慎诚.实用真空检漏技术.北京：化学工业出版社，2011.

[4] 姜燮昌.现代的真空技术.真空，1988(3)：4－10.

[5] 张宝凤.低温技术国外概况.低温与超导，1979(1)：24－27.

[6] 彭长喜.低温测量方法综述.低温与超导，1984(1)：47－50.

[7] 高成名，何雅玲，陈钟颀，等.脉管制冷机结构、理论及实用化等方面的进展.低温与超导，2001(2)：12－21.

[8] 巢伟，孙大明，邱利民，等.大功率斯特林型脉管制冷机的最新研究进展.低温工程，2009(3)：11－17.

[9] Radebaugh R. Cryocoolers：The state of the art and recent developments. Journal of Physics：Condensed Matter，2009，21(16)：164219.

[10] 饶启超，任博文，刘沛，等.斯特林制冷机技术研究进展综述.低温与超导，2018(2)：19－24.

[11] Brake H J M ter，Wiegerinck G F M. Low-power cryocooler survey. Cryogenics，2002，42(11)：705－718.

[12] 胡浩茫，葛天舒，代彦军，等.热电制冷技术最新进展：从材料到应用.制冷技术，2016，36(5)：42－52.

[13] 曹俊诚.太赫兹半导体探测器研究进展.物理，2006，35(11)：953－956.

[14] Guo X G，Tan Z Y，Cao J C，et al. Many-body effects on terahertz quantum well detectors. Applied Physics Letters，2009，94(20)：201101.

[15] 曹俊诚，雷啸霖，胡青，等.太赫兹半导体器件与应用——纪念刘惠春教授.物理，2014，43(8)：500－511.

太赫兹光学元件与光电器件表征技术

3.1 引言

太赫兹频段覆盖了传统意义上的一部分极远红外光和一部分极高频微波，因此太赫兹辐射兼具光和波的特点。在高频太赫兹频段(≥1 THz)，通常采用光学元件；在低频太赫兹频段(<1 THz)，通常采用准光学元件。本章主要介绍高频太赫兹频段的光学元件，这些光学元件的特性和工作原理跟可见光、红外光相同或相似，其中标定光学元件的方法和手段也相似，所不同的是实现太赫兹频段的光学元件在材料上有较大差异。太赫兹光电器件的表征技术是太赫兹光电测试技术中的重要内容，是判断太赫兹核心器件性能优劣及器件应用性能好坏的基本手段。下面首先介绍太赫兹光学元件及相关的测量标定技术，然后以太赫兹激光器和探测器为例，分别介绍太赫兹光电器件各性能参数的表征技术。

3.2 光学元件

太赫兹频段的光学元件在光学基本原理和外形构造上跟可见光和红外频段相同或相似，细分种类上也基本相同。太赫兹频段光学元件的材料具有频段选择特性，主要包括聚合物、半导体、超材料和各种金属表面，其中聚合物包括聚乙烯(PE)、高密度聚乙烯(HDPE)、聚丙烯(PP)、高密度聚丙烯(HDPP)、聚四氟乙烯(PTFE)、环烯烃聚合物(COP)、聚甲基戊烯烃(TPX)等，半导体材料包括高阻硅(HR－Si)、半绝缘砷化镓(SI-GaAs)、锗(Ge)等，以上两大类材料主要用作太赫兹频段光学元件的窗口、透镜、分束片等。太赫兹频段光学元件的超材料主要用作该频段的功能器件，如偏振片、滤光片、波片、隔离器、分束器、偏振转换器、超透镜等。各种金属表面如金、银、铝等用作太赫兹频段光学元件的反射镜，包括平面反射镜、球面反射镜和非球面反射镜等。下面主要介绍太赫兹频段光学元件的窗片、透镜、反射镜、波片、偏振片和滤光片。

3.2.1 太赫兹窗片

太赫兹窗片是指对太赫兹辐射吸收较小，能使太赫兹辐射在密闭腔体（如低温杜瓦）内部和外部进行自由传播的具有密封特性的光学元件。太赫兹窗片的材料主要有 HDPE、HDPP、TPX、PTFE 等。图 3-1 所示为采用傅里叶变换光谱仪测量得到的上述材料（厚度均为 2 mm）在 2～20.4 THz频段的透过率谱。由图可知，聚合物材料在 2～5 THz 频段的透过率较高，除 PTFE 外，2 mm 窗口的透过率都在 0.6 以上。此外，半导体材料也可以用作太赫兹频段的窗口，尽管半导体材料相对聚合物材料来说比较脆，但在窗口并不是太大且需要将窗口进行钎焊密封的情况下，高阻硅、低掺杂硅和锗通常是首选材料，这一点已在红外技术领域得到实际应用。

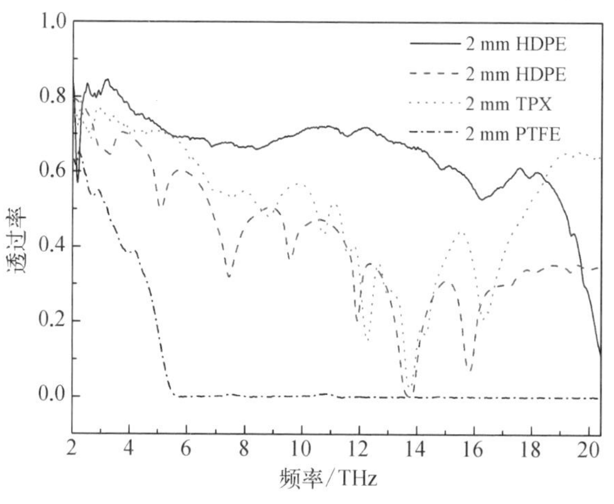

图 3-1 相同厚度(2 mm)不同聚合物材料在 2～20.4 THz 频段的透过率谱

由于材料制备工艺上的细节差异，不同厂商生产的同一种材料，在太赫兹频段的透过特性也是有差异的。如图 3-2 所示，原产于德国(01)、日本(02)和中国(03)的 HDPE 柱材，经加工制备成厚度相同的窗口片后测量了其在 2～20.4 THz频段的透过率谱，由图可知，德国进口的 HDPE(01)窗口材料在 2～5 THz频段的透过率最高，其次是日本进口的 HDPE(02)和国产的 HDPE(03)。此外，对于同一来源的材料，机械加工时不同的表面精度和平整度，也会带来窗口透过率上的差异。

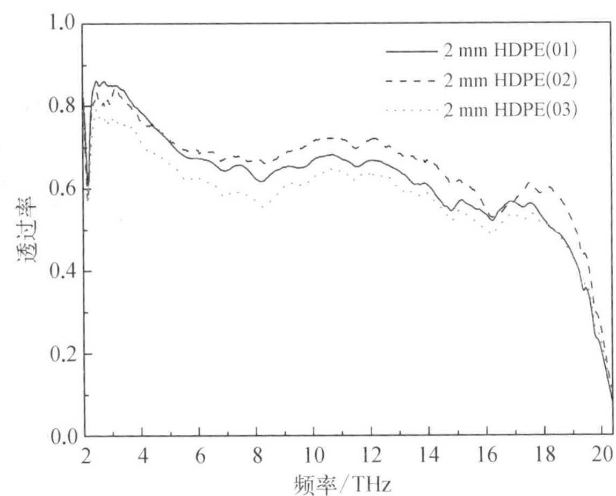

图 3-2 不同产地 2 mm 厚 HDPE 材料在 2～20.4 THz 频段的透过率谱

3.2.2 太赫兹透镜

太赫兹透镜是一种将太赫兹光(波)束会聚或者分散的光学元件。通常分为具有会聚功能的凸透镜和发散功能的凹透镜。由于太赫兹辐射在大气中传播时容易发生径向扩散,凸透镜的使用比凹透镜更为广泛。凸透镜根据形状分为平凸透镜和双凸透镜,而平凸透镜又分为半月形和月牙形。平凸透镜的会聚能力要弱于双凸透镜,但在一些要求透过率比较高(能量损失较小)的光路中,平凸透镜是非常理想的代替双凸透镜的光学元件。

太赫兹凸透镜的材料主要有 HDPE、HR-Si、Ge、COP 和 TPX 等。根据折射定律,当需要实现相同焦距的透镜时,材料在该频段的折射率越大,则所需的透镜曲率越小,因此相同直径下透镜的厚度也越小。由于材料对太赫兹辐射的吸收随光学元件厚度的增加而呈指数增加,为了减少吸收,通常采用折射率较大的材料来制备凸透镜,尤其是焦距非常小、通光直径比较大的时候,这一点显得尤为重要。当然,为了进一步提高凸透镜对太赫兹辐射的透过率,还有一种方法是增透膜技术,即设计不同厚度的增透膜来实现不同波长太赫兹激光的增透效果。以 HR-Si 透镜为例,采用增透膜技术可以将原本 50%左右的透过率提高至 90%甚至更高。不过,随着透镜技术的发展,越来越多的场景开始采用菲涅尔透镜,这种透镜可以在提高透过率的条件下大大减小透镜厚度,并获得与凸透镜相近的会聚效果。图 3-3 为菲涅尔可变焦距镜头的光学照片，图中可以清晰地看见菲涅尔透镜表面的环形图案，该透镜采用的材料为高阻硅，透镜的通光孔径为 50.8 mm，焦距只有 28.2 mm[1]。

图 3-3 菲涅尔可变焦距镜头[1]

3.2.3 太赫兹反射镜

反射镜是一种利用光的反射定律工作的光学元件。按照反射面的几何形状可分为平面反射镜、球面反射镜和非球面反射镜，非球面反射镜主要包括离轴抛物面（Off-Axis Parabolic，OAP）反射镜、温斯顿光锥、椭球复制面（Ellipsoid Replication Surface，ERS）反射镜和自由曲面（Free-Form Surface，FFS）反射镜。实际应用系统中以平面反射镜、OAP 反射镜最为常用。由于反射镜的表面通常镀有金属或者覆盖保护膜的金属，比如镀金、保护银和保护铝，其对太赫兹频段辐射的反射率通常可达到 95%以上。

1. 平面反射镜

平面反射镜是改变太赫兹光束传播方向但不改变其传播性质的光学元件，是太赫兹频段最为常用的光学元件之一。它通常由反射平面和支撑这个平面的实体材料组成。反射面的材料通常有金、银和铝等，实体材料通常用玻璃或者半导体等金属容易附着的材料来制备。平面反射镜常用于太赫兹光路校准、器件表征和应用系统中。

2. OAP 反射镜

OAP 反射镜具有很高的反射率、良好的会聚与准直特性，是太赫兹频段光路收集与准直过程中最为常用的光学反射镜之一。OAP 反射镜使用的是离轴抛物线绕坐标轴旋转面的一部分，反射角度主要有 90°、60°、45°和 15°四种，其中以 90°最为常用。镜体由柱体和抛物面组成，抛物面通常为镀金、镀银和镀铝表面，由于银和铝容易氧化，其表面通常会蒸镀一层保护膜。

图 3-4 为 90° OAP 反射镜的常用光路示意图，由图可知，对于在焦点处发散的太赫兹光，OAP 反射镜可以将其收集并准直为平行光束，根据光路可逆原理，对于平行入射的太赫兹光，OAP 反射镜则可以将其会聚于焦点处。OAP 反射镜的主要参数包括柱体直径 D、有效焦距（Effective Focal Length, EFL）和反射角度 θ（图 3-5）。定义 $\delta=D/\mathrm{EFL}$，则认为 δ 的大小决定了这种反射镜收集和会聚能力的大小。当 $\delta<0.5$ 时，抛物面镜的柱体需要切掉一部分，以满足焦点落在柱体内侧，而此时 OAP 反射镜的收集效率是比较高的。OAP 反射镜在太赫兹器件表征、无线信号传输和成像系统中都有广泛应用。

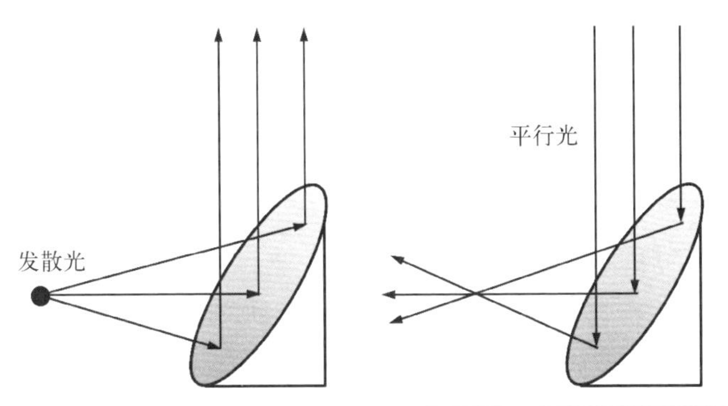

图 3-4
90° OAP 反射镜的常用光路示意图

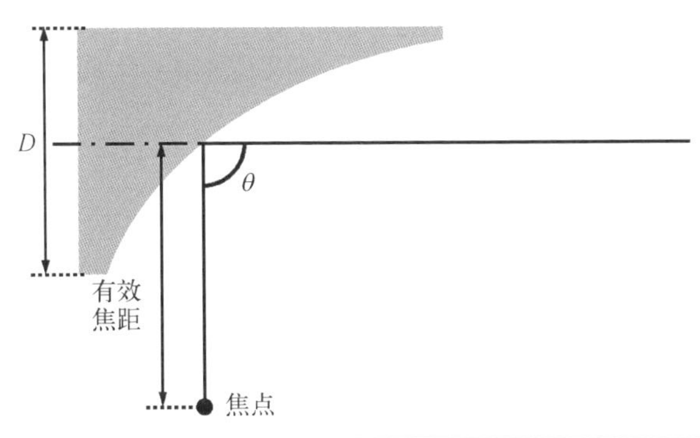

图 3-5
OAP 反射镜的主要参数示意图

3. 温斯顿光锥

温斯顿光锥（Winston Cone）类似 OAP 反射镜，它是物理学家 Roland Winston 发明的一种抛物面结构的光学元件。它不是只选取旋转面的一部分，而是使用了整个离轴抛物线的旋转面。这种光学元件通常采用镍金属加工而成，加工完后其内表面会镀上一层很薄的金，以防止表面被氧化并提高反射率。

光锥工作时的光路原理如图 3－6 所示，它可以将进入光锥大孔的所有平行太赫兹光会聚于光锥的焦点，具有很好的光收集能力。通过调节大孔和小孔（会聚光斑处）的比例，可以在太赫兹探测系统中大幅提高单元探测器的光收集效率，大大提高了探测器的有效探测面积。不过这种结构比较适合于对（准）平行光的会聚，一旦入射光束具有较大的发散角或者会聚角，其效果并不理想。

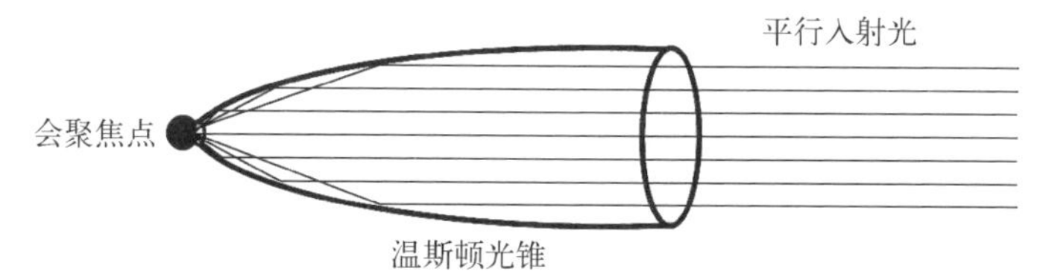

图 3－6 温斯顿光锥工作时的光路原理示意图

4. ERS 反射镜

ERS 反射镜使用的是椭圆绕坐标轴旋转面的一部分，这种反射镜的特点是具有两个可逆的会聚焦点，即所有从一个焦点经过的光束经反射镜表面反射后到达另一个焦点处，反之也是这样（图 3－7）。因此，ERS 反射镜可以实现太赫兹光束会聚点的空间位置变换和光束传播方向的改变。同时，通过利用椭球两个焦点对应焦距的不同，实现不同光束发散角之间的切换，这一特性在傅里叶光谱仪等空间和结构要求紧凑的应用系统中得到了广泛应用。ERS 反射镜的反射角度通常有 90°和 60°两种。

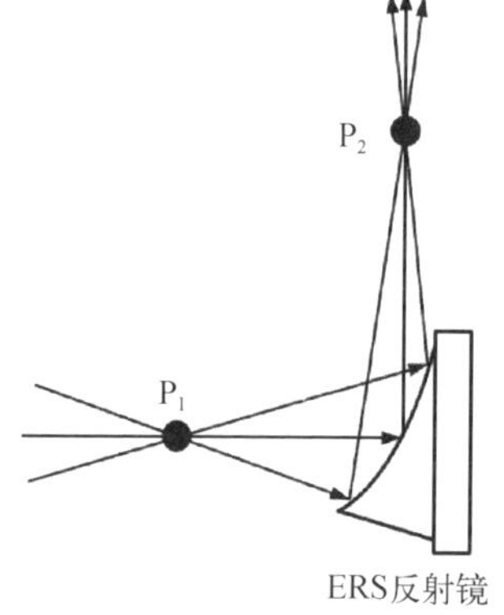

图 3－7 90°ERS 反射镜的光路原理示意图，其中 P_1、P_2 为反射镜的两个焦点

5. FFS 反射镜

FFS 反射镜是一种非常规反射镜，基本上每一个 FFS 反射镜的制造都需要单独的设计，且结构相对复杂。FFS 反射镜突破了传统光学成像的概念，在加工方法和基底材料方面均与传统方法有较大差异。相比之下，从光学原理的实现手段来看，FFS 反射镜的设计结构更为紧凑，可实现更小的空间包络，反射镜的

质量更轻。在应用效果方面，FFS反射镜可以减少几何像差，通过平衡和控制，更好地改善太赫兹图像的质量。如在离轴系统中，FFS反射镜的形式要优于旋转对称的光学表面。

3.2.4　太赫兹波片

太赫兹波片是指能使互相垂直的两个太赫兹光振动间产生附加光程差或相位差的光学元件。通常由具有精确厚度的双折射材料制成，由于自然界难以找到适合于太赫兹频段的波片，这一频段的波片都是利用超材料和微结构的组合特性制成。在这些波片中，以1/4波片和1/2波片最为常用。1/4波片又叫$\lambda/4$波片，它是指当太赫兹光以法向入射透过波片时，寻常光(o光)和非常光(e光)之间的位相差为$\Delta=n\pi/2$，其中，$n=1, 3, 5, 7, \cdots$；同理，1/2波片又叫$\lambda/2$波片，是指当太赫兹光以法向入射透过波片时，寻常光(o光)和非常光(e光)之间的相位差为$\Delta=n\pi$，其中，$n=1, 3, 5, 7, \cdots$。太赫兹波片通常被应用于光束整形和偏振转换的实验系统中，太赫兹波片在激光偏振特性的调节、偏振转换以及偏振成像系统中有重要作用。

3.2.5　太赫兹偏振片

偏振片(Polarizer)是指可以使入射光(如自然光)变成偏振光的光学元件，它对入射光具有遮挡和透过的功能，按应用可分为透射偏振片、透反射偏振片和反透射偏振片三种。

太赫兹(线)偏振片主要采用纯金属线栅或者在锯齿形的聚合物薄膜上蒸镀金属铝线栅以形成选择特性而制成。它既可以做起偏器又可以做检偏器。在诸多太赫兹偏振片中，有的线偏振片采用金属线栅制备工艺，线栅宽度为10～20 μm，线栅间隔为25～50 μm，工作频段覆盖0.1～3 THz；有的线偏振片以聚合物薄膜为基底，采用蒸镀金属铝线栅的制备工艺，线栅宽度和间隔均在5 μm以下，这种偏振片的工作频率可以覆盖7～3 000 μm。为了验证偏振片的工作性能，采用傅里叶变换太赫兹光谱仪测量了第一种线偏振片在与竖直方向成不同偏振角度时的透过率谱，测量结果如图3-8所示。结果表明，不同偏振角度下线偏振片对宽谱 Globar 光源的透过率存在差异，且随频率发生变化，这些差异来源于制备线偏振片所用的材料、制备工艺的成熟度以及表面平整度。

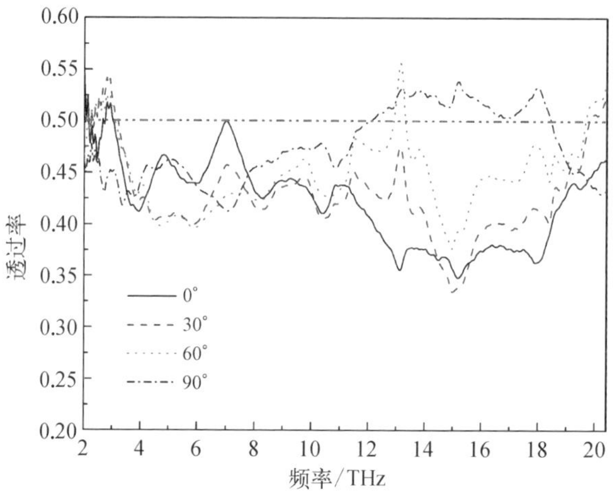

图 3-8 太赫兹线偏振片在与竖直方向成不同偏振角度时的透过率谱

偏振片的偏振性能用偏振消光比(Polarization Extinction Ratio，PER)或偏振度来描述，偏振消光比的定义为一束圆偏振光经过线偏振片后最大垂直分量和最小垂直分量的比值，通常用 10lg(比值)来表示，单位为 dB；而偏振度则定义为最大偏振分量和最小偏振分量的差值与和值的比值。由于太赫兹频段的线偏振片大多数还不是很成熟，偏振消光比通常小于 40 dB，偏振度小于 0.999 7。

3.2.6 太赫兹滤光片

滤光片也称滤波片，是一种对辐射波长选择性透过的光学元件。比如太赫兹滤波片选择某一太赫兹频段的辐射透过，而其余波长范围的太赫兹辐射将会被阻挡而不能通过。根据对太赫兹辐射的选择和阻挡方式可分为低通滤波片、高通滤波片和带通滤波片。根据滤波片的工作原理又可分为基于干涉原理的滤波片和基于光栅原理的滤波片两大类。对于人工设计的各种微结构和超材料，随着波长变长，太赫兹频段的滤波片比可见光和红外光频段更容易实现，需要提高的是滤波片的性能，尤其是频率选择的多样性，这一点又关乎制作滤波片所使用的基底材料。因此，寻找合适的基底材料和精确的结构设计是提高太赫兹滤波片性能的关键。

目前商用的太赫兹滤波片主要有 Mesh 金属网格、孔状结构金属箔以及特殊微结构材料。三者各有特点。其中比较著名是 Mesh 金属网格，其在太赫兹照相机上有应用[1]，该滤波片可以有效滤除红外光频段尤其是室温和人体温度对应的电磁辐射频段。图 3-9 所示为采用傅里叶变换太赫兹光谱仪测量得到的该滤波片在 1.5～20.4 THz 频段的透过率谱，结果表明，滤波片对 8.26 THz 以下的电磁辐射具有很好透过性(透过率超过 80%)。

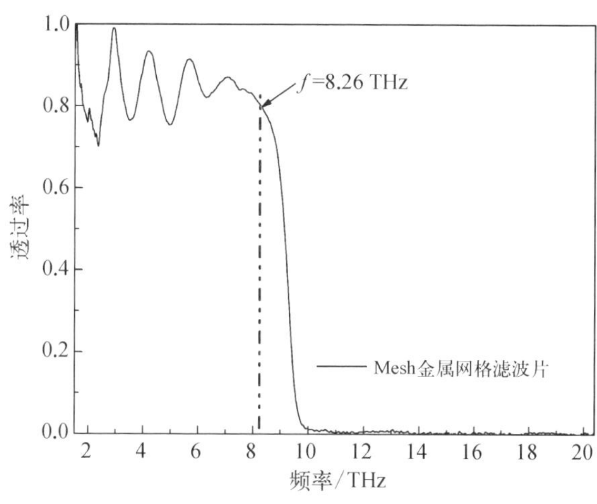

图 3-9 Mesh 金属网格滤波片的透过率谱

在有些应用系统中，为了提高信噪比，只让某一频点的电磁透过辐射，即所谓的带通滤波片。这种滤波片的特点是，除了设计频点附近，其余频段的辐射均被阻挡不能透过或者透过率很低。图 3-10 显示了设计频率分别为 3.0 THz、4.3 THz 和 4.8 THz 的三个定制型带通滤波片的透过率谱，结果表明，实际测量到的带通中心频率分别为 2.98 THz、4.30 THz 和 4.78 THz，与设计频率非常接近，且中心频率的透过率超过 0.98。三个带通滤波片的带宽(这里定义为半高宽)分别为 0.58 THz、0.77 THz 和 0.80 THz，其与中心频率的百分比分别为 19.3%、17.9% 和 16.7%。在被滤除的频段，辐射透过率均小于 0.2，说明带通滤波效果很好，尤其是中心工作频率为 3.0 THz 的滤波片。

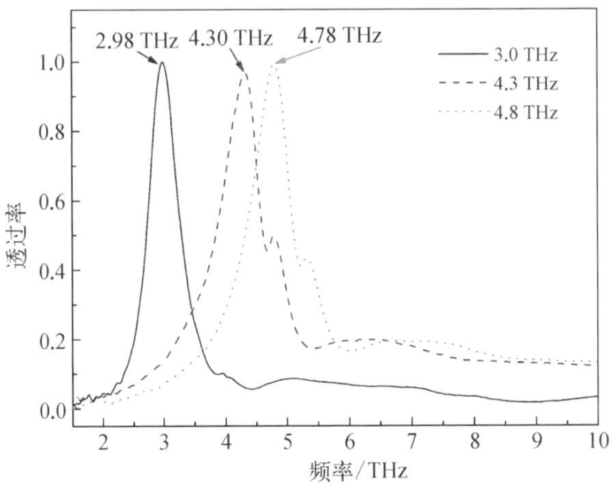

图 3-10 三个定制型带通滤波片在 1.5～10 THz 频段的透过率谱

3.2.7 光学元件特性测试

太赫兹频段的光学元件特性和光学系统测试技术与可见光和红外光频段类似，太赫兹频段光学元件特性测试主要包括材料折射率测量、数值孔径测量、元件面形测量和微光学元件的一些参数测量等；光学系统的测试技术主要包括光电对焦技术、焦距的测量技术、分辨率测试技术、光度学测量技术和光学传递函数测试技术等。以上内容均可参考文献[2]的第 2 章和第 3 章。

不过，太赫兹频段的很多光学元件和功能器件相比可见光和红外光频段还有很多需要改进的地方，尤其是 1～10 THz 频段。因此，太赫兹频段的上述光电测试技术还需要在辐射源、探测器、功能器件和相关技术完善的基础上进一步改进和优化。

3.3 太赫兹激光耦合与光路校准

3.3.1 光束耦合技术

对太赫兹辐射的耦合方式有多种方法，从与器件的关系来划分，可以分为内部耦合和外部耦合技术。内部耦合技术是指通过特定的加工工艺，对器件进行表面光栅制备、端面刻蚀处理等，使辐射源输出的光束呈现出能量集中、分布理想的状态。外部耦合技术则是利用太赫兹频段的光学元件对辐射源出射后的光束进行收集、准直和整形等。内部耦合属于器件加工工艺范畴，下面主要介绍外部耦合技术中的一些常用方法。

1. 温斯顿光锥耦合

在 3.2.3 节中介绍了温斯顿光锥可用于提高探测器敏感元有效探测面积的原理和方法。在辐射源方面，这种光锥同样可以发挥很好的作用。由于太赫兹半导体激光器的出射光束发散性较大，在测量激光源的发射功率时，可以将光锥中的光束传播方向倒过来使用，把激光器的出射端面与光锥的小孔对准(图 3-11)，在离轴抛物面的反射作用下，大部分发散光束被转换成平行光出射(红色实线)，只有大孔与小孔连接起来形成的锥形发散光束的发散性没有改变(橙色区域)，这时如果使用长度较长、出射孔(大孔)口径较小的光锥，则可以把光束尽可能地收集并实现准平行出射，在功率测量时可以获得激光器端面输出激光 90%以上的能量，与 OAP 反射镜的收集方式相比，这种方法可以最大限度地耦合出太赫兹激光器端面输出的激光，大大提高功率测量的准确性，尤其是在对双面金属波导结构 THz QCL 端面输出激光的耦合方面，这种方法的效果更为明显。

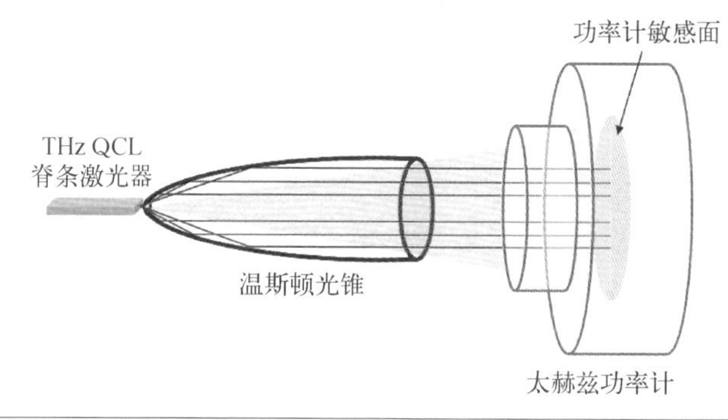

图 3-11 THz QCL 端面输出功率测量时基于温斯顿光锥的耦合光路示意图

2. 超半球透镜耦合

超半球透镜在耦合发散性辐射方面具有较好的效率，并可以获得较好的光束质量，是 THz QCL 常用的一种外耦合方式，在太赫兹成像、无线信号传输、光路校准等方面有重要应用[3,4]。

用于制备超半球的材料必须在太赫兹频段具有很高的折射率且吸收较小，这样耦合出的激光束能量集中且损耗小。高阻硅材料由于自由载流子极少，在太赫兹频段的吸收很小，是该频段常用的分束片和透镜材料，同时也是太赫兹频段光谱测量、薄膜材料表征常见的基底材料。图 3-12 所示为采用高阻硅超半球透镜对 THz QCL 端面输出激光的耦合光路示意图，由图看出，当选择合适厚度和直径的超半球透镜时，可以实现太赫兹准平行光束的输出。图 3-13 为采用直径为 4 mm、厚度为 2.5 mm 的高阻硅超半球透镜对一个 2 mm×100 μm 的单面金属波导结构 THz QCL 输出激光耦合后得到的光束二维能量分布，由图看出，超半球透镜在提高激光束能量集中度方面有很好的效果。

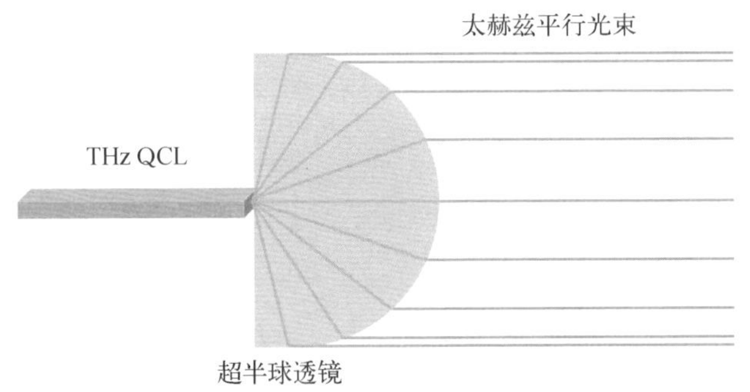

图 3-12 基于高阻硅超半球透镜的 THz QCL 端面输出激光的耦合光路示意图

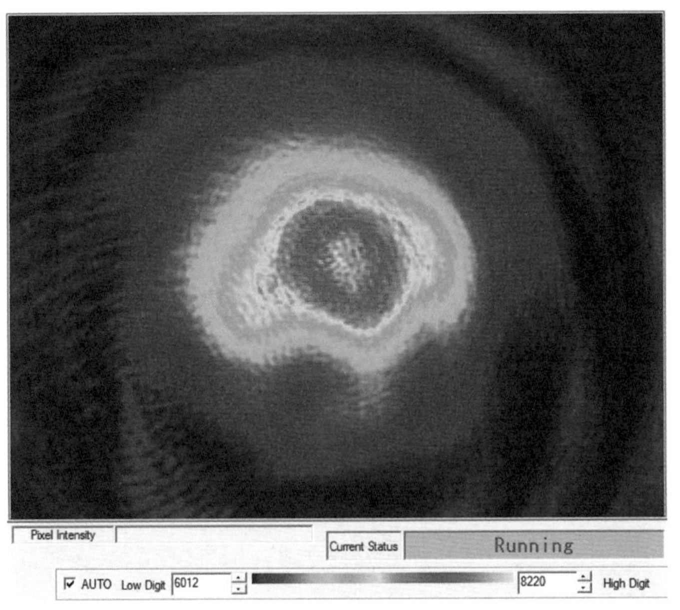

图 3-13 THz QCL 输出激光经高阻硅超半球透镜耦合后的激光光斑

在实际应用时，激光器端面和超半球透镜圆形平面之间还需要增加半导体过渡层来进行折射率过渡，以消除空气间隙引起的损耗。同时，超半球透镜表面可以通过蒸镀四分之一波长的聚合物薄膜来提高透过效率，进一步减小透镜本身对输出激光束的吸收，提高耦合输出效率。

3. OAP 反射镜耦合

由于太赫兹量子器件均需要在低温下工作，低温装置的使用导致器件被限制在装置内部，在使用 OAP 反射镜收集光信号时，通常要采用直径较大且有效焦距较长的镜体。按照 3.2.3 节中 OAP 反射镜的参数描述，在低温装置外面使用的 OAP 反射镜，其 δ 值通常大于 1，且其 D 值都在 1 in① 以上。因此，OAP 反射镜的收集效率受器件端面位置与低温装置窗口所形成的张角限制。

为了进一步提高收集效率，必须将 OAP 反射镜尺寸缩小，安装于低温装置内部，同时选择 δ 值在 0.5～0.8、D 值小于 15 mm 的小尺寸反射镜，并将 OAP 反射镜的夹具与 THz QCL 的低温导热样品架集成在一起（图 3 - 14），可以很好地提高 THz QCL 激光的有效输出功率。此外，将 OAP 反射镜置于低温装置内的真空环境中，在构建能量集中的太赫兹光束时，可以大大减少空气中水汽的吸收，进一步提高 THz QCL 的有效输出功率，使其综合耦合效率达到甚至超过超半球高阻硅透镜。

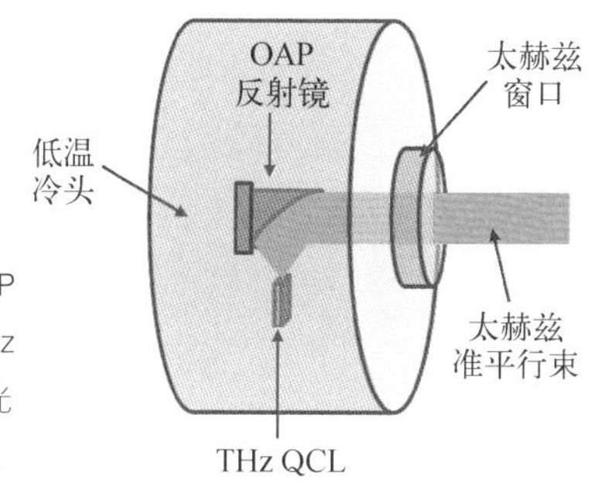

图 3 - 14 采用内置 OAP 反射镜对 THz QCL 输出激光耦合的示意图

为了测量上述内置 OAP 反射镜耦合输出激光束的发散性，在光束传播过程中放置一个直径为 2.5 mm 的光阑孔，采用太赫兹探测阵列对上述激光束进行了不同光轴位置上（阵列敏感面到低温装置窗口的距离 d_1 = 150 mm、d_2 = 200 mm）激光二维能量分布的测量，测量结果如图 3 - 15 所示。从二维能量分布来看，上述激光束呈现出准高斯分布，获得了较理想的光束。随后，测得 d_1 = 150 mm

① 1 英寸(in)=2.54 厘米(cm)。

和 d_2=200 mm 处光斑（红色虚线区域）的直径分别为 2 mm 和 3.6 mm，根据 $\Delta d = d_2 - d_1 = 50$ mm，计算得到光束的发散角为 1.86°[4]，为目前输出发散角最小的 THz QCL 激光源装置。

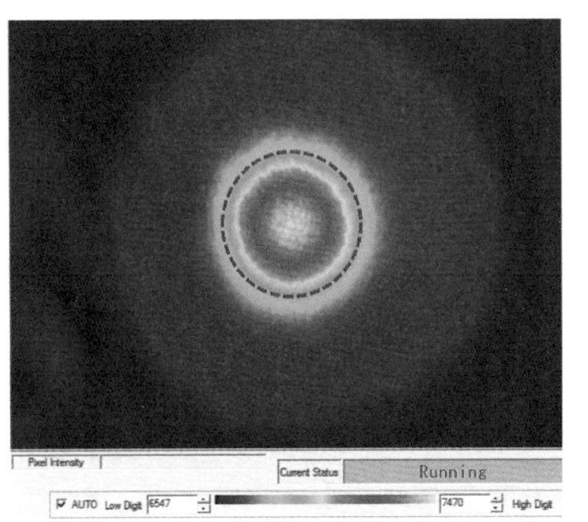

(a) d_1=150 mm处的光束截面

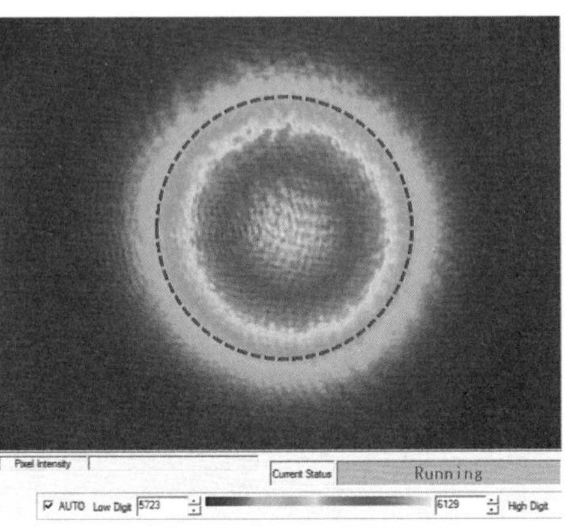

(b) d_2=200 mm处的光束截面

图 3－15 经内置 OAP 反射镜耦合和外部光阑孔选择后 THz QCL 输出激光的二维能量分布[4]

图 3－16 分析了 d_2=200 mm 处的高斯光斑特性，得到其半高宽为 116 个阵列像素，根据阵列像元尺寸（23.5 μm），计算得到准高斯束的半高宽为 2 726 μm，比光阑直径（2.5 mm）略大。因此，采用内置小尺寸 OAP 反射镜可以实现 THz QCL 激光的高效耦合输出，获得准高斯太赫兹激光束，并在后面章节中应用于太赫兹光路校准、标准激光源装置和太赫兹成像系统中。

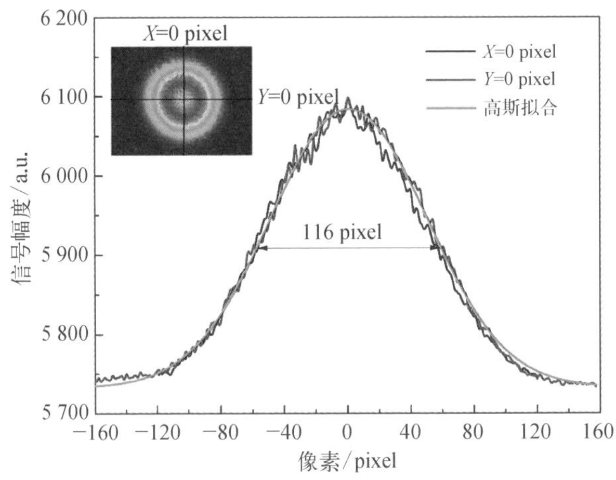

图 3－16 准平行太赫兹激光束在距离激光器端面 200 mm 处的二维能量分布曲线及其高斯拟合结果[4]

4. 空芯波导耦合技术

在早期的太赫兹波导研究中，研究者们沿用微波波导与近红外光纤的方法，提出了共面传输线[5]、微波传输带[6]和蓝宝石光纤[7]等经典波导结构。但上述研究的波导材料在太赫兹频段损耗较大，需要寻找合适的介质材料来实现太赫兹光的低损耗传输。考虑到干燥空气的折射率接近 1，对太赫兹光的吸收要小于绝大部分其他材料，因此通过提高太赫兹光在干燥空气中的传输比例(增加纤芯的空气比例)可以较大程度地降低波导传输损耗。

空芯波导就是一种很有效的波导结构，这种波导目前已在中红外光传输和传感系统[8, 9]中获得应用。它是一种介质/金属膜结构，是在基管内表面镀上金属薄膜后，再镀介质层，利用多层膜的全反射效应实现高反射率从而达到降低传输损耗的目的[10]，波导的具体截面结构如图 3-17 所示。该结构的空芯波导对镀膜基管要求表面光滑、均一性好，基管材料通常为玻璃、金属或高分子聚合物材料。在太赫兹频段的实际应用中，高分子聚合物材料因其可弯曲程度大、韧性强而更具应用优势。这些高分子材料中，目前被报道的有 PTFE[11] 和 COP[12] 等。

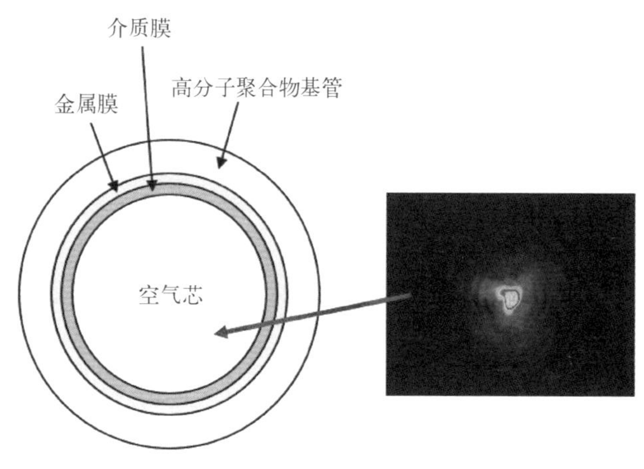

图 3-17 介质/金属膜结构空芯波导截面结构示意图(左)与入射光斑(右)[10]

为了测量太赫兹空芯波导的耦合效果，首先选择长度为 1 m、内径为 4 mm 的聚碳酸酯管，管内壁先后镀 Ag 和 COP 薄层(COP/Ag)，其中，COP 的浓度分别为 0%(无 COP)、12%和 18%，分别标记为波导 1、波导 2 和波导 3；然后采用上述波导对一个 2.5 THz QCL 的输出激光进行耦合，入射光斑如图 3-17 右图所示，入射光斑的直径在 2.5 mm 左右。图 3 - 18 所示为测量得到的三种波导耦合下不同弯曲程度时的输出光斑[10]。由图看出，原本图 3 - 17 右图中准单模的激光在经过太赫兹空芯波导传输后形成了多种传输模式的混合。由于波导孔径较大，大量高次模式被激励，使得光强分布相对分散，且在进行 90°弯曲之后，输出光斑的强度分布更加分散，高次模式的比率增大。

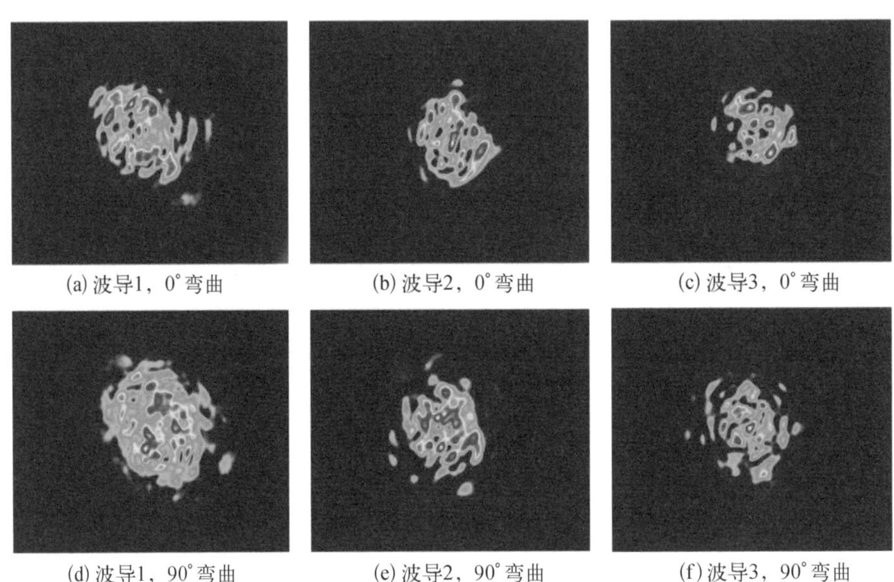

图 3 - 18 太赫兹空芯波导输出光斑测量结果[10]

另外，空芯波导内介质膜厚度也对输出光斑的形状有所影响，当介质膜厚增大时，输出光斑的强度分布趋于集中。这是由于介质膜的存在导致 p 光衰减程度减小，使输出光中的低次模由 s 光占优的 TE01 模式逐渐向 s 光与 p 光相对平衡的基模 HE11 等低阶模式转变，从而使得输出光内的高次模式的比率减少，光斑光强变得更为集中。上述实验验证了 COP 薄层能有效提高太赫兹激光的传输效率，降低空芯波导的界面损耗[10]。

3.3.2 光路校准技术

光路校准是太赫兹应用系统中非常重要的一个环节。由于太赫兹光不可见，加上现有技术水平的太赫兹激光功率与红外光和可见光频段相比还比较弱，目前还没有能够像红外光和可见光频段那样有比较快速地显示出激光传播位置的材料。因此，在方便好用的太赫兹探测阵列出现之前，其光路校准难度非常大。随着产品化室温探测阵列的出现[1]，太赫兹光才得以被清晰地“看见”，这一频段的光路校准技术才得以快速发展，在太赫兹光学镜头的辅助下，光路校准精度得以进一步提高。

太赫兹频段的光路校准通常都是先用可见光进行预校准，通过预校准确定可见光光源、太赫兹光学元件以及太赫兹单元探测器或阵列探测器的位置；然后采用替代法，通过三维移动台将太赫兹光源的输出端设置于可见光光源附近，通过观察探测端的太赫兹信号强弱（单元探测器）或二维强度分布形状（阵列探测器）来判断光源位置的准确性。

与可见光和红外光频段类似，为了实现光路校准的精度，通常会将被校准的光路放置于一个光路距离较长的系统中来进行。下面以调节出一束严格平行的太赫兹激光束为例，采用端面出射的液氮冷却型 THz QCL 激光源、太赫兹阵列探测器以及 2 m 的 OAP 反射镜光路来进行调节，光路校准装置照片如图 3 - 19 所示。根据前面所述的方法，首先采用发散的红光光源对 OAP 反射镜 1、OAP 反射镜 2 以及阵列探测器敏感面的位置进行预校准，然后通过三维移动台将液氮杜瓦及 THz QCL 激光出射端面进行空间位置调节，直至调节出图 3 - 19 插图所示的光斑形状，则认为 THz QCL 的出光端面正确校准至 OAP 反射镜 1 的焦点处。

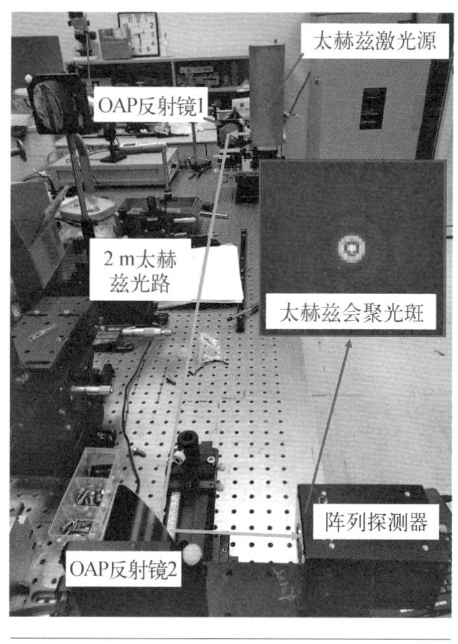

图 3 - 19 基于 THz QCL 端面输出激光的光路校准装置照片及光路示意图

为了确认上述校准的真实性，通过调节 THz QCL 的出光功率大小，在太赫兹探测阵列上留下激光器出射端面及器件封装金线的图像信息（图 3 - 20），根据 OAP 镜组的成像原理，可以确定 THz QCL 出光端面已调节至 OAP 反射镜 1 焦点处。

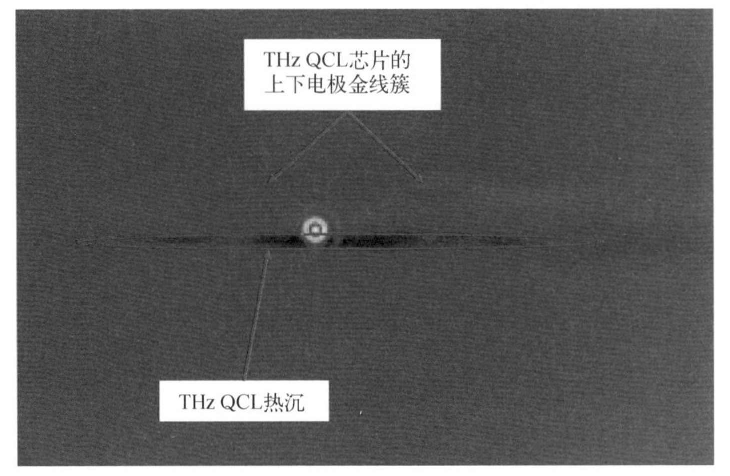

图 3－20
用于判断 TH
QCL 出光端面
位置、位于
OAP 反射镜焦
点的双 OAP 反
射镜成像结果

上述光路校准技术是太赫兹应用系统研究的基本技术，常用于太赫兹无线信号传输链路、成像系统光路的搭建，具体应用实例将在后面章节中详细介绍。

3.4 太赫兹激光器测试技术

在 1.3.2 节中介绍了太赫兹频段激光器的种类、工作性能及特点。THz QCL 是太赫兹频段紧凑型激光源的典型代表，本节主要介绍这种激光器的光电测试技术，主要包括器件电学特性、激光频率、激光功率、温度特性、激光偏振特性以及激光器的实用化性能等测试技术。

3.4.1 电流-电压特性

电流-电压（$I-V$）特性测试是半导体器件最基本的电学性能测试手段。当器件工作于一定的偏置电压时，器件回路会形成相应的电流；或者当器件工作于一定的偏置电流时，器件两端会有相应的电压，记录方式通常采用 LabView 编程的控制软件来实现。$I-V$ 曲线的测试过程其实就是对器件两端电压以及此时流过器件电流的记录。通过记录器件在不同温度下的 $I-V$ 曲线，可以得到器件的变温 $I-V$ 特性，从而反映出器件在不同温度下的基本电学性能。通过

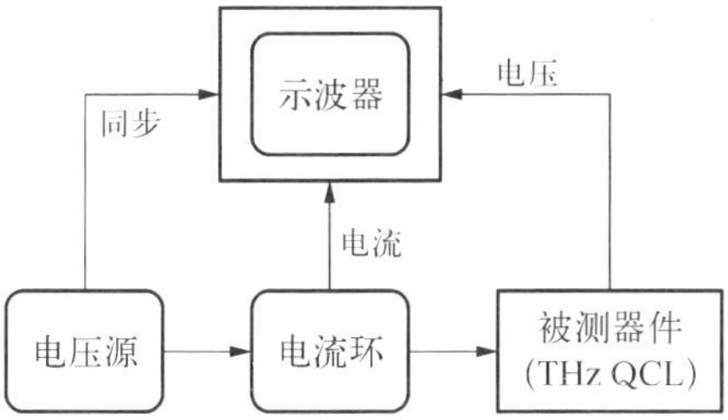

图 3－21
基于电压源供电的 THz QCL $I-V$ 特性测量示意图

示波器
同步
电压
电流
电压源
电流环
被测器件
(THz QCL)

$I-V$ 曲线测量，还可以得到器件电阻和微分电阻（dV/dI）随偏置电流（电压）的变化。

图 3－21 所示为采用电压源对一个 THz QCL 进行 $I-V$ 特性测量的示意图。由图可知，为了获得供电回路的电流，需要在测试系统中增加一个电流环来进行电流信号的监测，最后通过 LabView 控制程序读取示波器上的电压和转换后的电流信号，绘制得到器件的 $I-V$ 曲线。

图 3－22 为采用上述测量系统测量得到的一个中心频率为 3.0 THz 的 QCL 的变温 $I-V$ 曲线。由图可知，器件不同温度下的 $I-V$ 曲线呈现出一定的变化规律，温度越高，曲线越趋向于直线，尤其是在电流较大的区域；同时，对于特定温度下的曲线，器件的电流越大，曲线斜率越小，即曲线越平坦。

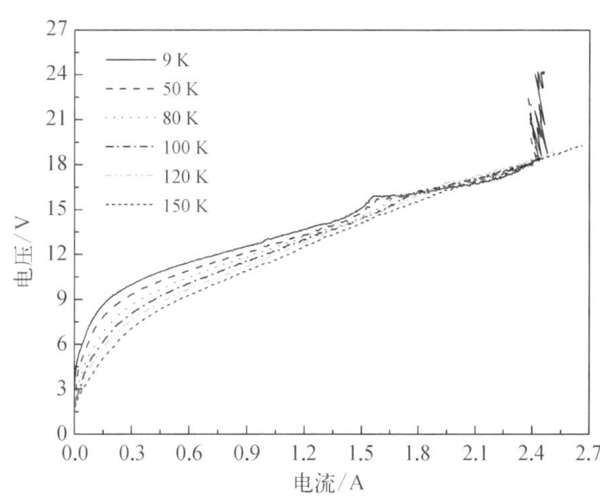

图 3－22
THz QCL 的变温 $I-V$ 曲线测量结果

除了用上述标准的 $I-V$ 曲线测试来获得器件的电学性能外，器件在不同温度下的电阻也是 THz QCL 实际应用时常用的一个数值，通常采用万用表来进行快速测量。值得注意的是，在不同时刻测量器件的电阻时，最好选择同一个万用表来进行对比测量，以消除因万用表的品牌和种类差异以及电阻挡供电电压的不同导致的器件电阻测量值的误差。

3.4.2 激光频率

太赫兹激光器工作频率测试属于太赫兹光谱测量技术中外部光源标定技术，因此关于光谱测量仪器的工作原理将在第 4 章介绍，这里主要介绍如何将太赫兹激光器的输出激光耦合至光谱仪以及如何测量激光器的工作频率。

太赫兹频段激光器频率或波长的测量主要有两种方法，一种是采用光栅光谱仪测定，另一种是采用傅里叶变换光谱仪测定。由于光栅光谱仪大多数用于波长更短的紫外、可见和近红外频段，这里主要介绍基于傅里叶变换光谱仪的测试方法。

激光器的工作频率是一个数值，在使用光谱仪进行测量和标定时，根据傅里叶变换光谱仪的工作原理，实际测量到的是激光辐射能量在频域上的分布，即激光器的发射谱。图 3-23 显示了安装于制冷系统中 THz QCL 激光发射谱的测量系统框图。

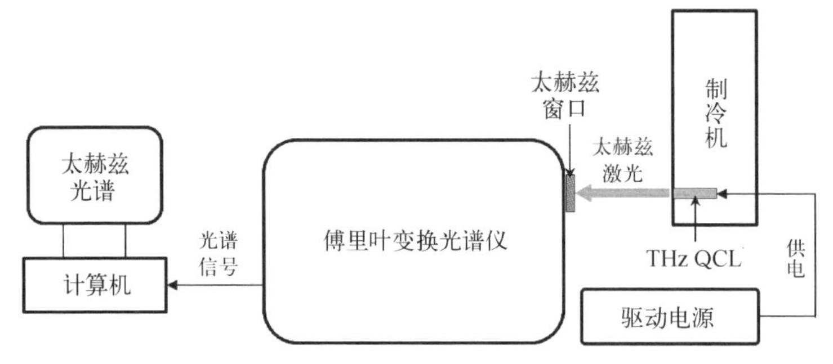

图 3-23 THz QCL 激光发射谱的测量系统框图

在 THz QCL 激光发射谱的测试过程中，除了给光谱仪配置合适的分束片和探测器之外，最为关键的是如何将激光器出射端面调节至光谱仪外部光源入口的焦点处，尤其是当被测激光器属于新型器件，输出功率还很弱的时候，这一点格外困难。上述难题总体来说属于一个光路调节问题，首先要对光谱仪外部光源入口处的光路充分了解，了解入射何种光束的激光容易被耦合进入光谱仪并到达探测器敏感面上。其次要把光谱仪外部的光路和光学元件参数测量出来，比如焦距、光高等。最后把激光源装置安装于三维移动台上，通过对激光器出射端面空间位置的三维调节，实现出射端面与入口焦点的重合，将激光器输出的激光有效地耦合进光谱仪内部。

图 3-24 所示为采用傅里叶变换光谱仪测量得到的 THz QCL 发射谱随驱动电流的变化，器件的工作中心频率为 4.3 THz。结果表明，当器件驱动电流过大时，激光器的激射频率出现蓝移，同时出现多个频率模式。

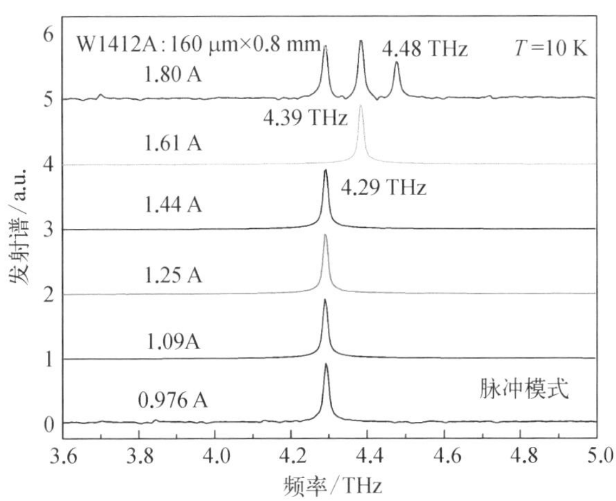

图 3-24 不同驱动电流下 THz QCL 的发射谱

此外，在器件最高工作温度测量、阈值附近出射激光和电致荧光光谱测量时，耦合进入光谱仪内部的激光或荧光能量都非常弱，通常会用到高灵敏度的外置低温探测器。外置探测器的使用，导致耦合进入光谱仪的激光需要传播的距离更长、光路更复杂，此时激光器出光端面的位置变化对测量结果影响更大，需要进行精确调节。

3.4.3 激光功率

输出功率是描述激光器性能的重要指标，测量的内容主要包括功率-电流曲线、功率-电压曲线和变温功率曲线，而对于 THz QCL 这种低温工作的器件来说，变温功率曲线是表征器件温度性能的关键指标，也是器件性能测量的重点。

THz QCL 功率曲线测试系统主要由以下几个部分组成：① 制冷机，用于给激光器提供低温环境，温度可在 5～400 K 调节。② 光学收集装置，用于收集激光器端面输出的激光，常用收集装置包括 OAP 反射镜或镜组、温斯顿光锥、超半球高阻硅透镜、ERS 反射镜。图 3-25 显示了不同收集装置对 THz QCL 输出激光的耦合光路示意图。③ 功率测量装置，用于直接测量低温恒温装置窗口处出射的太赫兹激光能量或功率。

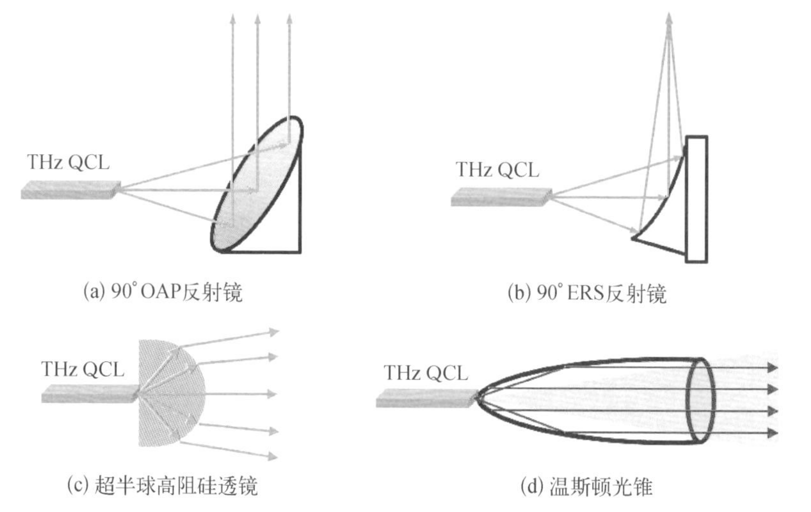

图 3-25 不同收集装置对 THz QCL 输出激光的耦合光路示意图

用于太赫兹辐射功率测量的探测器类型主要包括热释电探测器、热电堆探测器、热-(光)-电探测器、热-压力-电探测器、热敏(电阻)探测器等。上述功率测量装置，热电堆探测器可以直接测量并显示入射的太赫兹辐射功率(图 3-26)，而其余的测量装置均需要将太赫兹辐射进行周期性调制，通过测量辐射的变化量来得到辐射功率值。

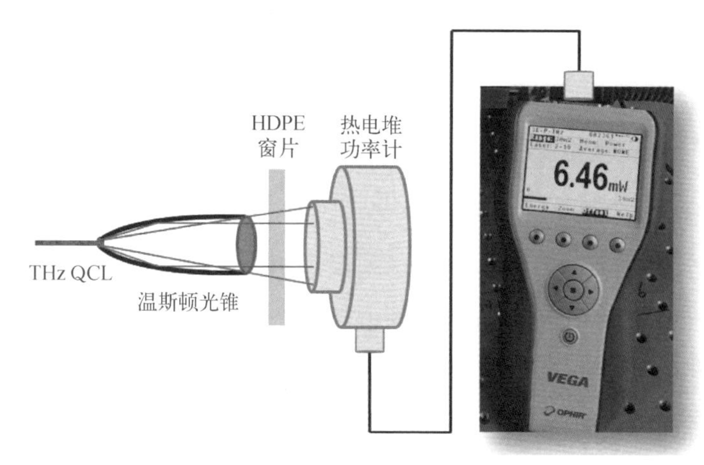

图 3-26 基于热电堆功率计的功率测量装置示意图

对于已标定过的探测器，可以通过编制测试软件来进行功率数值的换算，达到直接显示功率值的水平；对于未标定的探测器，通常需要用标准辐射源（如标准黑体等）进行标定后才能用于功率测量，而上述变化量对应的电压值则采用调制信号锁定的示波器或者锁相放大器来显示和读取。表 3-1 罗列了两种常用太赫兹功率计的型号、主要性能参数和测量方法。

表 3-1 两种常用太赫兹功率计的型号、主要性能参数和测量方法

名　称	型　号	感应区尺寸	噪声等效功率	测 量 范 围	测量方法
QMC TK-100	热-压力-电型	$\Phi=30$ mm	5 μW/$Hz^{1/2}$@ 15 Hz	频率：0.03～10 THz 功率：10 μW～0.5 W	周期调制
Ophir 3A-P-THz	热电堆型	$\Phi=12$ mm	4 μW/$Hz^{1/2}$	频率：0.3～10 THz 功率：10 μW～3 W	直接测量

由于上述热探测器大都对红外辐射有响应，在使用斩波器来进行周期调制测量时，斩波器扇叶的热辐射会对探测器响应波形产生影响，因此在 THz QCL 激光功率测量时大都采用电调制的模式，即用程序软件或可输出方波信号的电学设备（如信号发生器、数字脉冲产生器、锁相放大器等）触发 THz QCL 的驱动电源，使激光器输出随触发信号变化的光。不过，对于热电堆功率计来说，上述周期性调制过程可以直接省略，通过功率计表头上显示的数值可以直接得到入射功率计感应区域的功率值。若器件工作于直流（DC）模式，则所测得功率值即代表了其输出功率；若器件工作于脉冲（PS）模式，则所测得功率值代表了其平均功率，再根据器件电驱动脉冲信号的占空比，计算得到其脉冲峰值功率。

值得注意的是，在使用电调制模式时，通常会用到一种双调制技术。所谓的双调制是针对器件的供电模式来说的，即器件是在一个被调制后的脉冲驱动信号下工作的。具体说来，双调制可以通过用一个信号发生器、一个方波信号产生装置和一个激光器驱动电源来实现。如图 3-27 所示，数字脉冲发生器输出的方波信号（根据功率计的响应速度，频率通常设置为 10～50 Hz）触发信号发生器，使得后者输出的脉冲信号波形呈现出方波形状的周期分布，最后用

这个脉冲信号调制激光器驱动电源，使 THz QCL 输出与调制脉冲信号类型相同的脉冲激光。

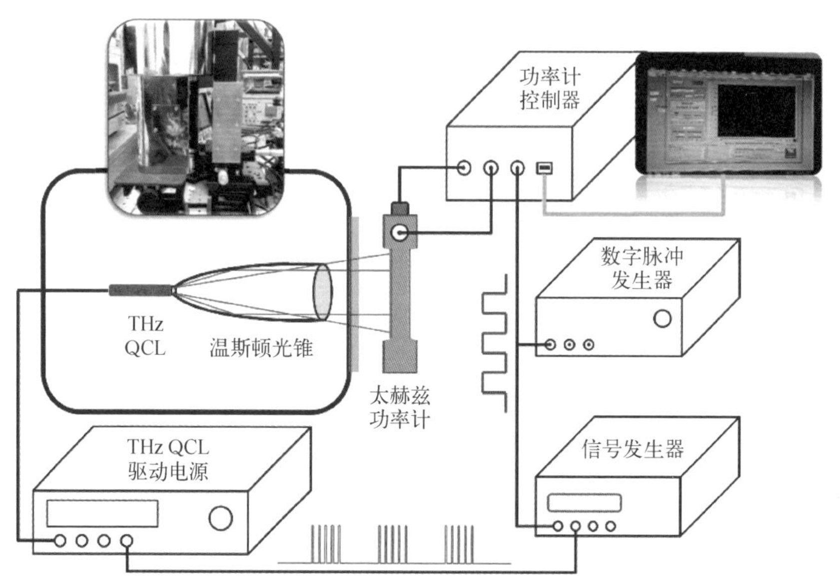

图 3-27 基于双调制技术的 THz QCL 功率测量方法与装置示意图

TK 100 型绝对能量计(功率计)是采用双调制模式测量器件功率的典型代表。这种功率计采用电子薄膜加热技术，可以实现全自动绝对校准，测量时受环境影响小，加上其感应区域大，测量过程的精度较高，测量值的波动在±5%以内。由于 TK 100 型绝对能量计在测量值提取时已经将低频率的方波调制考虑进去，其软件显示的数值即为器件输出功率的平均值。另外，常规型号的 TK 100 功率计，其窗口透过率对应的激光频率在软件中显示的数值最高只到 3 THz，其对应的透过率为 0.534(表 3-2)，大于 3 THz 激光功率的测量需要根据 3 THz 处的透过率进行换算得到，也就是说，此时软件上显示的功率值是用 0.534 的透过率计算后得到的，真实的功率值需要反算回来。举例来说，如果被测激光频率为 4.3 THz，按表 3-2 查到窗口实际的透过率为 0.434，此时功率计软件根据透过率 0.534 计算得出功率数值为 1 mW，则功率计感应区实际接收到的激光功率为 1 mW×0.534÷0.434=1.23 mW。

表3-2 K 100 功率计窗口透过率表

频率/GHz	透过率	频率/GHz	透过率	频率/GHz	透过率
0	1.000	3 400	0.514	6 800	0.179
100	0.975	3 500	0.512	6 900	0.167
200	0.950	3 600	0.507	7 000	0.160
300	0.910	3 700	0.503	7 100	0.157
400	0.900	3 800	0.498	7 200	0.155
500	0.880	3 900	0.491	7 300	0.153
600	0.860	4 000	0.478	7 400	0.149
700	0.840	4 100	0.461	7 500	0.146
800	0.810	4 200	0.444	7 600	0.146
900	0.780	4 300	0.434	7 700	0.152
1 000	0.750	4 400	0.437	7 800	0.155
1 100	0.730	4 500	0.444	7 900	0.154
1 200	0.700	4 600	0.447	8 000	0.152
1 300	0.680	4 700	0.449	8 100	0.151
1 400	0.660	4 800	0.450	8 200	0.147
1 500	0.640	4 900	0.452	8 300	0.139
1 600	0.630	5 000	0.452	8 400	0.130
1 700	0.600	5 100	0.450	8 500	0.121
1 800	0.590	5 200	0.444	8 600	0.108
1 900	0.580	5 300	0.435	8 700	0.096
2 000	0.560	5 400	0.424	8 800	0.091
2 100	0.550	5 500	0.412	8 900	0.089
2 200	0.540	5 600	0.399	9 000	0.095
2 300	0.530	5 700	0.386	9 100	0.111
2 400	0.528	5 800	0.371	9 200	0.127
2 500	0.530	5 900	0.352	9 300	0.144
2 600	0.529	6 000	0.328	9 400	0.157
2 700	0.534	6 100	0.311	9 500	0.159
2 800	0.535	6 200	0.293	9 600	0.168
2 900	0.537	6 300	0.275	9 700	0.168
3 000	0.534	6 400	0.255	9 800	0.175
3 100	0.531	6 500	0.236	9 900	0.170
3 200	0.519	6 600	0.215	10 000	0.174
3 300	0.516	6 700	0.195		

上述激光器的功率测量值反映的是到达功率计感应区的激光能量,也可以认为是包含低温装置在内的整个激光源的有效输出功率,这个数值在实际应用时比较重要。不过,在研究激光器本身、比较不同器件之间的电-光转换效率时,需要计算其两个端面出射的激光总功率值。由于激光器端面在制冷机内部,在计算过程中,通常会涉及以下几个重要参数。

(1) 制冷机密封窗的透过率T_w

为了能使激光源的制冷装置工作于良好的真空环境,且太赫兹激光能够有效输出,用于制冷机密封的窗片都能承受一定的外界压力,并在太赫兹频段都具有较高的透过率,通常采用的窗口材料有 HDPE、HDPP、PTFE、TPX 等。窗口的透过率通常采用傅里叶变换太赫兹光谱仪进行测定,测量得到窗口的透过率谱代表了其在不同频率下的透过率。

(2) 反射镜反射率R_m

这里的反射镜主要有 OAP 反射镜和温斯顿光锥。反射率的数值通常根据反射镜反射面的材料来确定,对于镀金反射面,R_m 的取值通常为 0.99。

(3) 探头敏感面与入射光束截面的面积比值η_0

功率计的感应区域并不是无限大的,由于反射镜耦合输出的光束并不一定都是平行光束,光束到达功率计探头敏感面时,其光束截面具有一定的面积。定义功率计探头敏感面面积为 S_0,出射光束达到探头敏感面位置的截面积为 S。当 $S \leqslant S_0$ 时,$\eta_0 = 1$;当 $S > S_0$ 时,可以近似认为 $\eta_0 = S_0/S$。

(4) 大气环境吸收β_0

当测量时的环境温度和湿度不理想,且光路经过的大气距离较长时,激光功率的测量需要考虑大气环境中水汽的吸收。这一点,在被测激光频率刚好位于水汽吸收峰处时尤其重要。

从上面的分析可知,功率计所能探测到的视场范围是有限的,尤其是在使用热电堆探测器时,η_0 通常会小于 0.8。因此,正确分析上述几个环节对被测太赫兹激光造成的损耗是准确估算 THz QCL 端面发射功率的重要前提。根据以上四个方面的分析,在 THz QCL 的功率测量中,整个测量过程的收集效率为 $\eta = T_w \cdot R_m \cdot \eta_0 \cdot \beta_0$。此时,如果功率计上的功率数值为 P_1,则激光器端面出射的

激光功率 $P_0 = 2P_1/\eta$，其中，2 表示激光器脊条有两个端面同时出光。

上述参数的计算中，T_w 和 R_m 是比较容易测定和确定的参数。η_0 的计算则会受光束实际分布的均匀性影响，计算结果与实际情况有可能出现较大差异。对于 β_0 的计算，大多数的情况是测量光束通过大气环境下的距离，再根据当时的湿度和温度，用光谱仪测量得到的透过率谱来进行拟合计算；但是，在水汽吸收比较严重的频段，测量环境湿度变化比较剧烈的季节，获得的 β_0 值存在较大误差。这时，可以采用抽真空、充干燥空气或者高纯氮气的办法，把测量环境的湿度降至接近零，此时 β_0 可近似取值为 1，从而有效消除上述环境因素的影响。

下面以一个脊条尺寸为 400 μm×4 mm、激射频率为 4.3 THz 的 QCL 为例，测量计算了其两个出射端面总的脉冲峰值功率随温度的变化情况，即激光器的光功率-电流-电压（$L-I-V$）曲线，结果如图 3－28 所示。由图可知，在工作温度为 5.5 K时，器件的阈值电流密度为 437.5 A/cm^2，计算得到的器件脉冲峰值功率达到 1.36 W，对应驱动电脉冲的重复频率为 10 kHz、脉宽为 1 μs，器件工作电流为 16.5 A、电压为 21.6 V，由此得出器件的电-光转换（能量转换）效率 $\eta = 0.38\%$。

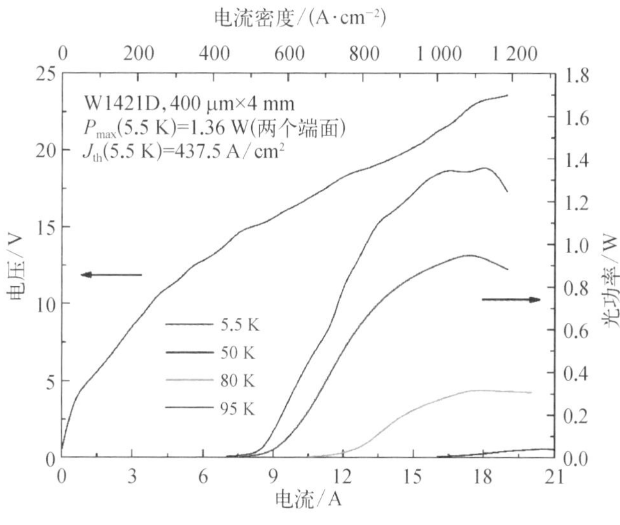

图 3－28 采用热电堆功率计测量得到的 THz QCL 变温输出功率曲线[3]

3.4.4 最高工作温度

器件的工作温度采用制冷机温控仪上显示的温度数值来描述。温控仪上的温度数值来源于制冷机内部靠近器件的温度传感器信号，所以温度传感器离器件越近，越能反映出器件的实际工作温度。当制冷机温度逐渐升高至激光器极限工作温度时，器件的输出功率变得越来越弱，需要采用高灵敏度的探测器，比如高莱探测器或者低温测辐射热计进行功率测量，也可以采用傅里叶变换光谱仪进行光谱测量。器件的最高工作温度由以下流程确定：当器件工作温度为 T_0 时，采用高灵敏度的功率计或者在光谱仪中的探测器可测量到激光信号；而当器件工作温度按 ΔT 的步长逐渐增加至 T_1 时，无法测量到器件的激光信号。此时，定义器件的最高工作温度为 $T_{max}=T_1-\Delta T$。根据上述方法得出图3-28中被测器件的最高工作温度为 95 K。

3.4.5 激光偏振

偏振(Polarization)，又称极化，是电磁波传播过程中描述电场分量取向和幅值随时间变化的参数，在可见、红外和高频太赫兹频段，通常叫作偏振；在无线电、射频、毫米波和低频太赫兹频段则称为极化。太赫兹光的偏振现象指的是太赫兹光电矢量振动的空间分布对于其传播方向失去对称性的现象，因此，凡是振动失去上述对称性的太赫兹光统称为太赫兹偏振光。在 3.2.5 节中介绍了太赫兹频段的线偏振片及其在太赫兹频段的光谱特性。为了使测量结果准确，入射到太赫兹线偏振片上的光束最好是平行束，这样能使偏振片发挥最好的效果。

THz QCL 工作时，在电泵浦的作用下，电子从高能级跃迁至低能级时遵循固定的跃迁模式，使得器件输出的太赫兹激光具有很好的线偏振特性，为了表征器件的这一特性，采用 3.2.5 节中的太赫兹线偏振片来进行检偏测量，测量系统示意图如图 3-29 所示。将太赫兹线偏振片安装于带角度刻度的可旋转光学器件上，放置于光路中合适的位置，通过旋转偏振片的

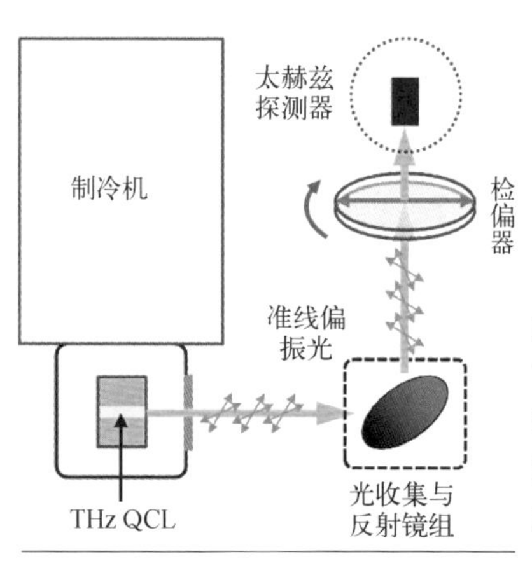

图 3-29 THz QCL 输出激光偏振特性测量系统示意图

线偏角度，分别记录太赫兹探测器接收到的信号幅值。

偏振消光比是描述器件或激光偏振特性的重要参数，它表示的是沿偏振主态方向分解的两个正交偏振分量之间的比例关系，通常定义为 10lg（最大值/最小值），单位为 dB。

采用热探测器对一个 4.3 THz QCL 的输出激光进行偏振特性测量，测量结果如图 3-30 所示。得到了其偏振消光比为 20，即 13 dB，小于可见光和红外光频段线偏振激光的偏振消光比（通常为 40 dB）。这主要是由于 THz QCL 的器件尺寸较大，输出激光的线偏振特性不强，同时热探测器对红外辐射也有响应，环境中的辐射对测量结果有较大影响，需要采用后面介绍的窄带光电探测器或者滤光片来消除。

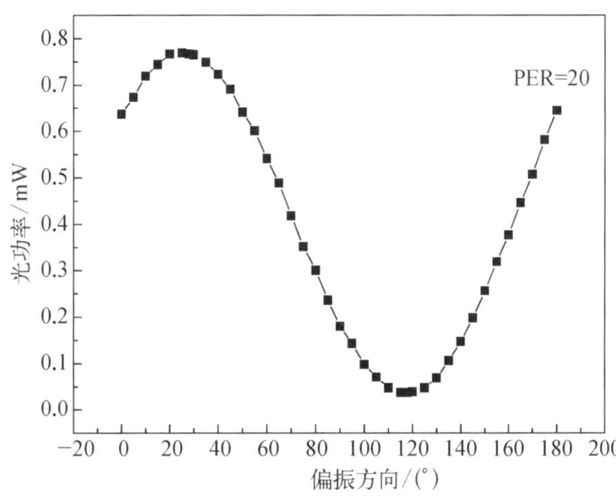

图 3-30 THz QCL 输出功率随检偏器线偏振角度的变化

3.4.6 光束测量技术

在有效的太赫兹阵列探测器出现以前，研究者们一般采用灵敏度较高的热探测器，通过在探测器前面增加一个亚毫米的小孔，形成一个整体装置，在机械扫描结构的辅助下，用程序控制来对出射的激光辐射进行逐点球面扫描，从而获得激光沿辐射光轴方向的二维球面分布[13]。上述方法可以比较准确地获得器件或装置发出的激光强度沿轴向的二维球面分布，但受限于扫描速度和热探测器的响应速度，获得一幅激光能量分布的时间通常在 1 h 左右。随着太赫兹阵列探测器的出现[1]，研究者们开始直接用阵列的敏感面来进行光束分析，通过设置阵列软件中的显示范围，可以获得激光能量在二维平面上的强度分布，结合在激光传播方向上的选点测量，可获得激光束二维分布随着传播距离的变化，实现对太赫兹激光束更为详细的分析。

经光学元件改善后 THz QCL 输出激光光束的测量在 3.3.1 节中已有介绍，在这一节里主要介绍采用太赫兹阵列探测器对 THz QCL 端面输出激光的测量方法。为了尽可能近地测量并反映器件端面输出激光的二维能量分布，通常需要设计专门的低温样品架，将器件端面安装于靠近制冷机窗口的地方，让太赫兹阵列探测器尽可能地靠近器件端面进行测量。

图 3－31 显示的是一个 4.3 THz QCL 端面出射激光的二维能量分布，其中器件尺寸为 320 μm×3 mm。根据测量结果得出，器件从端面出射的其实有两个光斑，两个光斑中心的距离为 10 mm（其中阵列的物理尺寸为 5.64 mm×7.52 mm），从软件显示的最大数值和二维能量分布来看，两个光斑的功率量级相当，分别代表了激光的两个主要模式，这是由于器件的宽度达到了波长（70 μm）的 4 倍以上，出现了多模出射的结果。

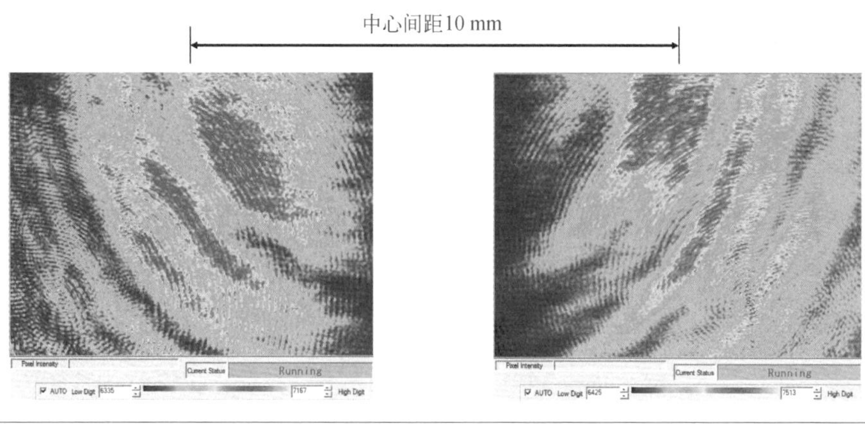

图 3－31 宽脊条 THz QCL 的多模出射光斑

经过改善的太赫兹激光出射后，在自由空间中传播时会受到空气中水汽、大颗粒的影响而出现光束分布的平坦化效果。图 3－32 所示为经过内置 OAP 反射镜耦合输出后的 THz QCL 激光束在传播方向上不同位置处的二维能量分布，上述位置到激光器端面的距离 d 分别为(a) 60 mm、(b) 160 mm、(c) 210 mm。从测量结果看出，距离激光器端面越远的位置，光束在探测阵列上的二维能量分布越趋向于一个连续分布，在视觉效果上看起来更均匀；距离激光器端面越近的位置，光束的二维能量分布越离散，视觉效果上看起来更分散。

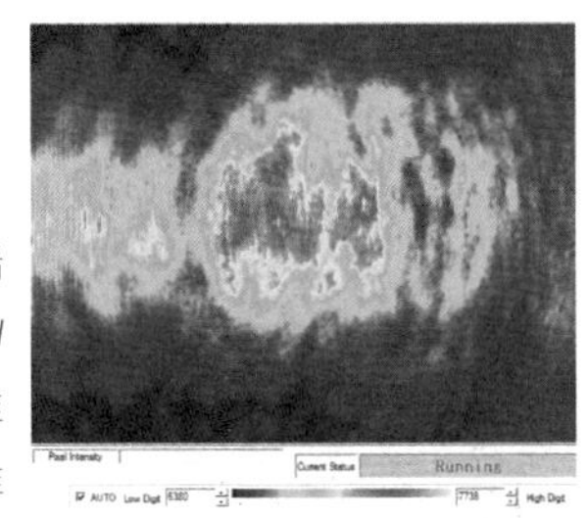
(a) d = 60 mm

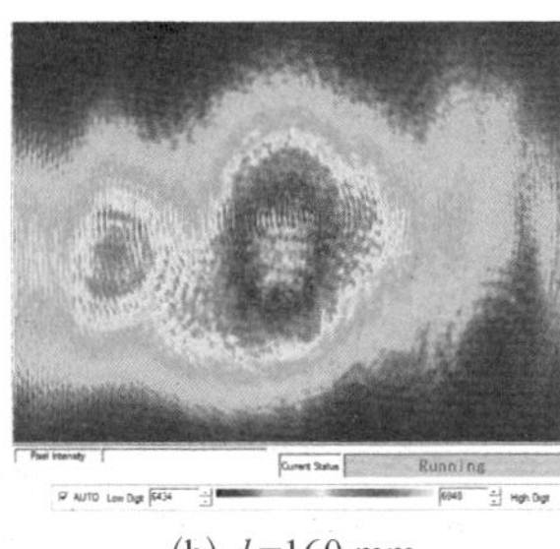
(b) d =160 mm

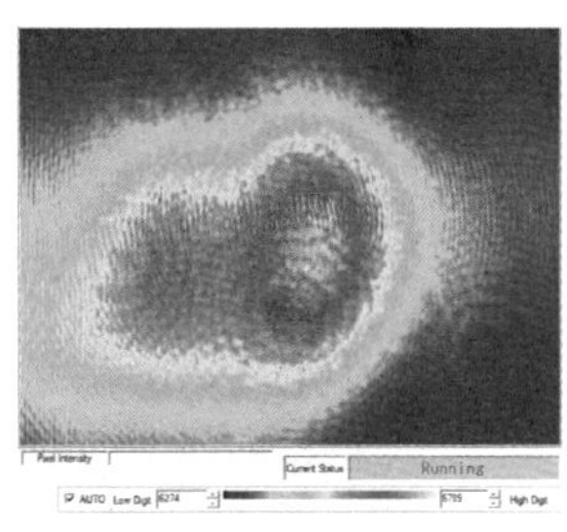
(c) d = 210 mm

图 3-32 距 THz QCL 端面不同距离 d 下，太赫兹准平行束的二维能量分布

3.4.7 稳定性与可靠性

就目前太赫兹频段激光源的技术水平，对于 THz QCL 类型的激光器来说，器件稳定性的测试主要包括频率重复性、功率稳定性、连续工作时间和平均无故障开启工作次数等的测试。

1. 频率重复性测试

频率重复性是衡量器件在不同时刻同一外加偏压下输出激光频率是否一致的重要指标，尤其是当激光源用于标准源进行频率标定时，频率重复性决定了其作为标准源标定的准确性。在模块的研发过程中，器件的频率重复性测量通常针对同一个装置进行，而到了产品开发阶段，上述重复性测量的范围就得扩展到同一类产品了。下面以一台中心频率为 4.3 THz 的液氦型太赫兹激光源的频率重复性测量为例，介绍测量的方法和过程。

激光器的工作频率通常采用傅里叶变换光谱仪来测量，根据器件的具体工作频率和发射谱的半高宽，测量的波数精度设置为 0.1 cm^{-1}，频率测量范围根据器件激射中心频率确定为 4.1～4.4 THz，分束器选择 6 μm 厚度的 Mylar 膜，探测器选择 DTGS-FIR，测试环境温度为 27℃，相对湿度为 56%RH，测量装置照片如图 3-33 所示。

图 3-33 液氮型太赫兹激光源频率重复性测量装置照片

在两个不同的驱动电压下，通过测量不同时刻激光源的发射谱来衡量其激射频率的重复性。图 3-34 所示为不同偏压下，激光源在不同时间(相隔一天)下测量得到的发射谱，图 3-34(a)(b)分别对应驱动偏压 15.7 V 和 17.3 V。由图可知，在选取的两个偏压下，第一天和第二天测量得到的器件发射谱谱峰位置非常一致，分别为 4.24 THz 和 4.28 THz，仅仅在偏压较大的情况下器件的发射谱在相对强度上略有差异，这一点主要是由于工作中心频率之外的其他频率易受测量环境的影响。

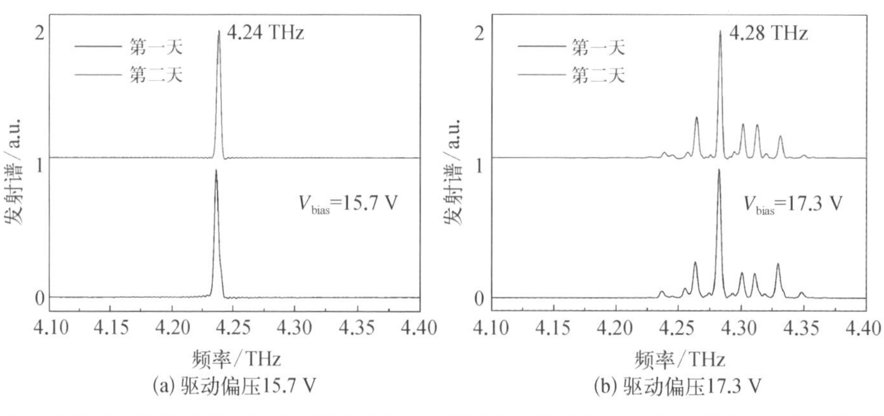

图 3-34 不同偏压下，激光源在不同时间(相隔一天)下测量得到的发射谱

2. 功率稳定性测试

功率稳定性是描述激光器实用性能的重要指标之一，通常用功率波动的概念来进行定量描述。激光器功率稳定性的测量采用长时间可连续测量的功率计或者绝对能量计来实现。根据测得的功率-时间曲线，计算得到平均功率 P_0 以及目标时间范围 t 内功率上下波动的最大与最小功率差 ΔP，将 ΔP 与 P_0 比值的二分之一再乘±100%定义为激光器的功率波动 R_P，可表示为

$$R_P = \frac{\Delta P}{2P_0} \times (\pm 100\%) \tag{3-1}$$

由公式可知，R_P 的绝对值越小说明激光器的输出功率越稳定，反之稳定性越差，t 的取值根据实际使用的需求来确定，对于目前还不是很成熟的太赫兹激光器来说，通常为 1 h 以上。

在太赫兹缩比雷达成像应用中[14]，系统对发射端激光功率稳定性的要求为波动小于±3%，这就使得目前并不成熟的太赫兹激光器需要工作在非常稳定的环境中。二氧化碳激光泵浦的太赫兹激光器由于装置较大，泵浦气体的种类和压强较难控制，其输出功率的波动大于±5%。THz QCL 属于低维半导体器件，当冷却环境足够理想时，其激光输出功率是非常稳定的。需要注意的是，由于其电输入功率较大，工作温度相对较低（液氮温度以下），器件的功率稳定性受低温装置冷量、导热接口散热特性的影响较大。

下面以 THz QCL 在不同低温装置下的输出功率随时间的变化为例，介绍太赫兹激光器输出功率稳定性的测试过程。测量装置示意图如图 3-35 所示，其中功率测量装置选择单次可测量记录 5.5 h 的 TK 100 型太赫兹功率计，测量时的采样时间间隔为 0.33 s，THz QCL 的激光输出方式均为内耦合准平行束输出。

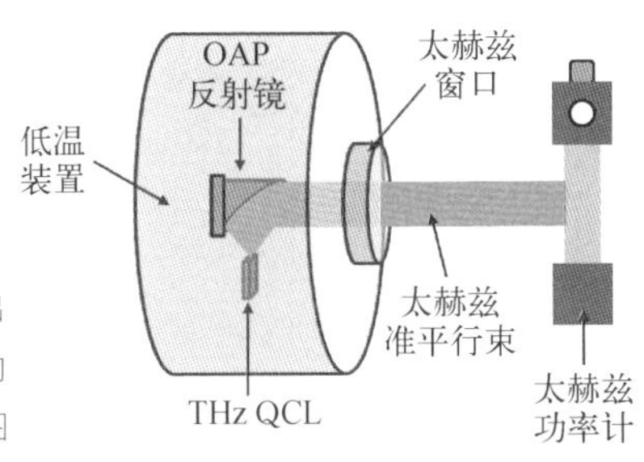

图 3-35 THz QCL 输出功率稳定性的测量装置示意图

首先，测量了安装于液氮杜瓦中 THz QCL 的输出功率稳定性，被测器件尺寸为 100 μm× 2 mm、激射频率为 4.3 THz，器件电驱动脉冲的重频、脉宽和偏压分别为 5 kHz、2 μs 和 14.8 V，工作温度为 77 K，测

量结果如图 3-36 所示。由图中数据可以得出式(3-1)中的 $\Delta P = 0.12$ mW，$P_0 = 0.79$ mW，计算得到 $R_P = \pm 7.6\%$。上述结果说明，大功率 THz QCL，尤其是输入电功率较大的器件，在液氮杜瓦中输出功率的稳定性并不是很理想，这是由于液氮直接冷却杜瓦在制冷量方面的能力有限。

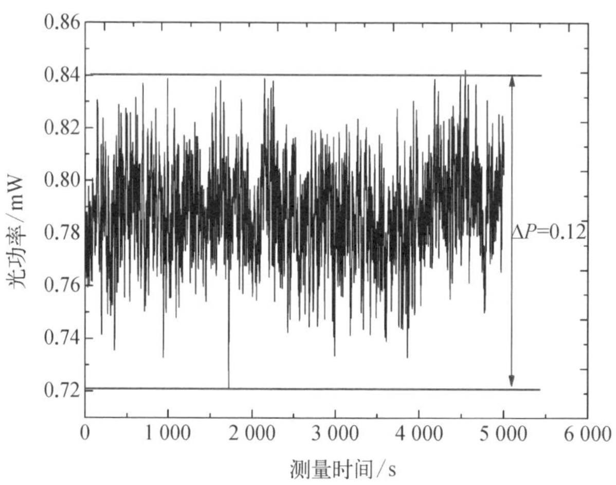

图 3-36 THz QCL 安装于液氮杜瓦中的输出功率随时间的变化

作为对比，将同一个 THz QCL 安装于斯特林型制冷机中，重复上述测量过程，此时器件的工作温度设置为 60 K，测量结果见图 3-37。由图中数据可以得出式(3-1)中的 $\Delta P = 0.1$ mW，$P_0 = 1.25$ mW，计算得到 $R_P = \pm 4\%$。

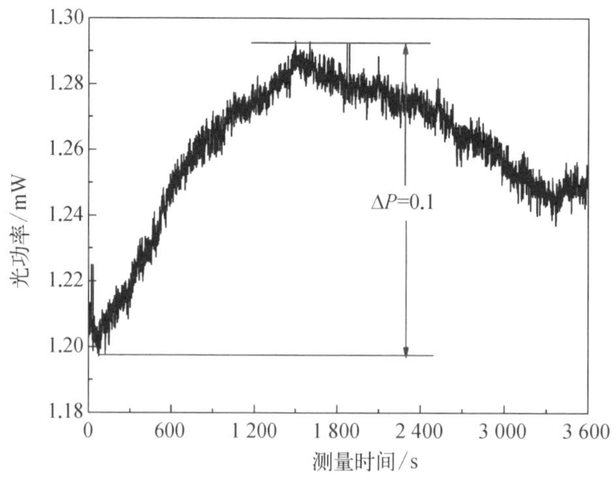

图 3-37 THz QCL 安装于斯特林型制冷机中的输出功率随时间的变化

将上述测量结果对比分析可知，在同一电驱动条件下，器件输入电功率固定，但由于低温装置冷量的差异，使得器件输出功率随时间的波动出现差异。上述结果也说明了，斯特林型制冷机的冷量要比液氮杜瓦冷却大，使得器件输出功率更趋于稳定。值得注意的是，在斯特林型制冷环境下得到的激光功率波动包络其实是由于导热接口和内部散热引起的功率整体波动，这一情况要大于器件本身的功率振荡。为此，又对比了相对平坦的一小段时间内，两种低温装置下 THz QCL 输出功率的稳定性，对比结果如图 3-38 所示。结果表明，在斯特林型制冷机中，器件输出功率波动（$\Delta P = 0.0155$ mW）要比液氮冷却下的波动小很多，仅为±0.63%左右。因此，可以预见，当器件工作于更大冷量的机械制冷机时，器件输出功率的整体稳定性可以达到小于±1%的水平，从而为太赫兹技术的应用提供稳定可靠的太赫兹激光源。

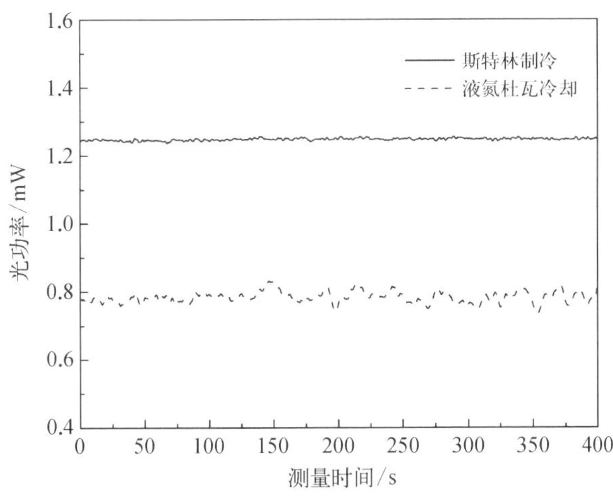

图 3-38 不同制冷环境下 THz QCL 输出功率波动对比

当然，上述测量技术和分析仅仅是针对已设计好的 THz QCL，通过改进导热接口、低温装置制冷量来不断提高器件的稳定性。而从器件设计和研制的角度来看，研究能量转换效率更高的器件结构、更好的器件有源区材料和工艺制备方法，是从根本上提高器件输出功率稳定性的关键。

3. 连续工作时间测试

连续工作时间测试通常指器件或装置无故障工作的时长，在时间记录上根据测量要求通常有两种做法，一种是围绕用户使用场景和使用模式，被测装置始终通电，每天开启 1～2 次进行装置功能指标的测试，并记录测量值，将测量值一直达标的时间差记为装置的无故障工作时长；另一种，是让装置始终处于工作状态，一直记录装置功能指标的测试值，直至得到功能指标不达标或者装置失效的时间差，这个时间差记为装置的寿命。第一种时长的测量方法适用于装置在使用时不会一直开机的情况，很大一部分仪器、设备和器件都工作于这种方式；第二种时长的测量适用于在线使用的装置或产品，大多数都是 7×24 h 的使用场景。比如在制冷机的可靠性指标中，与上述工作时长对应的指标为平均无故障工作时间或平均失效前时间（Mean Time To Failure，MTTF）。作为应用级的制冷机，其工作寿命通常需要达到 10 000 h 以上。

举例来说，采用类似本节第 2 部分介绍的 THz QCL 功率稳定性测量装置，测量记录了端面直接输出的液氮杜瓦冷却型 THz QCL 激光源灌满液氮后的单次工作时长，其中，液氮杜瓦的容积为 0.5 L。由于 TK 100 功率计记录软件的缓存最多只能存储 5.5 h 的数据，按每秒记录 3 个数据点计算，共计记录最多约 60 000 个数据点。所以测试结果包括了白天的时长和晚上未保存的时长，测量结果如图 3-39 所示，图中细长的毛刺是供电噪声导致的功率计测量噪声。从图中测试结果看出，对于这种液氮型太赫兹激光源，其单次灌满后的连续工作时

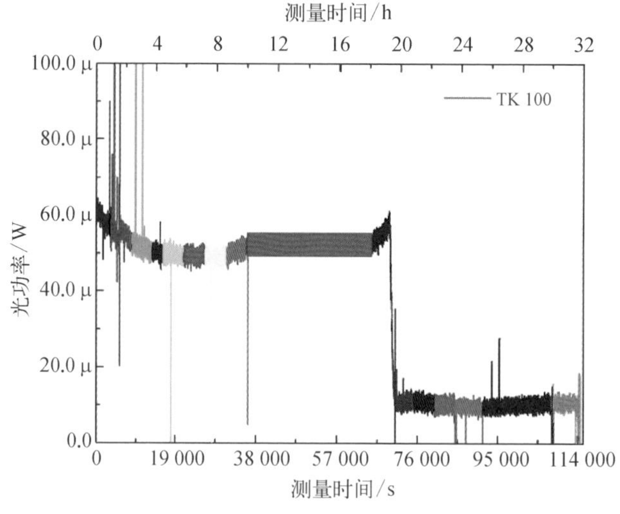

图 3-39 液氮杜瓦冷却型端面输出 THz QCL 激光源单次工作时长测量结果

间可长达19 h以上。当然，对于标准仪器或部件产品来说，当需要进行长时间在线使用时，标准的连续工作时间要求是1 000 h以上，在进行第三方可靠性测试时，需要进行1 200 h以上的连续测试才能符合要求，相当于连续工作50 d以上。因此，上述19 h的无故障工作时长还远远不够，必需在工作时每隔10 h左右将杜瓦灌满液氮，以确保装置能继续稳定工作，这时考验的就只有器件本身的无故障开启工作时长了。

4. 平均无故障开启工作次数

对于光学仪器和装置，上文所说的连续无故障工作1 000 h和这一节要介绍的平均无故障开启工作次数1 000次都是其获得应用最基本的可靠性要求。下面以太赫兹脉冲激光器"平均无故障开启工作次数大于1 000次"的可靠性测试为例进行详细介绍。首先，需要了解的是，可靠性测试的记录是需要非常严谨的流程和记录方式的，并且在记录的过程中需要第三方有资质的单位委派专门的人员进行现场记录。在测试之前，测试工作组会对测试准备工作进行检查，主要内容包括：受试样机的技术状态、测试依据、测试仪器、参试人员等方面的准备工作。上述准备工作完成后，才能正式开始工作次数的验证试验，下面分别进行介绍。

1）受试样机的技术状态

受试样机应符合最新技术状态且基本固化，提交工作次数验证试验的受试样机技术状态应与被验收产品所描述的技术状态基本一致。同时还需要介绍受试样机的工作原理。

如图3-40所示，被测试的脉冲激光器主要由低温模块、供电模块和THz QCL芯片组成。低温模块主要包括斯特林制冷机、导热接口、芯片导热

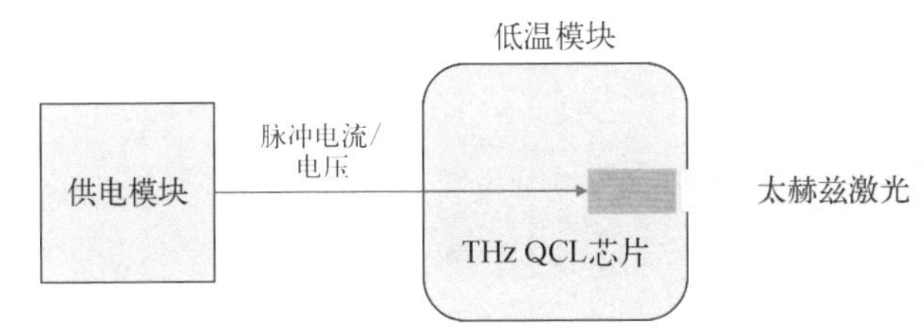

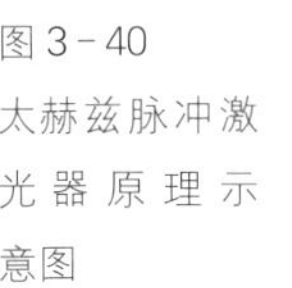
图3-40 太赫兹脉冲激光器原理示意图

样品架和太赫兹窗口，供电模块主要包括驱动电源、制冷机内部导线及外部电学接口。其中，低温模块为 THz QCL 芯片提供低温环境，在供电模块输出脉冲电信号的驱动下，THz QCL 从太赫兹窗口处输出太赫兹激光，为系统应用提供稳定可靠的激光辐射。

除了工作原理，还需要提供受试样机的尺寸、数量(表 3-3)以及外形和安装要求(图 3-41)，并说明受试样机的安装方式应符合预期的工作环境条件。

表 3-3 受试样机的尺寸及数量

产品名称	尺寸(长×宽×高)	数量(台套)
太赫兹脉冲激光器	550 mm×285 mm×430 mm	1

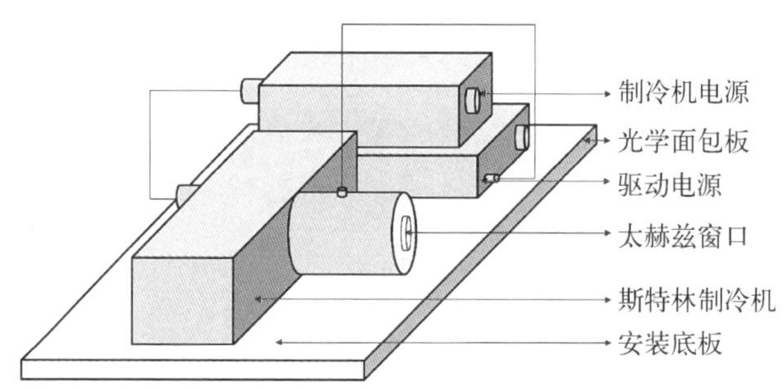

图 3-41 受试样机的外形和安装要求示意图

2) 评价依据与测试方法

受试样机的检测需要按照被验收指标和测试次数的合规依据来执行。比如接下来要介绍的工作次数验证试验，将针对太赫兹脉冲激光器共进行 1 050 次的开启工作次数测试，试验前后及激光器每次开启及关闭后需依据相关的具体内容和要求开展相关功能和性能的测试工作。根据被测对象的指标要求，对于太赫兹脉冲激光器“平均无故障开启工作次数大于 1 000 次”的评价主要依据验收指标中工作频率和输出功率两个指标的测试记录情况来判断。

(1) 工作频率

脉冲激光器工作频率采用傅里叶变换光谱仪进行测量，测量激光器输出激光能量随波数(波长倒数，单位 cm^{-1})的分布曲线，再根据波数、频率和光速的表达式计算得出激光能量的频率分布，最终确认脉冲激光器的工作频率。定义脉

冲激光器的工作频率为 f，对应波数为 k，光速为 c，则脉冲激光器的工作频率可表示为

$$f = kc \tag{3-2}$$

式中，k 为测量值；c 为常数；f 为计算值，也是最终判断脉冲激光器工作频率的直接使用值，当 f 的单位为 THz，k 的单位为 cm^{-1}时，c 取值为 0.03。如测量得到脉冲激光器的中心工作波数为 140 cm^{-1}，则脉冲激光器的中心工作频率为 $f = 140 \times 0.03 = 4.2$ THz。由此类推，2～5 THz 对应的波数为 66.67～166.67 cm^{-1}。工作频率的测量装置与 3.4.2 节图 3-23 类似，连接方法也一样。根据上面的原理和介绍，太赫兹脉冲激光器工作频率的测试方法为：① 首先按照图 3-23 连接测试系统；② 启动所有仪器设备；③ 打开光谱仪软件，设置傅里叶变换光谱仪的分束片为 6 μm 厚的 Mylar 分束器，探测器选择 DTGS-FIR，扫描次数设置为 2，波数测量范围设置为 100～200 cm^{-1}，波数分辨率设置为 0.1 cm^{-1}；④ 单击样品腔抽真空按钮，为测量营造真空环境；⑤ 设置脉冲激光器驱动电源的输出电流、重复频率和脉宽为典型值，并按 Enable 按钮使电源输出驱动信号；⑥ 单击样品测量按钮，对激光信号进行光谱测量；⑦ 测量结束后光谱仪软件自动记录测试结果，得到激光能量随波数分布的曲线，根据分布得到激光的中心工作波数；⑧ 根据波数、频率与光速的关系式得到波数与频率的换算关系，计算得到脉冲激光器输出激光的工作中心频率，即激光器工作频率。

(2) 脉冲输出功率

太赫兹激光源的输出功率是器件工作性能的重要参数。与工作频率相比，激光功率的测量相对简单，所用的功率计通常为热电堆式探测器，在太赫兹频段，探测器敏感材料是某种特制的 p 型薄膜，光照可以改变这种薄膜的温度，而温度的改变直接影响电子自发激化，通过测试电子自发激化就可以得到光辐射的功率。如图 3-42 所示，将太赫兹功率计放置于脉冲激光器出光端口处，直接对输出激光的平均功率进行测量，然后根据驱动电脉冲的占空比计算得出脉冲激光器的峰值输出功率。

定义脉冲激光器的峰值输出功率为 P_0，功率计上的读数值为 P_1，脉冲激光器驱动电脉冲的占空比为 d，其中，占空比为驱动电脉冲信号重复频率与脉宽的乘积。为此，脉冲激光器的峰值输出功率可表示为

$$P_0 = \frac{P_1}{d} \tag{3-3}$$

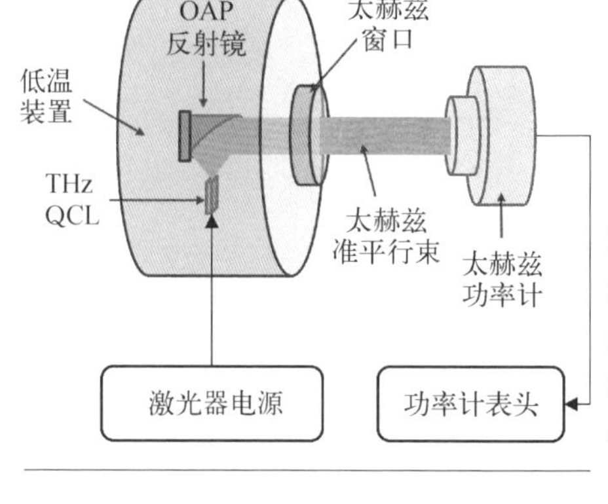

图 3-42 太赫兹脉冲激光器(THz QCL 输出功率测试框图

在测量过程中，固定电脉冲的重复频率为 10 kHz、脉宽为 2 μs，得到占空比 $d=2\%$，因此，脉冲激光器的输出功率 $P_0=50P_1$。比如，测量过程中功率计上数值为 0.5 mW，则脉冲激光器的峰值输出功率 $P_0=50\times0.5=25$ mW。

根据上述定义和原理介绍，太赫兹脉冲激光器输出功率的测试方法包括：① 按图 3-42 连接测试系统；② 启动所有仪器设备；③ 将功率计对准脉冲激光器激光输出窗口，设置功率计的功率量程为 3 mW，并对背景辐射进行 Offset 清零；④ 设置脉冲激光器驱动电源的输出电流、重复频率和脉宽为典型值，并按 Enable 按钮使电源输出驱动信号；⑤ 观察功率计表头上测得的功率值，并做记录；⑥ 根据驱动电源上的重复频率和脉宽计算得到脉冲驱动电信号的占空比，用记录的功率值除以占空比即得到脉冲激光器的峰值输出功率，即脉冲激光器的输出功率。

3) 测试与记录

首先是开机测试，严格来讲，太赫兹脉冲激光器平均无故障开启工作次数的测试包括工作频率和输出功率两项指标。为了简化流程同时验证器件的工作状态，下面以输出功率的测试为例进行详细介绍，即以输出功率为测试指标，测试器件的平均无故障开启工作次数。主要验证脉冲激光器在开启状态一段时间内的输出功率是否达到相关指标要求，即在脉冲激光器开启状态下，记录所输出的功率值是否达到相关指标要求。如果记录时输出功率值达到相关指标要求，则说明脉冲激光器开启正常。测试和记录过程如下：① 按图 3-42 连接测试系统；② 启动所有仪器设备；③ 将功率计对准脉冲激光器激光输出窗口，设置功率

计的功率量程为 3 mW，并对背景辐射进行 Offset 清零；④ 设置脉冲激光器驱动电源的输出电流、重复频率和脉宽为典型值，并按 Enable 按钮使电源输出驱动信号；⑤ 观察功率计表头上的读数，读数大于等于判定值，则表明脉冲激光器开启工作正常，记录开启正常 1 次；⑥ 关闭激光器重复步骤⑤，直至 1 050 次测量结束。

然后是关机测试，关机测试主要验证脉冲激光器在关闭状态一段时间内无激光信号输出，即在脉冲激光器关闭状态下，记录所输出的功率值是否达到某一恒定噪声功率值以下。根据太赫兹频段功率计的工作原理和测量精度，定义功率计上的读数小于 10 μW，表示没有激光照射功率计，说明脉冲激光器关闭正常。具体记录过程如下：① 在脉冲激光器开启正常状态下关闭脉冲驱动电源，使脉冲激光器处于关闭状态；② 观察功率计表头上测得的功率值，功率值小于 10 μW，则表明脉冲激光器关闭工作正常，记录关闭正常 1 次；③ 正常开启脉冲激光器后重复步骤②，直至 1 050 次测量结束。

4）合格与否的判定

根据受试样机试验前后、1 050 次开启及关闭过程中全部的功能性能测试结果是否符合约定要求作为工作次数验证试验合格与否的判断依据。如测试不通过，需针对样机进行整改，整改完成后依据测试大纲要求重新进行工作次数验证试验。

除了上述测试和记录过程外，对测试仪器、仪表和配试设备也均需要进行名称、型号、数量和是否在校准有效期进行充分说明。即通用测试仪器仪表应经过校准和计量，并在计量合格有效期内，其精度允差应在被测参数容差的三分之一范围内，试验中所用的测试仪器仪表应满足所有检测项目的要求。测试结束后，相关有资质的测试单位会根据测试结果出具正式的报告，以证明仪器装置进行可靠性测试的真实性和有效性。

5. 环境性试验

广义上讲，仪器设备或部件的可靠性测试还包括了其在经历各种恶劣环境后依然能达到某些性能的环境性试验。比如－20～50℃的储存试验和高低温试验、运输和抗振动试验、抗摔试验、电磁兼容性试验等。这些环境性试验都是考验一台仪器设备是否结实耐用、稳定可靠的重要手段，也是国家目前推行仪器国产化、鼓励使用国产仪器的重要保障。

3.5 太赫兹光探测器测试技术

在 1.4 节中分别介绍了太赫兹频段几种主要类型的探测器件，包括热探测器、光子型探测器以及线列和阵列探测器等。本节以太赫兹光子型探测器中的 THz QWP 为主要对象，介绍太赫兹探测器性能参数的测试方法和相关技术。

3.5.1 电流-电压特性

与太赫兹激光器一样，$I-V$ 特性是探测器的基本性能之一，它可以反映器件的暗电流、背景电流和光电流特性。暗电流是决定 THz QWP 器件工作性能的关键因素，器件的暗电流水平直接决定了其工作时的 NEP 和探测率等性能。THz QWP 中的暗电流主要来源于流过势垒上方的电子以及量子阱中电子的发射和俘获过程。热电子发射、直接隧穿以及散射辅助过程是 QWP 中暗电流产生的三个主要机制，而在太赫兹频段的 QWP 中则以热电子发射和散射辅助过程为主，尤其是在宽势垒结构器件中以及低偏压、低工作温度条件下[15]。

背景电流是指探测器光敏面在背景辐射下测得的电流，通过测量暗电流和背景电流，可以获得器件类似红外探测器的背景极限太赫兹性能(Background-Limited Terahertz Performance, BLTP)温度(T_{BLTP})。定义器件工作时背景辐射引起的电流等于器件暗电流时的温度为器件工作的 BLTP 温度点。如前所述，限制 THz QWP 探测率的因素有两个方面，一方面是探测器本身，其中最重要的是暗电流噪声；另一方面是照射到探测器表面的背景光子涨落。当温度高于 T_{BLTP} 时，暗电流噪声占主导作用，此时 THz QWP 工作于器件噪声限制模式；当工作温度低于 T_{BLTP} 时，由背景光子涨落引起的噪声占主导作用，此时 THz QWP工作于背景噪声限制模式。探测器在 T_{BLTP} 温度以下工作时，具有最大的探测率，因而研究者们总是试图提高器件的 T_{BLTP} 来提高器件的工作温度[16]。

图 3-43 所示为太赫兹探测器 $I-V$ 特性曲线测试系统示意图。精密源表给被测器件供电，计算机通过 GPIB 标准接口控制精密源表，读取供电时探测器两端的电压和此时流过回路的电流，通过设置一定的电压步长，测量得到不同电压下流过器件的电流，从而形成探测器的 $I-V$ 曲线。当测量器件不同温度下的 $I-V$ 特性时，可以得到器件的变温 $I-V$ 特性曲线。测试过程通常采用 LabView 编写的软件进行读取和实测曲线绘制(图 3-44)，软件中经常需要设置的参数包括起止电压、电压变化的步长、最大电流限制值、每次读取精密源表中电流电压值的时间以及读取次数等。

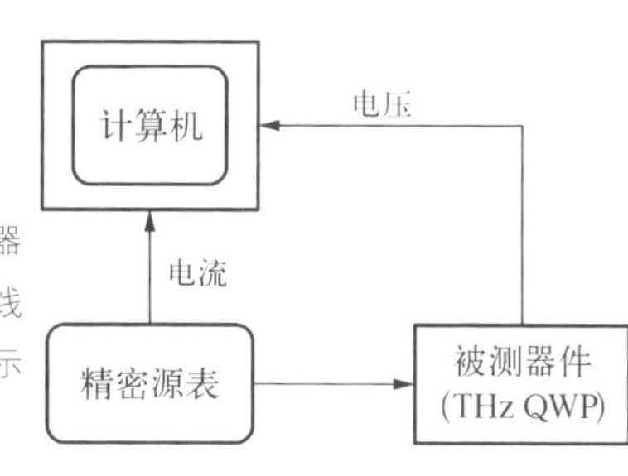

图 3-43 太赫兹探测器 $I-V$ 特性曲线测试系统示意图

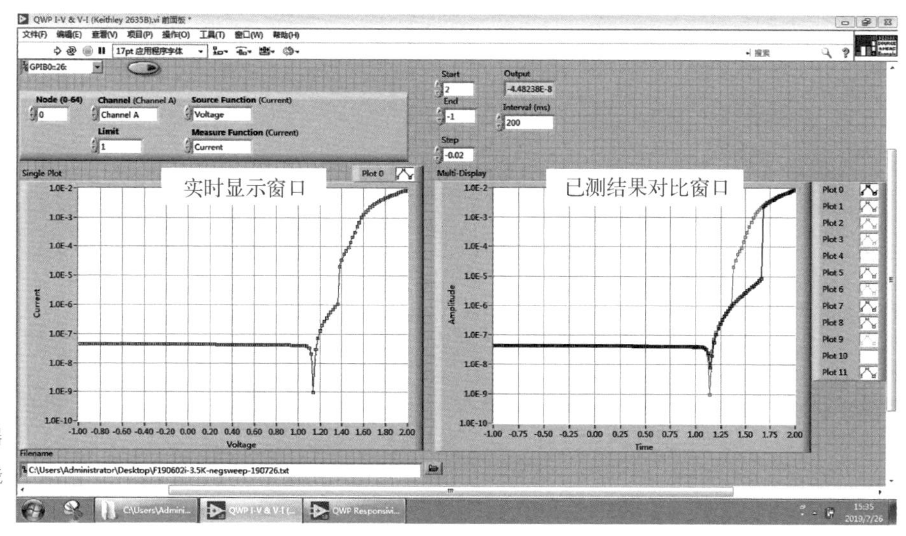

图 3-44 太赫兹探测器 $I-V$ 特性曲线测试软件界面

图 3-45 所示为采用上述测试方法获得的一个 THz QWP 器件的变温 $I-V$ 特性曲线，其中实线为暗条件下的结果，虚线为 300 K 背景辐射下的结果。根据 T_{BLTP} 的定义，从图中得出，该器件的 T_{BLTP} 为 12 K，即蓝色实线和蓝色虚线分别

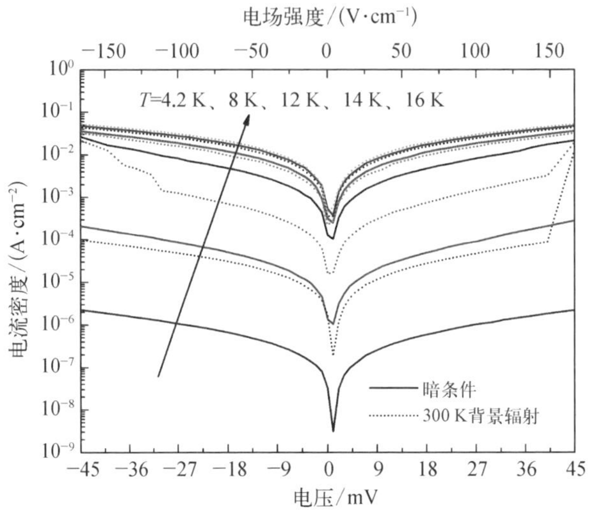

图 3-45 THz QWP 变温 $I-V$ 特性曲线测试结果[16]

对应的温度。

为了分析上述测量结果涉及的微观物理过程，可以分别从 3D 漂移模型和发射-俘获模型出发，得到 QWP 器件暗电流的理论表达式[15]，并根据太赫兹频段器件与中红外器件工作原理的相似性，给出 THz QWP 器件暗电流模拟的简化模型为[16]

$$J_{\text{dark}} = \frac{em^*}{\pi\hbar^2 L_{\text{p}}} v(F,\ T)\left(\frac{\tau_{\text{c}}}{\tau_{\text{scatt}}}\right)\int_{E_1}^{\infty} \mathcal{T}(E,\ F)\left\{1+\exp\left[\frac{E-E_{\text{F}}(T)}{k_{\text{B}}T}\right]\right\}^{-1}\text{d}E \tag{3-4}$$

式中，m^* 为 GaAs 量子阱中电子的有效质量；L_{p} 为单个周期结构的厚度；τ_{c} 为激发态电子返回到量子阱中的俘获时间；τ_{scatt} 为将电子从 2D 子带转移到势垒上方准连续态所需的散射时间。考虑到与温度相关的迁移率

$$v(F,\ T) = \frac{\mu(T)F}{\sqrt{1+[\mu(T)F/v_{\text{sat}}]^2}} \tag{3-5}$$

式中，F 为器件有源区内的平均电场强度；v_{sat} 为饱和迁移速率。在多量子阱结构中，垂直于量子阱二维平面方向的电子漂移迁移率（简称垂直方向的电子漂移迁移率）与器件温度有关，所以在低外加偏压下把电子迁移率 μ 作为温度 T

的函数来考虑。而 τ_c 与 τ_{scatt} 的比值则采用如下近似表达式

$$\frac{\tau_c}{\tau_{scatt}} \approx L_p \left(\frac{m_b}{m}\right)\left(\frac{m_b k_B T}{2\pi \hbar^2}\right)^{1/2} \tag{3-6}$$

式中，m_b 为势垒上方电子的有效质量。另外，还考虑了费米能级 E_F 作为温度 T 的函数[15]为

$$E_F(T) = k_B T \ln\left[\exp\left(\frac{\pi \hbar^2 L_w N_{3D}}{m^* k_B T}\right) - 1\right] \tag{3-7}$$

式中，L_w 为量子阱的厚度；N_{3D} 为势垒上方连续态的电子密度。

接下来采用式(3-4)理论拟合了一个 THz QWP 的变温暗电流曲线，模拟的电压为 0～30 mV，温度为 7～20 K。模拟过程中，饱和迁移速率取 $v_{sat} = 1 \times 10^7$ cm/s，量子阱中的基态能量取 $E_1 = 4.25$ meV，势垒高度取 $E_b = 0.87x$ eV，电子有效质量取 $m^* = 0.067 m_e$ 以及 $m_b = (0.067 + 0.083x)\ m_e$，其中 x 为对应势垒中 Al 的组分值。上述暗电流模拟结果如图 3-46 所示，其中实线为理论拟合结果，实心圆点为实验测量数据。从图中可以看出，理论拟合值与实验测量数据吻合得很好。在 7～20 K 温度内，器件的暗电流随温度的升高而迅速增大，在大部分外加偏压下的电流密度为 10 μA/cm^2～0.1 A/cm^2。上述暗电流随温度迅速变化的趋势说明 THz QWP 器件的暗电流产生机制主要为热电子发射过程[16, 17]。

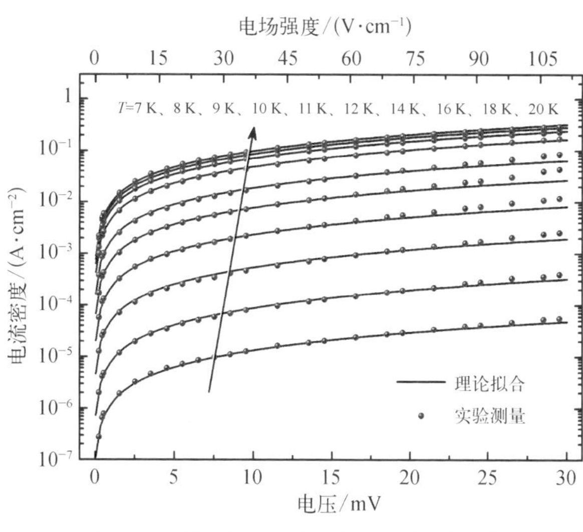

图 3-46 THz QWP 变温暗电流曲线的拟合[16]

值得注意的是，在上述模拟过程中，通过拟合不同温度下的暗电流曲线，得到了不同器件温度下垂直方向的电子漂移迁移率值，如图 3－47 所示。图中迁移率随着温度的增加而逐渐变小的趋势与相同温度范围内纯 GaAs 材料中的霍尔迁移率的变化趋势不同[18]。这主要是由于所研究的器件为量子阱和势垒交替生长的结构，并非传统的体材料，且在理论模型中忽略了实际器件结构中电场的不均匀性以及电子跳跃传导[15]、界面粗糙度散射[19]等机制对模拟结果的影响。

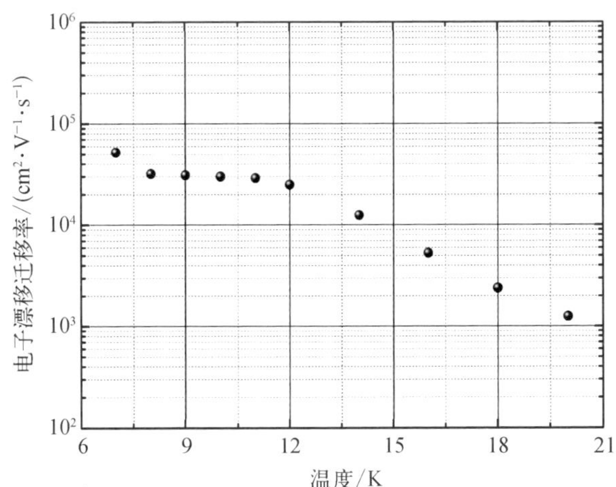

图 3－47 垂直方向的电子漂移迁移率拟合值随温度的变化[16]

3.5.2 光响应谱

太赫兹频段探测器光响应谱的测试属于太赫兹光谱测量技术中外部探测器标定技术范畴，因此关于光谱测量仪器的工作原理将在第 4 章介绍，这里主要介绍如何将太赫兹辐射耦合至探测器敏感面以及光响应谱测量中的基本技术。

在太赫兹探测器的表征过程中只需要用到傅里叶变换光谱仪的干涉光，傅里叶变换光谱仪在物理空间上给外部探测器的表征预留了两种光耦合方式，一种是将探测器放置于光谱仪样品腔内进行测试，另一种是放置于光谱仪的光输出口进行测试。第一种方式可以跟光谱仪测量样品透射和反射光谱的装置结合起来，只不过此时的样品不是材料，而是器件，同时测量装置中还需要有电学输入输出口，用于供电信号输入和探测器信号提取。第二种方式跟光谱仪本身配置的外接探测器类似，大部分情况下，探测器前端需要增加特定的光耦合装置，以提高对光谱仪干涉光的收集效率。本节以第二种方式为例，介绍 THz QWP 等低温探测器光响应谱的测试技术。

按照第二种方式的描述，光响应谱的测量装置框图如图 3－48 所示。其中辐射源采用光谱仪内部的 Globar 光源，干涉仪中的分束器选择 6 μm 厚的 Mylar 膜，为了避免水汽吸收干扰，测试时光谱仪腔内需抽真空至 300 Pa 左右，整个光路均处于真空环境中。

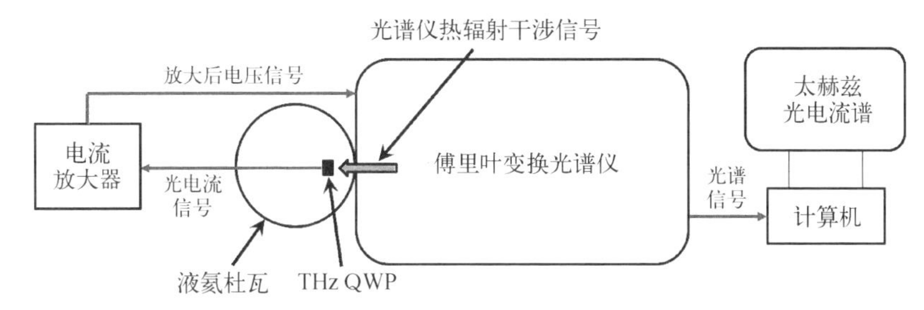

图 3－48 THz QWP 光响应谱的测量装置框图

THz QWP 是一种两端器件，分上下两个电极。测试时的光路和电信号产生与提取过程如下（图 3－49 中蓝色实线）：经干涉仪调制的太赫兹光照射到 THz QWP 上，产生的光电流信号经前置电流放大器放大后转变成电压信号，然后经光谱仪外部探测器接口将电压信号反馈给光谱仪，经光谱仪内部电路处理和傅里叶变换后得到探测器的光响应谱。对于 THz QWP 来说，由于吸收太赫兹光后产生的是电流信号，上述光响应谱又叫光电流谱。当然，上述电流信号也

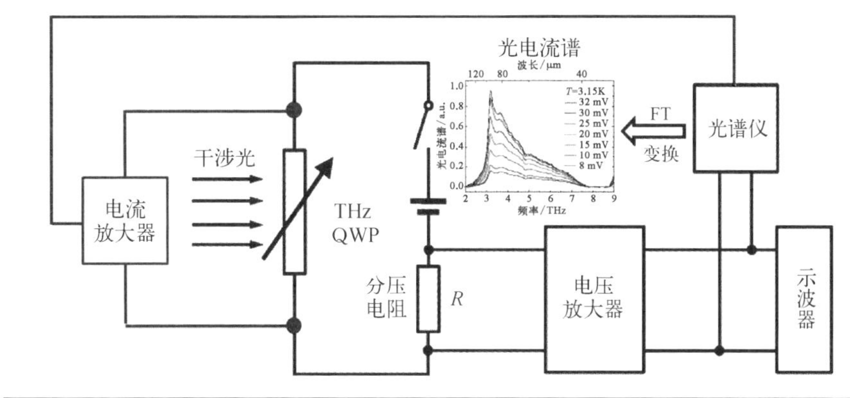

图 3－49 基于电流放大器和电压放大器的 THz QWP 光响应谱测量装置示意图

可以用回路串联分压电阻的方式，通过提取电压信号来间接测量器件产生的光电流（见图 3-49 中采用电压放大器的电回路）。

由于 Globar 光源在太赫兹频段的能量谱分布并不是一条平坦的曲线，得到的 THz QWP 光电流谱中包含了光源的能量分布以及低温装置太赫兹窗口的透过率分布。因此，在获得器件本身的光电流谱之前，还需要采用在太赫兹频段光谱响应非常平坦的 DTGS-FIR 探测器对 Globar 的辐射谱和太赫兹窗口的透过率谱进行光谱测量。将上述直接测量到的光谱扣除 Globar 背景辐射光谱和太赫兹窗口透过率谱后的光谱才是 THz QWP 本身的光电流谱。在实际应用中，如果将探测器及其冷却装置看成一个整体的探测模块，则其光电流谱可以包含太赫兹窗口的透过率谱，因此只需要扣除 Globar 的背景辐射光谱。

采用上述方法，测量得到了一个 THz QWP 在 3.2 K 时不同偏压下的光电流谱和 30 mV 偏压下器件在不同温度下的光电流谱，结果如图 3-50 所示。由图看出，在同一温度下随着偏压的增大，器件的光电流谱幅值随着光电流的增大而逐渐变高，但其峰值探测频率始终不变，均为 3.22 THz；在同一偏压下，随着温度的升高，器件光电流谱的幅值先增大再减小，说明器件有一个最佳工作温度，这一点与器件的 BLTP 温度相关。

3.5.3 峰值响应率

峰值响应率是描述探测器性能的关键参数，也是不同器件相互比较的标准，因此准确地标定探测器响应率是一项非常重要的工作。与红外光电探测器相似，太赫兹频段的光电器件也可以用标准黑体来标定，只不过标定时，由于在太赫兹探测器的响应频段内大气吸收的影响较大，上述标定方法会相对复杂且标定的误差较大。下面进行详细介绍。

首先简单介绍一下黑体辐射的特性及标定的原理。任何热力学温度在 0 K 以上的物体都会产生热辐射。根据普朗克辐射定律有[20]

$$\mathrm{d}I_{\nu}=\frac{2\pi h}{c^{2}}\frac{\nu^{3}\mathrm{d}\nu}{\mathrm{e}^{\frac{h\nu}{k_{\mathrm{B}}T}}-1} \tag{3-8}$$

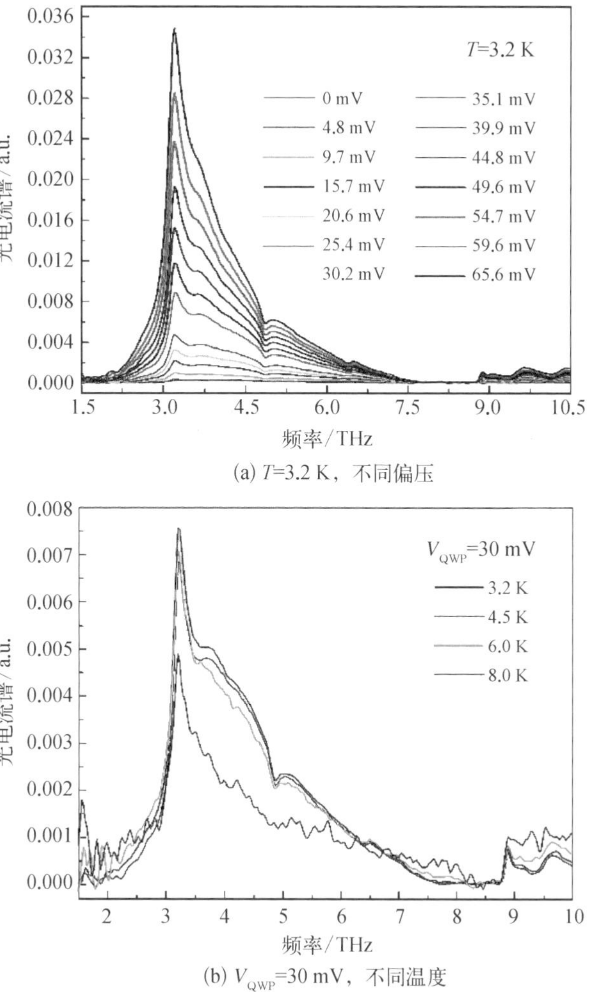

(a) T=3.2 K，不同偏压

(b) V_{QWP}=30 mV，不同温度

图 3-50 不同条件下，THz QWP 的光电流谱

式中，I_ν 为单位表面积的总辐射功率；ν 为光子频率；h 为普朗克常量；k_B 为玻耳兹曼常数；T 为温度；c 为光速。若给定了发射率 $\varepsilon(\nu, \Omega)$，那么单位面积、单位立体角内的辐射功率可写为

$$\mathrm{d}H_{\nu,\Omega}=\varepsilon(\nu, \Omega)\frac{2h}{c^2}\frac{\nu^3\mathrm{d}\nu\cos\theta\mathrm{d}\Omega}{\mathrm{e}^{\frac{h\nu}{k_B T}}-1} \tag{3-9}$$

式中，$\mathrm{d}\Omega=\sin\theta\mathrm{d}\theta\mathrm{d}\varphi$。若物体表面的发射率 ε 呈各向同性，对式(3-9)的角度部分积分，并带入光子能量 E，可得每个能量间隔内单位面积辐射功率的

表达式[15]

$$\mathrm{d}P_E = \varepsilon \frac{2\pi}{h^3 c^3} \frac{E^3 dE}{\mathrm{e}^{\frac{E}{k_B T}} - 1} \tag{3-10}$$

对于标准黑体有 $\varepsilon = 1$，由式(3－10)可得到黑体辐射的能量分布。若将面积为 A 的探测器放置在黑体前，则入射到器件表面的辐射功率可表示为[15]

$$\mathrm{d}P_\nu = A \frac{1}{4F^2 + 1} \frac{2\pi h}{c^2} \frac{\nu^3 \mathrm{d}\nu}{\mathrm{e}^{\frac{h\nu}{k_B T}} - 1} \tag{3-11}$$

式中，$F = f_L / D_L$，其中 f_L 为黑体辐射孔与器件的距离，D_L 为黑体辐射孔径。

由以上给出的黑体辐射特性可知，黑体辐射的功率及能量分布可由黑体的温度得到。通过能量分布曲线，可计算出入射到器件敏感面的黑体辐射功率大小。将黑体辐射能量分布与器件光电流谱相乘则得到黑体辐射下器件的光响应谱，再对此光谱积分并提取出峰值频率处的比例，乘此时的光电流值得到峰值频率处的光电流，再除以入射到器件表面的黑体辐射功率即可得到器件的峰值响应率。下面详细介绍具体的测试装置和测试过程。

图 3－51 为测量探测器峰值响应率的实验装置示意图，实验中的黑体测试系统采用小信号调制结合锁相放大技术，通过选频和选相位来排除环境的干扰，黑体发出的辐射经过斩波器后照射到探测器件上，其中斩波器频率和锁相放大

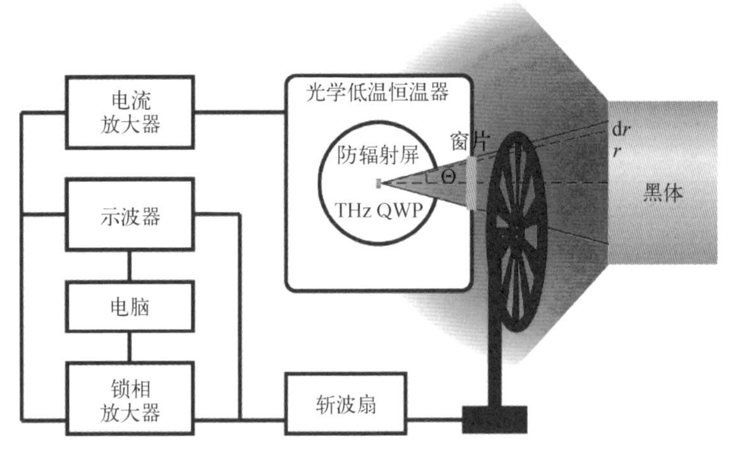

图 3－51 基于标准黑体的 THz QWP 峰值响应率测试框图

器参考频率保持一致，测得的电信号经过放大后由锁相放大器读出，得到的数据再经过计算机处理得出器件的峰值响应率随偏压的变化曲线。

测量过程采用 Lab View 程序化软件进行参数设置并读取锁相放大器或示波器上的电压幅值(图 3－52)。在软件中，通常设置的参数包括电流放大器(SR570)的偏置电流和灵敏度(相当于放大倍数)、锁相放大器(SR850)的灵敏度和积分时间、示波器(DSO6054A)的信号通道和平均次数、器件两端的偏压范围和采样步长、读取锁相放大器采用的信号幅值类型和采样次数等。

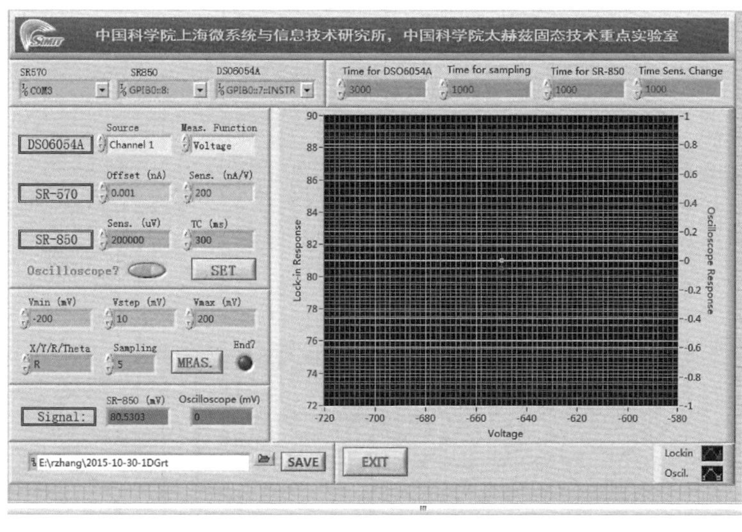

图 3－52 基于标准黑体的 THz QWP 峰值响应率测试软件界面

图 3－53 是根据上述测量方法和步骤计算得到的一个 THz QWP 在 3 K 和 5 K 温度下的峰值响应率曲线，结果表明，该器件的最大峰值响应率大于 0.5 A/W @ 35 mV，器件峰值响应率随着器件偏压的增大而增加，5 K 温度下的峰值响应率值要比 3 K 温度下的大一些。说明在器件 BLTP 温度以下，器件工作温度越高，其峰值响应率越大。

3.5.4 噪声等效功率

从器件应用的角度来看，器件的峰值响应率越大，并不代表器件的探测性能就越好。因为响应率大的同时，器件噪声也大。为此，要客观地反映器件的工作性能，

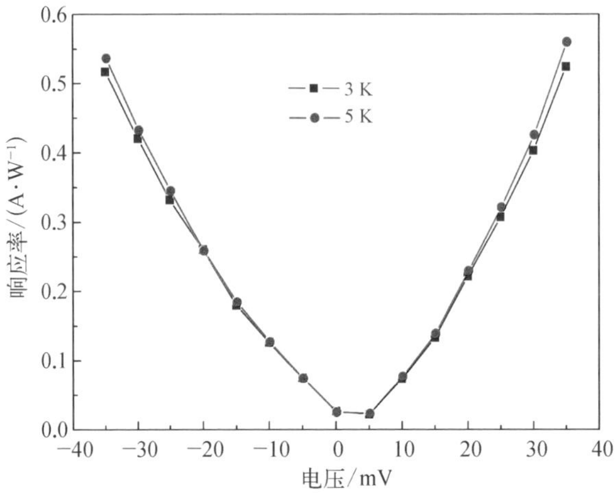

图 3-53 不同温度下测量得到的 THz QWP 峰值响应率曲线

通常用噪声等效功率(Noise Equivalent Power, NEP)来描述,其表达式可写成[15]

$$NEP = \frac{i_n}{R} \tag{3-12}$$

式中,i_n 为器件的噪声电流;R 为器件的(峰值)响应率。

图 3-54 所示为器件噪声测量系统框图。具体测量步骤为:使用前置电流放大器给 THz QWP 供电,并将噪声电流放大为电压信号输入频谱分析仪中,在 300 K 背景辐射环境下测试器件的噪声电流,然后与器件峰值响应率一起,带入式(3-12),计算得到器件的 NEP 值。需要注意的是,频谱分析仪中噪声的测量值是噪声电压,单位为 nV/Hz$^{1/2}$,而噪声电流 i_n 的得出需要结合电流放大器的灵敏度(即放大倍数)计算得出,比如电流放大器的灵敏度设置为 1 μA/V,频谱分析仪上测得的噪声电压是 1 μV/Hz$^{1/2}$,则噪声电流 i_n 为 1 pA/Hz$^{1/2}$。此外,为了减小 $1/f$ 噪声的影响,在器件噪声测量时,从频谱分析仪上读取的噪声电压值通常是 1 kHz~100 kHz 频率内的数值。因此,当器件的峰值响应率为 1 A/W 时,根据式(3-12)计算得出器件的 NEP 为 1 pW/Hz$^{1/2}$。

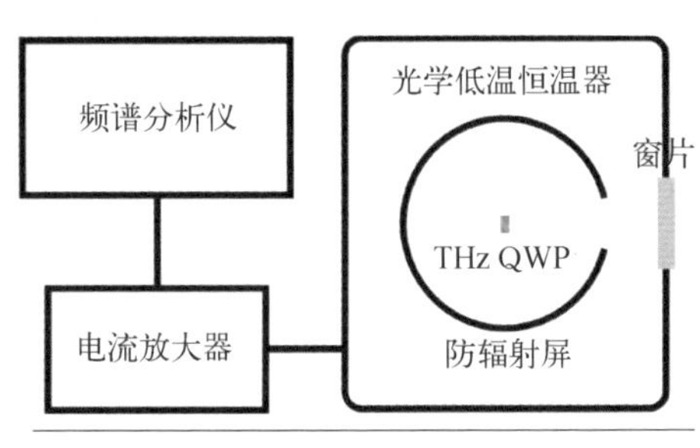

图 3-54 THz QWP 噪声测量系统框图

3.5.5 比探测率

比探测率（D^*）是光子型探测器的重要性能指标，它描述的是单位长度器件在特定带宽限制下对单位功率的探测能力。根据定义，比探测率可表示为[15]

$$D^* = \frac{\sqrt{A}}{\mathrm{NEP}} \tag{3-13}$$

式中，A 为探测器敏感面的面积。如果探测器的尺寸用"cm"来表示，则由式(3－13)可得出，比探测率的单位为 cm・Hz$^{1/2}$/W。目前，常规 InGaAs 红外探测器的 D^* 在 10^{13} cm・Hz$^{1/2}$/W 量级，THz QWP 的 D^* 在 10^{11} cm・Hz$^{1/2}$/W 量级。因此，从探测率角度来看，THz QWP 的工作性能还有待大幅度提高。

3.5.6 响应速度

响应速度是衡量探测器快速探测性能的关键参数。太赫兹频段常温热探测器的响应时间通常在毫秒量级，部分低温热探测器具有纳秒量级的快速响应能力。太赫兹光电探测器中因电子跃迁的光过程非常迅速，时间尺度为 5～10 ps。所以，原理上 THz QWP 的响应带宽可以达到 100 GHz 以上。不过，在实际应用时，探测器的响应带宽还受器件电学参数和信号提取电路等因素影响。根据等效电路分析，THz QWP 工作时，等效于一个电阻和一个电容并联后再与一个电感串联(图 3－55)，所以其响应带宽受限于器件的 RC 值，同时器件封装和电极引出都会带来寄生电阻、电容等，常规封装器件的实际响应带宽在 1 GHz以内。关于响应速度的测试过程，涉及激光源的调制技术，将在第 4 章进行详细介绍。

除了响应速度本身的测量，还有一个参数可以间接地反映器件的快速探测性能，即调制带宽[15]。它表示被测器件在射频源激励下的调制特性，间接反映了器件的响应速度。如图 3－55 所示，这是一个 THz QWP 调制带宽的测量原理示意图。直流偏压和射频功率源分别经偏置器的直流端和射频端叠加后，通过50 Ω的传输线把电信号加载至 THz QWP 上。

当给射频源一个调制信号时，可以在偏压端的回路中探测到同周期的电信

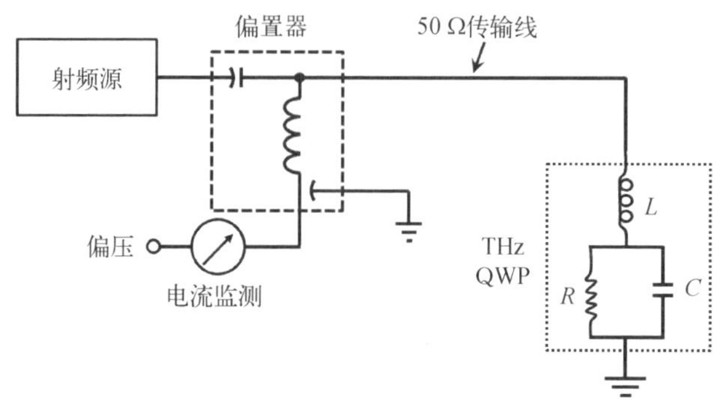

图 3-55
THz QWP 调制带宽的测量原理示意图

号，通过测量这个电信号的幅度随射频源输出频率的变化曲线得到 THz QWP 的调制响应信号，定义响应信号下降过程中信号幅值等于下降前信号幅值的一半（−3 dB）时对应的射频频率为调制带宽（又称−3 dB 带宽）。图 3-56 为采用上述方法对一个峰值探测频率为 4.3 THz 的 QWP 测量得到的调制响应信号幅度随射频频率的变化，结果表明，在射频源输出功率分别为 0 dBm、5 dBm 和 10 dBm 时，THz QWP 的调制带宽分别为 4.4 GHz、5.0 GHz 和 5.3 GHz。

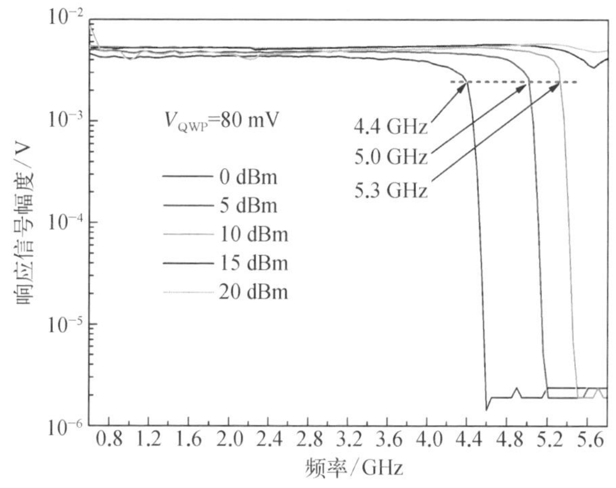

图 3-56
不同输出功率下，THz QWP 调制响应信号幅度随射频频率的变化

3.5.7 偏振选择性

根据选择定则，在量子阱结构中只有沿材料生长方向有偏振（电场）分量的入射光子才能激发量子阱中的束缚态电子，使其跃迁至连续态，因此 THz QWP

在探测时是具有偏振选择性的。如 3.4.5 节所述，对于线偏激光器来说，其输出激光的偏振消光比是衡量器件在偏振调制方面性能的重要参数；而对于探测器来说，接收偏振光信号时的偏振选择特性也是其在偏振解调方面的重要性能，这种特性也可以用偏振消光比来描述。

为了测量 THz QWP 的偏振特性，采用金属线偏振片搭建的探测器偏振光谱测量系统，测量系统示意图如图 3－57 所示。测量时，THz QWP 及低温装置放置于光谱仪的样品腔内。在干涉光入射 THz QWP 敏感面之前，增加一个金属线偏振片，偏振片的直径为 50.8 mm，通过旋转偏振片的线偏振角度，分别测量不同角度下 THz QWP 的光电流谱。

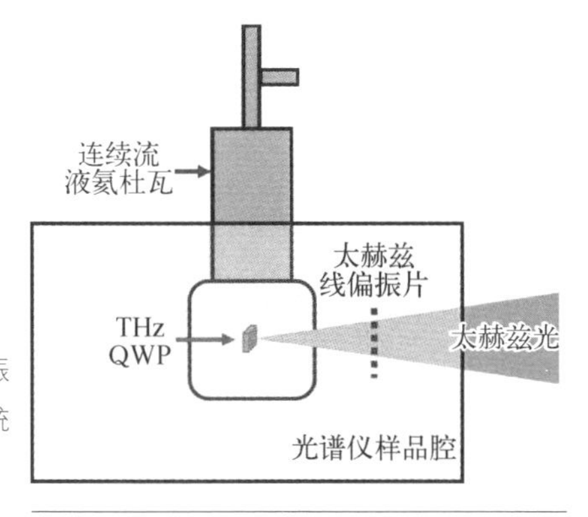

图 3－57 THz QWP 偏振光谱测量系统示意图

采用上述系统，测量得到了一个 45°斜面入射 THz QWP 的偏振光谱，得到了器件不同响应频率处的偏振消光比（图 3－58）。从测量结果看出，THz QWP 在峰值探测频率 3.7 THz 处的偏振消光比为 6.4，即 8 dB，高于其他探测频率处的数值，说明该探测器在峰值探测频率处的电子跃迁过程占主导地位。

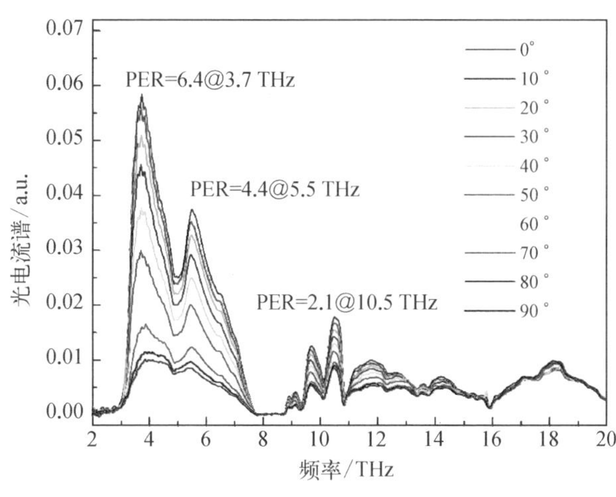

图 3－58 THz QWP 对不同线偏振角度入射太赫兹光的响应谱

3.6 小结

本章从太赫兹频段的光学元件出发，介绍了窗片、透镜、反射镜、波片和滤光片等元件的常用材料和光学特性，并用实例说明了光学元件相关的光路及其与可见光和红外光频段的差异。在光学元件的基础上，介绍了太赫兹频段的光束耦合与光路校准技术，为后面掌握太赫兹应用系统中的光路搭建奠定了基础。随后，从太赫兹频段非常重要的两个器件——量子级联激光器和光电探测器出发，分别介绍了两种器件在电学、光学、光谱以及激光特性方面的测试技术，为理解和掌握器件在实际应用系统中的作用奠定了基础。

参考文献

[1] Oda N, Lee A W M, Ishia T, et al. Proposal for real-time terahertz imaging system, with palm-size terahertz camera and compact quantum cascade laser . Proc. SPIE, 2012, 8363: 83630A.

[2] 范志刚.光电测试技术.3 版.北京：电子工业出版社，2015.

[3] Wan W J, Li H, Cao J C. Homogeneous spectral broadening of pulsed terahertz quantum cascade lasers by radio frequency modulation. Optics Express, 2018, 26(2): 980 - 989.

[4] 谭智勇，曹俊诚.基于太赫兹半导体量子器件的光电表征技术及应用.中国激光，2019，46(6)：36 - 49.

[5] Frankel M Y, Gupta S, Valdmanis J A, et al. Terahertz attenuation and dispersion characteristics of coplanar transmission lines. IEEE Transactions on Microwave Theory and Techniques, 1991, 39(6): 910 - 916.

[6] Heiliger H M, Nagel M, Roskos H G, et al. Low-dispersion thin-film microstrip lines with cyclotene (benzocyclobutene) as dielectric medium. Applied Physics Letters, 1997, 70(17): 2233 - 2235.

[7] Jamison S P, McGowan R W, Grischkowsky D. Single-mode waveguide propagation and reshaping of sub-ps terahertz pulses in sapphire fibers. Applied Physics Letters, 2000, 76(15): 1987 - 1989.

[8] 魏中晗，盛小夏，刘炳红，等.基于金属膜空芯光纤的有色溶液浓度传感系统.光学学报，2013，33(7)：8 - 13.

[9] 盛小夏，陈国平，石艺尉. 基于空芯光纤的新型化学发光传感系统. 光学学报，2014，34(9)：273－280.

[10] 李怡卿，谭智勇，曹俊诚，等. 大口径柔性介质金属膜太赫兹波导的制作与特性. 光学学报，2016，36(1)：48－56.

[11] Goto M，Quema A，Takahashi H，et al. Teflon photonic crystal fiber as terahertz waveguide. Japanese Journal of Applied Physics，2004，43(2B)：L317－L319.

[12] Markos C，Kubat I，Bang O. Hybrid polymer photonic crystal fiber with integrated chalcogenide glass nanofilms. Scientific Reports，2014，4：6057.

[13] Adam A J L，Kašalynas I，Hovenier J N，et al. Beam patterns of terahertz quantum cascade lasers with subwavelength cavity dimensions. Applied Physics Letters，2006，88(15)：151105.

[14] Danylov A A，Goyette T M，Waldman J. Terahertz inverse synthetic aperture radar (ISAR) imaging with a quantum cascade laser transmitter. Optics Express，2010，18(15)：16264－16272.

[15] Schneider H，Liu H C. Quantum well infrared photodetectors：Physics and applications. Berlin：Springer，2006.

[16] Tan Z Y，Guo X G，Cao J C，et al. Temperature dependence of current-voltage characteristics of terahertz quantum-well photodetectors. Semiconductor Science and Technology，2009，24(11)：115014.

[17] Çelik H，Cankurtaran M，Altunöz S. Vertical transport in GaAs/$Ga_{1-y}Al_yAs$ barrier structures containing quantum wells：Current-temperature characteristics. Superlattices and Microstructures，2008，44(2)：237－248.

[18] Stillman G E，Wolfe C M，and Dimmock J O. Hall coefficient factor for polar mode scattering in n-type GaAs. Journal of Physics and Chemistry of Solids，1970，31(6)：1199－1204.

[19] Altunöz S，Çelik H，Cankurtaran M. Temperature and electric field dependences of the mobility of electrons in vertical transport in GaAs/$Ga_{1-y}Al_yAs$ barrier structures containing quantum wells. Central European Journal of Physics，2008，6(3)：479－490.

[20] Kingston R H. Detection of Optical and Infrared Radiation. New York：Springer-Verlag，1978.

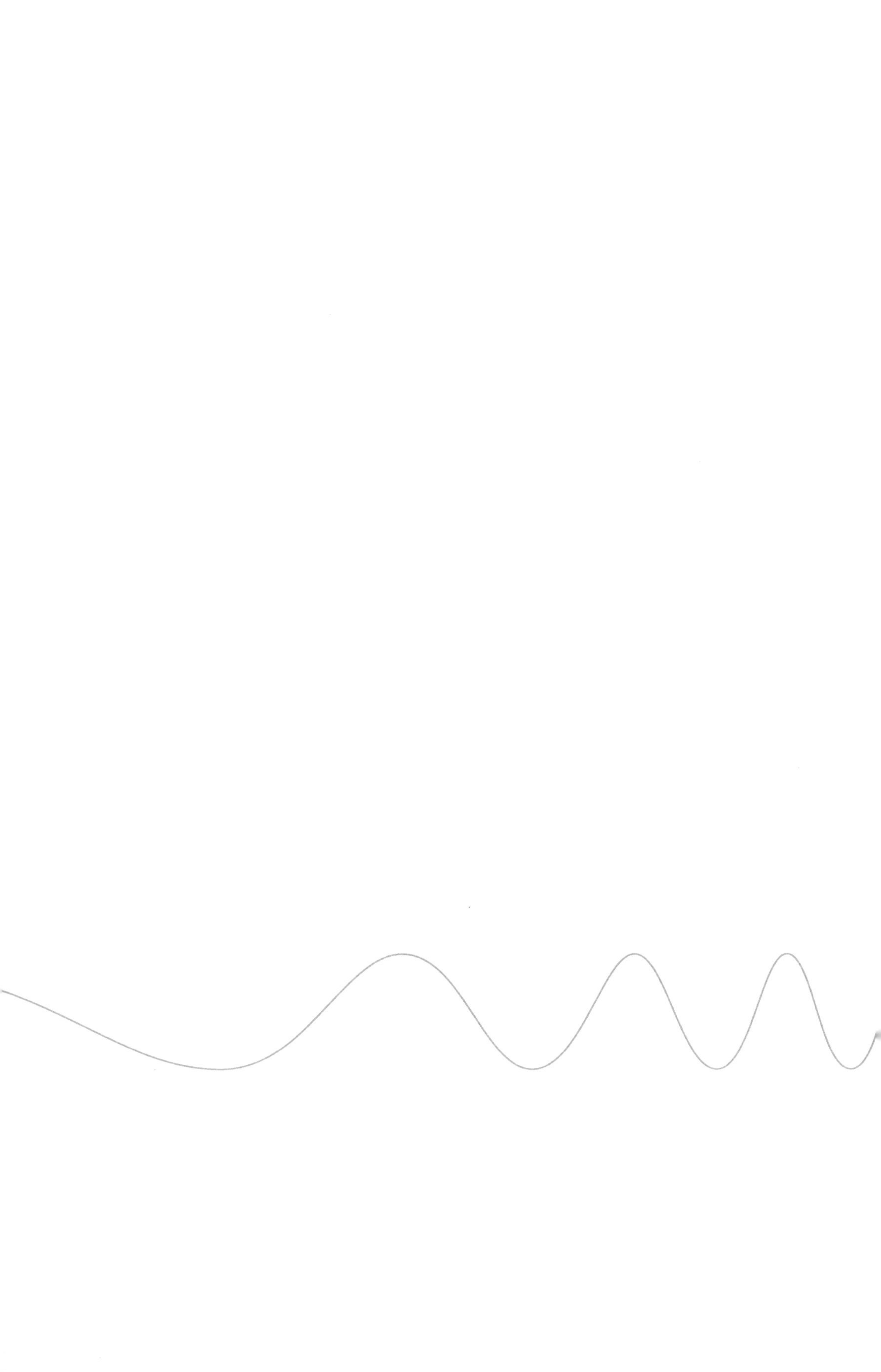

太赫兹光谱测量技术

4.1 引言

太赫兹光谱测量技术是该频段电磁波研究的重要基础技术。太赫兹频段的材料光谱分析、器件光谱表征及系统应用都离不开光谱测量技术。例如,第 2 章中介绍的太赫兹激光频率、探测器光响应谱范围的测定,都需要用到光谱测量技术。就现有技术手段来看,太赫兹频段的光谱测量主要包括四种方法: ① 基于迈克耳孙干涉仪的傅里叶变换光谱测量法;② 基于太赫兹光栅的光谱测量法;③ 基于飞秒激光泵浦的时域光谱测量法;④ 基于光学差频的频域光谱测量法。傅里叶变换光谱测量法由于其测量时辐射通量大、测试信噪比高和频谱范围广的特点而被广泛应用和开发,是目前太赫兹频段,尤其是高频太赫兹频段(>1 THz)最常用的光谱测量手段;基于飞秒光泵浦的时域光谱测量法由于可以直接测量材料的折射率且可实现超快时间分辨测量,在 0.1～3 THz 内的材料光谱分析中有重要应用。本章主要介绍傅里叶变换光谱测量法和时域光谱测量法的工作原理及它们在太赫兹材料光谱分析方面的应用。

4.2 傅里叶变换光谱技术

傅里叶变换光谱技术是研究波长在 400 nm～2 000 μm 电磁辐射光谱特性、材料特征光谱最为主要的一种光谱技术。相比分光光谱仪采用的“直接”测量手段,傅里叶变换光谱采用的是“间接”方法。它主要利用迈克耳孙干涉的原理,通过将宽谱辐射源形成的干涉信号进行离散化处理,同时利用氦氖激光器的半波长(316.4 nm)作为迈克耳孙干涉仪中动镜移动的基准长度,获得辐射能量随动镜位置的变化曲线,最后再利用数学上的傅里叶变换,将上述曲线通过特定的切趾函数进行优化,得到能量随波数(频率)的变化。相对于采用棱镜式分光光度计的分光光谱技术,傅里叶变换光谱技术具有分辨能力高、扫描速度快、辐射通量大、杂散辐射低以及可测光谱范围宽等优点,在高分辨率光谱、高灵敏度光谱以及微少试样光谱中得到了很好的应用[1]，特别适合中红外、远红外和太赫兹频段的光谱测量。

4.2.1 傅里叶变换光谱仪原理

傅里叶变换光谱仪主要由光源、迈克耳孙干涉仪、样品腔、探测器、电控模块、信号处理模块以及连接上述各部分的光学元件和电路板等组成(图 4-1)。通过安装于计算机内的专用软件，可以按需配置不同的光源、分束器、探测器、分辨率和扫描速度等，实现不同波数范围、不同分辨率的光谱测量。

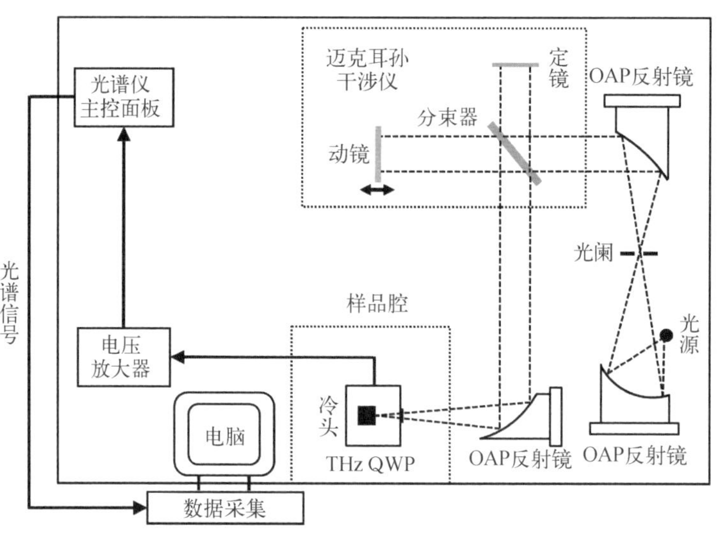

图 4-1 傅里叶变换光谱仪的光路与组成结构示意图

傅里叶变换光谱仪的工作原理为：从光源发出的光首先经过一个凹面反射镜会聚，然后分别经过光阑、凹面反射镜之后进入迈克耳孙干涉仪(光束在干涉仪中被动镜调制，如图 4-1 上面部分的虚线框所示)，从干涉仪出来的平行干涉光被样品腔进口处的 OAP 反射镜会聚于样品腔中央，与样品发生相互作用(反射或透射)，携带样品信息的干涉光最后被收集到探测器上，被探测器转换成电信号(干涉图)，该电信号经内部的前置放大器放大后被送入主放大器，并在这里进行再次放大、滤波和数字化，数字化信号经过傅里叶变换后可以得到与干涉信号相对应的单通道光谱图。下面分别对迈克耳孙干涉仪原理和傅里叶变换光谱测量原理进行详细介绍。

1. 迈克耳孙干涉仪

上述光谱仪工作过程中，迈克耳孙干涉仪是最关键的部分。干涉仪的构成如图 4-2 所示，其工作原理为：经过凹面反射镜进入干涉仪的光束被分束器一分为二，一束透过分束器到达动镜，另一束则反射到定镜；透过分束器的光被动镜反射回分束器，且一部分光经透射返回光源，另一部分光反射后经 OAP 反射镜到达样品腔；经分束器反射的光被定镜反射回分束器，且一部分光透射后经 OAP 反射镜到达样品腔，另一部分光经反射返回光源。其中经动镜和定镜反射回来的光在分束器处发生干涉，并分别通过反射和透射到达样品腔，通过调节动镜的位置可以在分束器处产生光强随动镜位置变化的干涉信号。

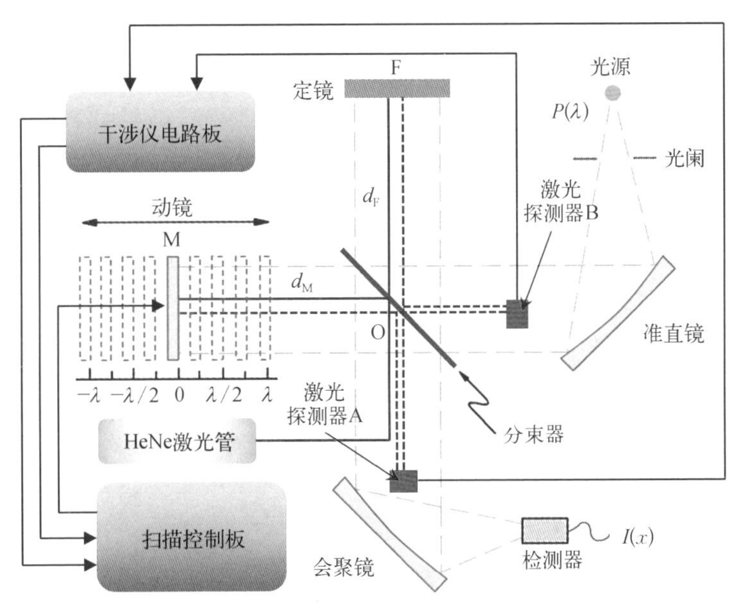

图 4-2 迈克耳孙干涉仪的构成及工作原理示意图

下面分别用 O、F、M 来表示分束器、定镜以及动镜的位置，用 d_M 和 d_F 分别表示光经过分束器后到达动镜和定镜的距离，则上述干涉过程的光程差 $\delta = 2(d_M - d_F)$，如果入射光为单频(色)光，则当 $d_M = d_F$（即光程差为零）时，在分束器上会合(发生干涉)的两束光相位完全一致，探测器上检测到的信号对应为两束光的强度之和，即信号为极大值。当动镜移动的距离为 1/4 入射光波长(λ)时，$\delta=\lambda/2$，两束会合的光相位相反，测得的信号对应为两束光的强度之差，即信号为极小值。当动镜继续移动，使得 $\delta=\lambda$ 时，干涉信号又达到极大值。因此，当光程差为半波长的奇数倍时，经分束器后的干涉光强度达到极小，对应探测器检测到的信号为极小值；当光程差为波长的整数倍时，上述干涉光强度达到极大，对应探测器检测到的信号为极大值。

如果入射光为多频率的复合光，根据单色光情况下的分析，单一位置只对应某些频率的入射光的光程差为其波长的整数倍，从而两束光相干增强，而另一部分频率的入射光光程差为其半波长的奇数倍，从而两束光相干相消，其余频率的入射光光程差介于上述两种情况之间，因而两束光相干后的幅度也介于上述两种情况之间。最后将所有频率的干涉光叠加起来，得到了一幅以 $\delta=0$ 为中心、幅度分别向两边逐渐减小的干涉图，如图 4-3 所示。

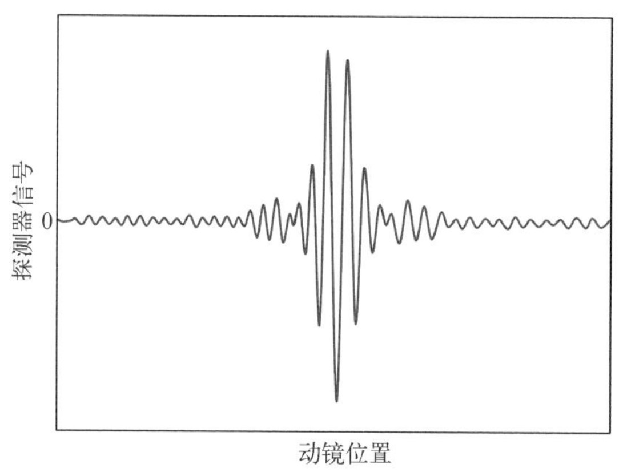

图 4-3 多频率复合光入射时，干涉信号强度随动镜位置变化图

2. 傅里叶光谱测量原理

当入射光为单色光时(单波长激光器发出的光)，由于实际使用的仪器中动镜进行的是定速运动，因此检测到的信号是连续变化的。假设动镜移动的速率为 v，则随时间 t 变化的光程差可以表示为

$$\delta(t)=2vt \tag{4-1}$$

光强随光程差的变化关系可以写为

$$I'(\delta)=B(\nu)\left[1+\cos\left(\frac{2\pi\delta}{\lambda}\right)\right] \tag{4-2}$$

式中，$B(\nu)$ 表示波数为 ν 的光源强度，其与分束器效率、探测器和放大器等装置的参数相关，从 $I'(\delta)$ 的交流成分对应得到干涉图。将式(4－1)代入式(4－2)可以得到光强的交流部分 $I'(\delta)$ 作为时间的函数时的公式

$$I(t)=B(\nu)[\cos(2\pi\nu)(2vt)] \tag{4-3}$$

上述光强的变化与光谱仪动镜的移动速率 v 相关，通常采用氦氖(HeNe)激光器产生的单色光(波长为 632.8 nm)来精确控制上述动镜的位置，即在干涉仪的光输出端会安装两个成 90°的氦氖激光探测器(A 和 B，图 4－2)，根据探测到的氦氖激光强度判定动镜移动的位置是否正确，如图 4－2 所示。与此同时，氦氖激光探测器的信号被送入干涉仪，对动镜的移动进行反馈控制。

当入射光为复合光源(如 Globar、汞灯等)发出的光时，许多波数(或频率)的光同时从光源发出，此时探测器检测到的干涉图为所有波数对应的干涉图叠加的结果，因此可以用如下积分式来表示

$$I(\delta)=\int_{-\infty}^{\infty}B(\nu)\cos(2\pi\nu\delta)\mathrm{d}\nu \tag{4-4}$$

于是光强随波数(或频率)的变化可简单表示为

$$B(\nu)=\int_{-\infty}^{\infty}I(\delta)\cos(2\pi\nu\delta)\mathrm{d}\delta \tag{4-5}$$

式(4－5)即傅里叶变换后得到的光谱，从式(4－4)中可以看出，理论上得到的光谱的分辨率应该无限高，然而式(4－5)表明，为了得到无限高分辨率的光谱，必须使动镜移动到无限远。另外，傅里叶变换过程要求干涉信号在数字化过程中的间隔必须无限小。因此，实验测量得到的光谱的实际分辨率受限于仪器所能测量的波数范围和数字化的间隔。由于上述方法采用了氦氖激光的半波长作为单位距离来精确控制动镜移动的位置，因此光谱仪能测试的最大光谱范围为 $(316.4\ \mathrm{nm})^{-1}\approx 31\,600\ \mathrm{cm}^{-1}$。

上述方程所描述的过程均只适用于连续信号，在实际的光谱测量中，信号需要被离散之后才能进行各种处理。首先需要对上述干涉信号进行采样进而得到数字化的干涉图 $I(x)$，然后对 $I(x)$ 进行傅里叶变换后转变成光谱图。假设数

字化后的干涉信号由 N 个等间隔的离散点组成，此时需要采用离散傅里叶变换公式

$$S(k \cdot \Delta) = \sum I(n \cdot \Delta x) \exp\left[(k \cdot n) \frac{2\pi i}{N}\right] \tag{4-6}$$

式中，$n \cdot \Delta x$ 为 n 个离散的干涉图数据点；$k \cdot n$ 为 k 个离散的光谱图数据点，两者分别代替了连续函数中的变量。由于离散傅里叶变换过程中只采集了干涉图中离散的 n 个数据点，因此，从这一点也可以得出实际测量得到的光谱信号的分辨率是受限制的。

图 4-4 所示为采用分辨率 0.075 cm^{-1}（对应于 2.25 GHz）测得的 Globar 光源信号谱，其中探测器为 4.2 K 的低温测辐射热计，分束器选择 6 μm 厚的 Mylar 膜。由图看出，当光谱分辨率很高时，其光谱灵敏度也高，出现了光谱仪腔体环境中原本在低分辨率中无法测得的一些水峰。

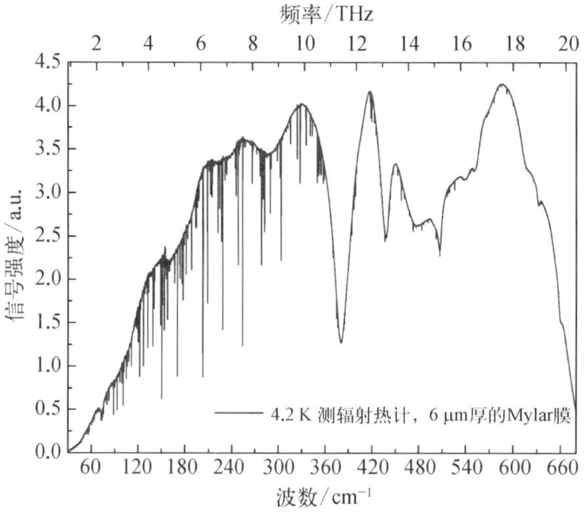

图 4-4 采用 0.075 cm^{-1} 波数分辨率测得的 Globar 光源能量分布

4.2.2 光谱仪的主要部件

随着光谱技术的发展，傅里叶变换光谱仪的可扩展性和可维护性逐渐得到加强，其在功能上除了不断优化的分辨率和稳定性之外，对光谱仪各组成部件的模块化，使得仪器在使用和维护过程中更为方便，同时在光路设计上具有更多的

对外接口,可以与荧光模块、显微红外测量模块等结合使用。除了迈克耳孙干涉仪精准的光路架构是光谱仪的核心结构外,要实现精确的光谱测量,还需要合适频段的光源、分束器和探测器的配合。下面对上述光谱仪的几个重要组成部件分别进行介绍。

1. 光源

根据需要测量的光谱频段,傅里叶变换光谱仪可以配置多种光源[2],太赫兹频段常用的光源为硅碳棒和汞灯,其中硅碳棒为光谱仪内置的宽谱光源,汞灯为外置光源。随着太赫兹辐射源技术的发展,THz QCL 也是一种很好的太赫兹光源,只不过 THz QCL 目前的可调谐频谱范围还比较窄。

表 4-1 是三种光源的辐射波数范围及性能对比。从表中可以看出,硅碳棒和汞灯两个光源基本上可以覆盖整个太赫兹频段,THz QCL 由于其输出功率高、能量在频谱上相对集中,适合于窄频段的光谱测量。在测量时,除了考虑频谱范围和能量外,还需要考虑光源对光谱仪其他附件的影响,比如汞灯除了上述频谱范围有辐射外,在紫外波段也有很强的辐射,对 Mylar 膜材料的分束器会产生辐射损伤,因此,在使用 6 μm 厚的 Mylar 膜分束器时,不建议在汞灯配置下使用,必须使用时则需要在光源后面增加紫外滤光片,以消除其对 Mylar 膜的辐射损伤,延长分束器的使用寿命。

表 4-1 三种太赫兹光源的辐射波数范围及性能对比

光源名称	适用波数 /cm^{-1}	适用频段 /THz	工作温度	功率强弱	配置方式
硅碳棒 (Globar)	50～10 000	1.5～300	常温	一般	内置
汞灯	10～333	0.3～9.99	常温/冷却水	一般	外置
THz QCL	40～173	1.2～5.2 (分立的频段)	10～210 K	强	外置

2. 分束器

分束器是迈克耳孙干涉仪中的核心模块,其性能的好坏直接决定了测量结果的可靠性和稳定性。受限于材料可透过和反射的频率范围,傅里叶光谱仪的分束器材料主要包括石英、GaF_2、KBr、Si、金刚石和 Mylar 膜等。在太赫兹频段，用到的分束器主要是 Mylar 膜和 Si，由于 Si 分束器前后表面形成的干涉效应，其可实现的光谱分辨率不高，在太赫兹频段，尤其是低频段基本上都是使用 Mylar 膜，通过选择不同厚度的 Mylar 膜可实现不同频谱范围的测量。总体来说，Mylar 膜分束器可以覆盖 5～700 cm^{-1}，对应于 0.15～21 THz 的光谱范围，详细信息如表 4－2 所示。

表 4－2 不同厚度的 Mylar 膜的工作波数及频段范围

厚度/μm	适用波数/cm^{-1}	适用频段/THz
6	680～30	20.4～0.9
25	120～20	3.6～0.6
50	60～10	1.8～0.3
125	22～5	0.66～0.15

3. 探测器

探测器是光谱仪获取信号的核心部件，仪器开机和自动校准时都需要有探测器的辅助才能完成。在 1.4 节中介绍了太赫兹频段的几种探测器，其中低温 Si－测辐射热计、THz QWP、高莱探测器和焦热电探测器都可以作为光谱仪的外置探测器。此外，光谱仪中常用的内置太赫兹探测器还包括一种带有聚乙烯薄膜的氘代 L－丙氨酸硫酸三甘肽（Deuterated L-Alanine Triglycine Sulfate，DTGS－PE）探测器，有时也简写为 DTGS－FIR。这种探测器属于热探测器，其灵敏度与焦热电探测器相当。表 4－3 所示为太赫兹频段常用探测器的波数范围及性能对比。需要注意的是，由于太赫兹频段的光谱测量需要真空环境，在使用外置探测器时，必须确保探测模块与光谱仪实现了良好的真空连接。

表 4－3 太赫兹频段三种常用探测器的波数范围及性能对比

探测器名称	适用波数/cm^{-1}	适用频段/THz	工作温度	灵敏度	配置方式
DTGS－PE	10～700	0.3～21	常温	一般	内置
Si－测辐射热计	5～650	0.15～19.5	4.2 K	高	外置
THz QWP	66.7～233.3	2～7	4～10 K	高	外置

4. 光学附件

光学附件是支持光谱仪完成各种光学场景下辐射与物质相互作用的有力工具，是实现光谱仪获得被测样品各种光学信息和参数的基础。光谱仪的光学附件主要包括各种透/反射架、滤光片、偏振片和机械传动装置等。下面主要介绍几种常用的透/反射架。

(1) 透射样品架

透射样品架是傅里叶变换光谱测量中最常用的一种样品架，其工作原理简单，样品架的光路示意图如图 4-5 所示。经过迈克耳孙干涉仪后的入射光，被 OAP 反射镜会聚后直接穿透固定于样品支架上的被测样品，通过收集携带样品信息的透射光信号，并进行傅里叶变换实现对样品透射光谱的测量。

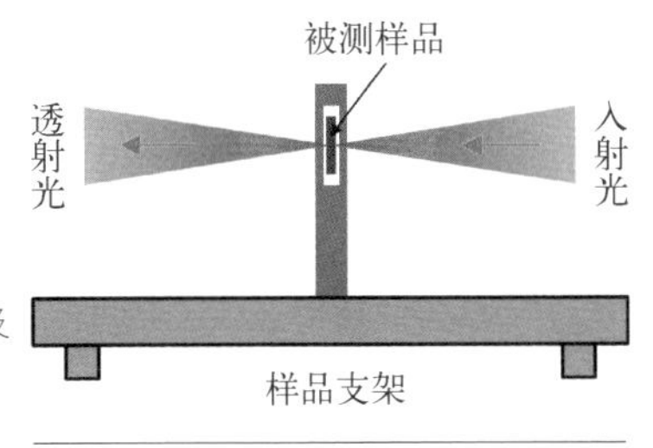

图 4-5
透射样品架及其光路示意图

采用这种样品架通常可以获得样品的透射光谱和透过率谱，并根据上述光谱得到样品在某个频率或频段的透过率。在样品和通光孔径的选择方面，需要考虑样品的大小、厚度以及表面平整度。在样品测量位置不确定或者不需要固定在某一个区域时，通光孔径通常大于入射光束腰的直径；当样品位置确定、样品或者通光孔径很小时，通常会采用束腰直径比通光孔径更大的入射光来进行测量。对于特别薄、特别小、特别厚或者折射率特别高的样品，需要定制专门的样品夹具，甚至改变入射样品的光束形状，比如对折射率非常高的样品透射光谱进行测量时，需构建小束径的平行光入射结构，以便更为精确地获取太赫兹光透过样品后的光谱信息。此外，在通光孔的设计上还需要考虑消除孔边的光衍射现象带来的杂散干扰信号，这一点可以通过在入射方向制备 30°～45°的斜面光孔以及对光孔边缘进行精细加工来实现。需要注意的是，在光谱仪光源之后，通常会设置用于限光的光阑，由于光在传播过程中会发生会聚束腰直径的变化，对于固定型号的傅里叶变换光谱仪来说，由于存在光孔衍射的情况，到达样品区内会聚光斑的束腰直径肯定要比限光光阑上的孔径大，通常为 1.8 倍左右，即在光谱仪软件上选择光阑孔径为 1 mm，实际会聚入射到样品上的光斑直径为 1.8 mm。

(2) 掠射样品架

掠射是指光从一种介质向另一种介质传播时,入射角接近90°的一种反射方式,其光路原理如图4-6所示。掠射可以增加入射光与样品相互作用区域的面积,获得更丰富的反射谱信息,同时可以减小样品内部发出的杂散信号,是获取样品表面信息(如薄膜样品)的常用反射方式。从图4-6所示的对比效果来看,掠射时的光束与样品相互作用区域(椭圆光斑)比正入射时的区域(圆形光斑)要大很多,其反射光携带了更多的样品信息。

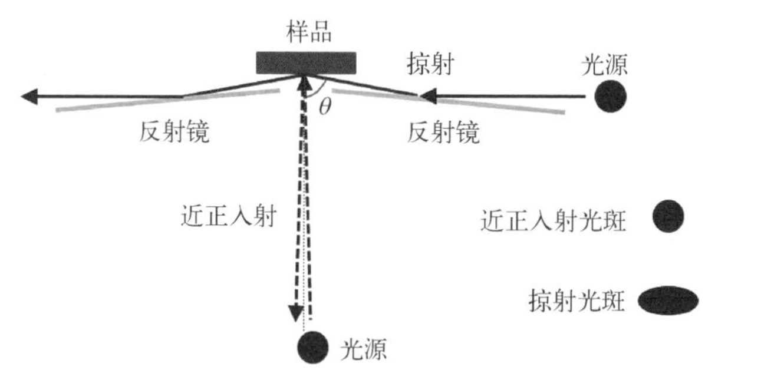

图4-6 掠射光路与近正入射光路的对比

(3) 衰减全反射样品架

太赫兹频段的衰减全反射(Attenuated Total Reflection, ATR)现象是指太赫兹光从光密介质向光疏介质传播、入射面内偏振的单色平面波在密介质与疏介质界面上发生全反射时,光疏介质中所形成的迅衰场可以被耦合到样品表面上,从而引起表面出现等离激元共振激发的现象。

衰减全反射架就是利用这种现象来获取样品表面太赫兹谱信息的装置,其结构和反射光路示意图如图4-7所示,太赫兹光与被测薄膜充分相互作用以形

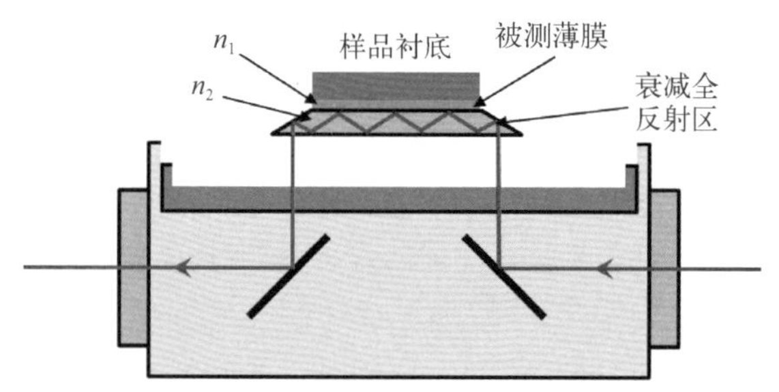

图4-7 衰减全反射架及其光路示意图

成等离激元共振激发，携带信息的反射光被收集后到达光谱仪探测器，最后得到薄膜样品的反射谱信息。

要实现全反射过程，需要满足 ART 晶体折射率（n_2）大于被测薄膜的折射率（n_1）。比如测量硅材料表面二氧化硅（$n=2$）的 ART 光谱，就要求晶体的折射率必须大于 2，可选择金刚石晶体（$n=2.4$）来测量。聚合物（如 HDPE、PE、PP、PTFE、TPX 等）在太赫兹频段的折射率通常为 1.45～1.55，也可以用金刚石晶体来测量其 ATR 光谱。但常见的半导体材料如 GaAs 的折射率为 3.6、高阻硅的折射率为 3.42，要实现这两种材料的 ATR 光谱测量，则需要选择折射率更高的晶体，比如锗晶体（$n=4$）。

(4) 透/反射样品架

透/反射样品架是指在同一个光学结构中，通过电控结构的切换，实现对某个点透射光谱与反射光谱测量的光学附件。图 4-8 为一种入射角为 11°的透/反射样品架照片及其光路示意图。通过软件控制最左边两个一体化的电控转动镜（平面反射镜），可实现对反射光和透射光的单独收集，使光谱仪探测器分别单独接收来自反射光路和透射光路的信号，得到被测样品上某一区域的反射率谱（Reflectance）和透过率谱（Transmittance），进而可以根据能量守恒定律，得到样品在该区域处的吸收光谱（Absorptance），再根据样品厚度可计算出材料的吸收系数（α）随频率的变化。此外，在需要研究被测样品对偏振光的透射、反射和吸收特性时，会在绿色的入射光光路中增加对应频段的起偏器，并在信号光到达探测器之前（蓝色或者红色光路中）增加检偏器来进行偏振特性的测量。

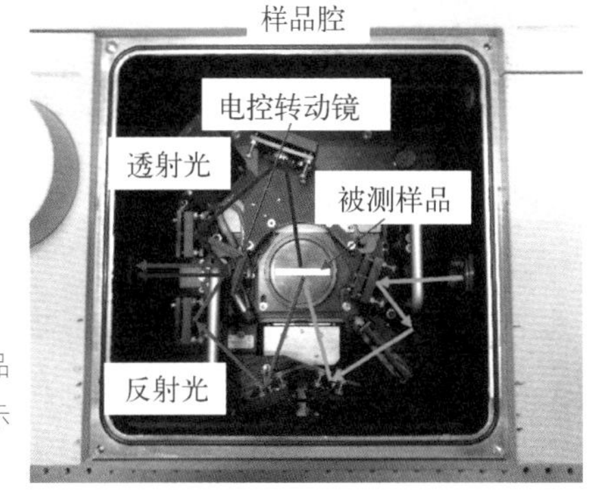

图 4-8 透/反射样品架及其光路示意图

除了上述常用的几种样品架以外，在太赫兹频段的材料光谱分析中，对产生偏振光和异常折射光的样品进行光谱测量时还会用到变角度的反射架，通过控制软件实现不同反射角度的切换，获得不同反射角度下样品的光谱信息。

4.2.3 透/反射谱测量技术

透射谱、反射谱以及透/反射谱测量技术是研究样品在太赫兹频段光谱特性的重要手段。透射谱在研究样品的吸收与透过特性方面具有很好的效果，也是评判一种材料能否用于制作某一个频段的窗口、透镜、滤光片等元件的重要依据。透射谱测量技术是获取样品内部光谱信息最直接和最有效的手段，通常采用透射样品架和透/反射样品架中的透射功能来实现。透射光谱测量时，应尽量保证被测样品表面与光束传播方向垂直，对于大尺寸样品（尺寸大于 5 cm）的测量，还需要对透射样品架进行改装和调整，以符合测量装置的光路要求。反射谱获取的是样品表面和样品一定深度位置的光谱信息。反射谱测量用到的样品架或光学附件包括掠射样品架、ATR 样品架、变角反射样品架以及透/反射样品架中的反射测量部分。反射谱主要揭示样品表面的光谱信息，是研究薄膜样品、二维材料、超表面材料等光谱特性的重要手段。除了独立的透射谱和反射谱测量技术外，在有些情况需要测量同一点的透射和反射光谱，并根据测得的透射和反射光谱来计算样品的折射率、吸收系数等参数，这个时候需要用透/反射样品架。此外，如果还需要研究样品对偏振光的吸收特性，可在透/反射样品架上增加线偏振来进行起偏和检偏。下面分别对透射谱测量技术、反射谱测量技术和透/反射谱测量技术的应用进行实例介绍。

1. 透射谱测量技术

(1) 材料透过率的测定

由于材料本身的光谱特性，大部分可见光和红外光频段的窗口材料，比如石英、云母、溴碘化铊（简称 KRS5）、ZnSe 等在太赫兹频段的透过率较差，不能作为合适的窗口材料。在 3.2.1 节中给出了低温杜瓦和制冷机中常用的聚合物（如 HDPE、HDPP、PTFE、TPX 等）窗口的透过率差异，以及不同生产厂商的 HDPE 材料透过率方面的差异，为窗口材料的选择提供了很好的光谱数据。同时，在

3.4.3 节太赫兹激光器功率标定过程中，用到了采用光谱仪测定的激光源冷却装置窗口的透过率。

此外，对一些常见材料的太赫兹透射谱测量，研究其在太赫兹频段的透过率，可以为针对这些材料的成像技术提供很好的基础数据。图 4－9 显示了硬泡沫、软泡沫、双层纸巾、布料和饮料瓶等五种取样材料在 2～20 THz 频段的透过率谱。结果表明，软泡沫在 7 THz 以下，随着频率的降低，透过率逐渐升高；双层纸巾则是在 10 THz 以下才表现出逐渐升高的透过率；布料在 3 THz 以下才有比较好的透过性；饮料瓶材料在 8～16 THz 几乎没有透过性，因此要研究它必须借助更低频段的太赫兹辐射才能实现。

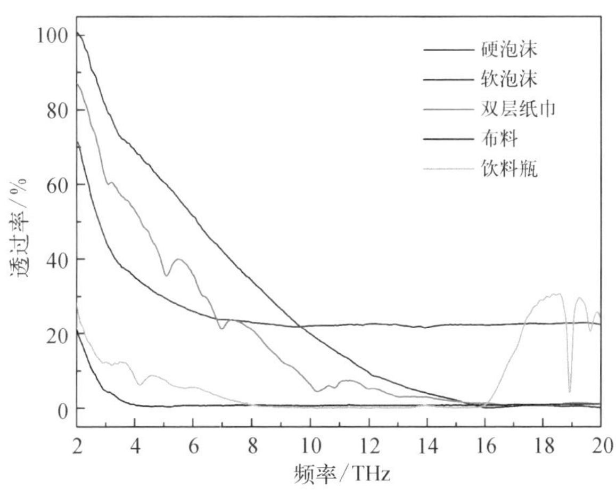

图 4－9 五种常见材料取样测量得到的太赫兹透过率谱测量结果

因此，透射谱测量在太赫兹频段窗口材料、功能器件以及光电测试系统基础材料的光谱数据库建立方面有着非常重要的作用。

(2) 超材料工作频带的测定

超材料是实现太赫兹频段功能器件的重要基础材料，根据器件可实现的功能，超材料的基底材料种类和微结构的几何形状可以丰富多样，通过透过率谱的测量可以确定功能器件的工作频带和中心频率，并通过计算得到相关的光学参数等。比如滤光片是太赫兹应用系统中的常见光学元件，在 3.2.6 节中介绍了两种滤光片，其透过率和工作中心频点的获得均是通过其透过率谱的测量来确定的(图 3－9 和图 3－10)。

(3) 材料吸收峰的测定

吸收峰是材料在某一电磁波频段表现出的特性，也是材料应用于该频段光学元件、器件、装置以及应用系统的独特之处。例如，在 1.2.3 节中介绍太赫兹辐射在大气中的传输特性时，采用透射谱测量技术分别测量了真空环境下 Globar 光源的辐射信号和一定温度和湿度下被 1.5 m 距离的大气吸收后的光源辐射信号，获得了其在太赫兹频段的透过率谱以及水汽在 1～10 THz 的吸收峰分布(图 1-3 和图 1-4)，也得到了在该频段透过率较高的一些频点或频段(通常称为“辐射窗口”)，为这些频点或频段在无线信号传输和成像系统中的应用提供了很好的数据支撑。

除了水峰的测定外，一些常见半导体材料，比如高阻 Si、Ge、GaAs、AlGaAs、InP 等的吸收峰也都可以用透过率谱来测定。图 4-10 所示为不同 Al 组分情况下(x 取值不同)GaAs/$Al_xGa_{1-x}As$ 材料的透过率谱，由图可知，不同 Al 组分对应的透射谱中类 AlAs (AlAs-like)声子吸收峰位置出现些微的变化[3]，其中 360 cm^{-1} 附近的吸收对应为类 AlAs 横向光学(LO)声子吸收[4]，随着 Al 组分的增加而增强；245～310 cm^{-1} (对应能量为 30.4～38.4 meV)的全吸收区域为 GaAs 光学声子吸收带，而在 334 cm^{-1} 处的吸收峰可能是由于 GaAs 衬底中的双声子过程所致[5]。由于 GaAs 衬底厚度远大于外延薄膜厚度，因此，380 cm^{-1} 处的类 AlAs LO 声子吸收峰被淹没于衬底的吸收中[3]。

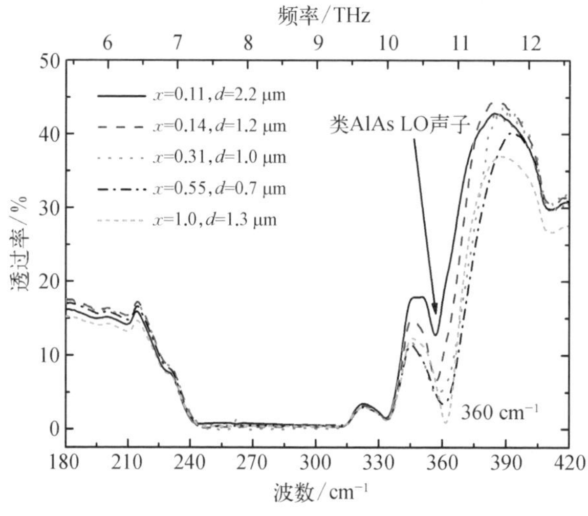

图 4-10 GaAs/$Al_xGa_{1-x}As$ 材料太赫兹透过率谱及类 AlAs 声子吸收峰随 Al 组分变化[3]

2. 反射谱测量技术

反射谱也是揭示物质光谱特性的重要手段，它可以与透射谱形成互补，从而更全面地获得被测样品的光谱信息和电磁参数。下面以一个80°的掠射样品架测量不同Al组分$GaAs/Al_xGa_{1-x}As$及其超晶格结构的掠射谱为例来进行介绍。上述光谱的测量结果如图4-11(a)所示，其在原理上与图4-10所示的透射谱形成互补。根据图4-11(a)中类AlAs声子的频率位置，得到了图4-11(b)所示的变化曲线。可以看出，类AlAs TO声子的变化趋势与透射谱中相似，仅在Al组分为0.31和0.55时略有差异，且反射谱得出的TO声子频率随Al组分变化的趋势与文献[6]中的理论计算结果更为接近。

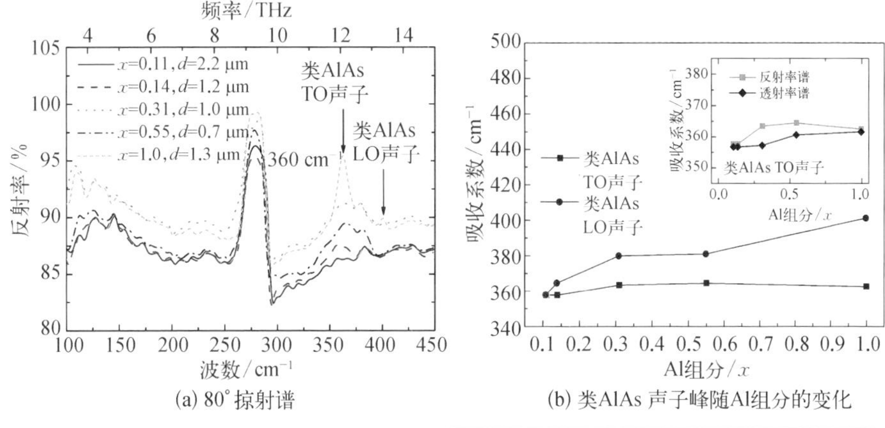

图4-11 $GaAs/Al_xGa_{1-x}As$材料的反射率谱及声子分析[3]

上述测量结果从光谱的角度较好地反映了$Al_xGa_{1-x}As$外延薄膜中光学声子频率随Al组分变化的情况，可以为THz QCL有源区结构材料生长过程中材料质量的表征提供参考。

3. 透/反射谱测量技术

前面分别讲述了独立的太赫兹透射谱和反射谱测量技术及其应用实例。但在某些情况，需要同时获取样品的透射谱和反射谱信息，此时通常采用一种叫透/反射架的光学附件来完成。下面以一个入射角为11°的透/反射样品架为例来介绍单点透/反射光谱的测量。

(1) 半导体材料的透/反射光谱

图 4-12 所示为采用一个 11°入射角的透/反射架,测量得到的 0.5 mm 厚度双抛 6 kΩ 高阻 Si 和 0.2 mm 厚度双抛 Ge 材料的透/反射光谱,并计算得出材料对应的吸收光谱。从上述结果看出,高阻 Si 材料在测量的 2.5～10 THz 频段吸收很少,基本上都在 5%以内,而 Ge 材料,尽管比高阻 Si 材料薄,但其在 2.5～10 THz 频段的吸收却在 35%以上。图 4-13 是两种材料的吸收系数对比,由结果可知,Ge 材料在 2.5～10 THz 频段的吸收系数比 6 kΩ 高阻 Si 材料高两个数量级。

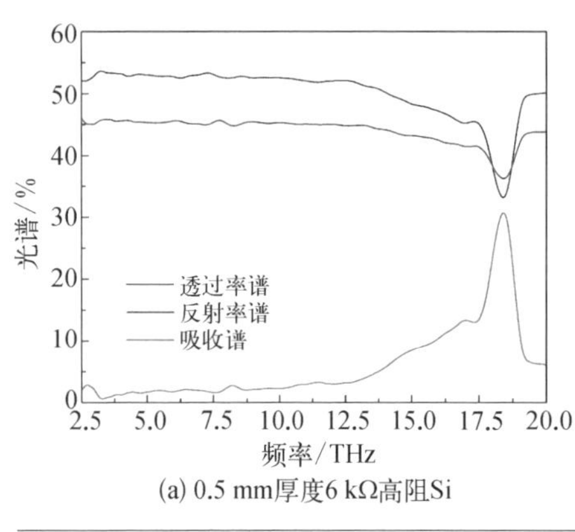

(a) 0.5 mm厚度6 kΩ高阻Si

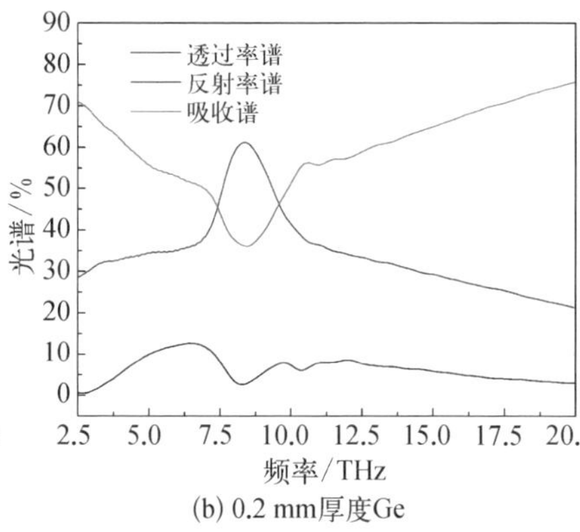

(b) 0.2 mm厚度Ge

图 4-12 半导体材料的 11° 入射角的透/反射光谱及吸收谱

(2) 相变材料的透/反射光谱

在有些情况下,为了得到材料在低温或者加热温度下的上述光谱信息,通常会引入 3～500 K 变温的低温杜瓦,将低温杜瓦与上述透/反射架结合,进行材料透/反射光谱的测量,同时获得材料的吸收光谱和吸收系数。

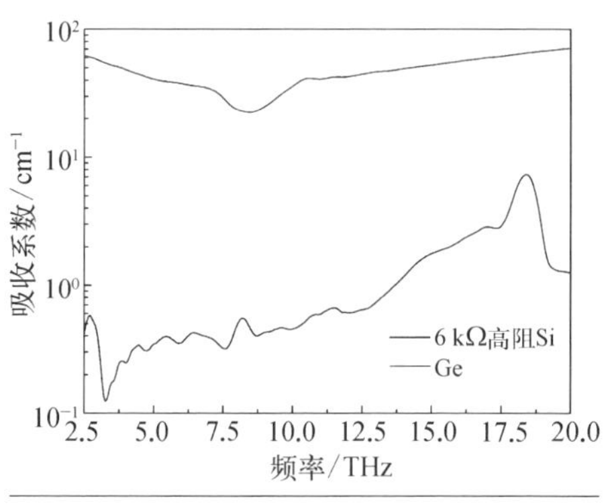

图 4-13 6 kΩ 高阻 Si 和 Ge 材料在 2.5～20 THz 频段的吸收系数

图 4-14 所示为 Si 基二氧化钒(VO_2)材料从室温升至相变温度过程的透过率谱、反射率谱、吸收光谱随温度的变化曲线,其中 Si 衬底厚度为 0.5 mm,VO_2 厚度为 1 μm,为了消除晶格失配,在两者中间生长了一层 Al_2O_3 过渡层,生长方式为磁控溅射。从图 4-14(a)的透过率谱和反射率谱看出,VO_2 由绝缘态到金

属态的相变过程中，其透过率逐渐变小，反射率逐渐变大，体现出材料相变后较好的金属特性。由图 4-14(b)所示结果还可以看出，VO_2 及过渡层和衬底一起，在 2.5～10 THz 频段的吸收均在 30%以下。

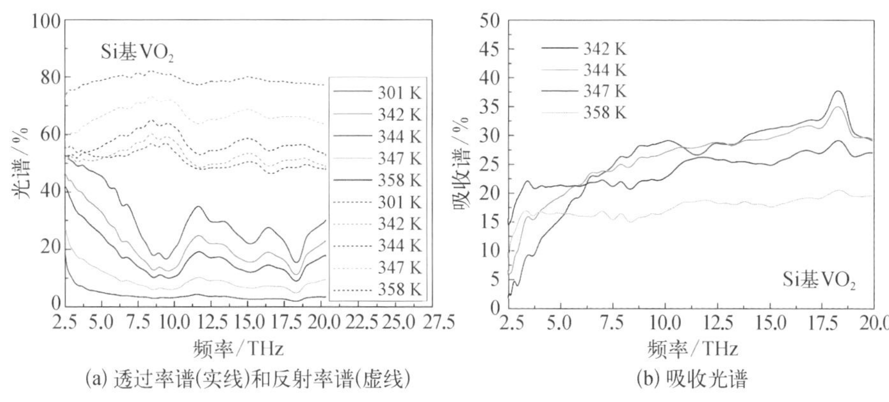

图 4-14 Si 基 VO_2 材料的光谱

(3) 超材料结构的反射光谱

偏振态是光的基本性质之一，一直以来受到人们的关注。下面采用超材料结构设计了一种工作在 2～5 THz 频段的反射式线偏振转圆偏振器件，该超材料结构由超材料结构层、聚酰亚胺层和反射金属层组成，结构示意图如图 4-15(a)所示，其中超材料层和反射金属层厚度均为 300 nm，聚酰亚胺的厚度为 15 μm，图 4-15(b)为器件的显微照片[7]。

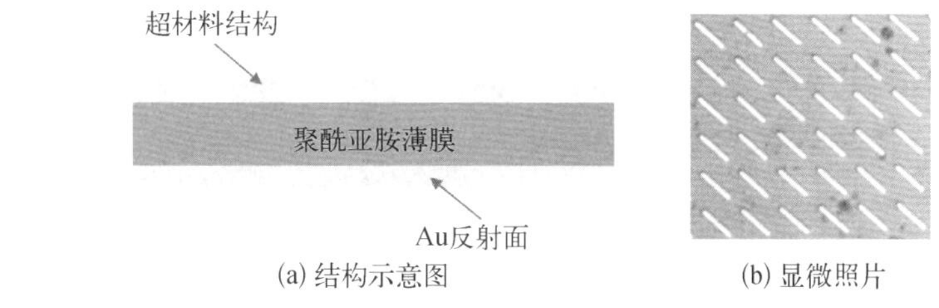

图 4-15 反射式线偏振转圆偏振超材料器件[7]

依据 11°入射角的透/反射样品架的反射功能分别测量了水平偏振光入射和竖直偏振光入射样品时的偏振光谱，测量结果如图 4-16(b)所示，图 4-16(a)为反射偏振光谱测量时的光路示意图。由光谱测结果可知，设计制作的偏振转换器在 2.4～4.2 THz 内的转换效率达到 80%以上[7]。以上结果说明了 11°入射与理论设计的0°正入射在偏振转换效果上差异不大，也说明了实际制备的样品结构与理论设计值相符[7]。需要注意的是，在上述偏振光谱测量过程中，器件微结构排列方向与入射偏振光的角度（起偏和检偏器的偏振方向）关系要与理论设计值相符，否则测量得到的结果会出现较大偏差。

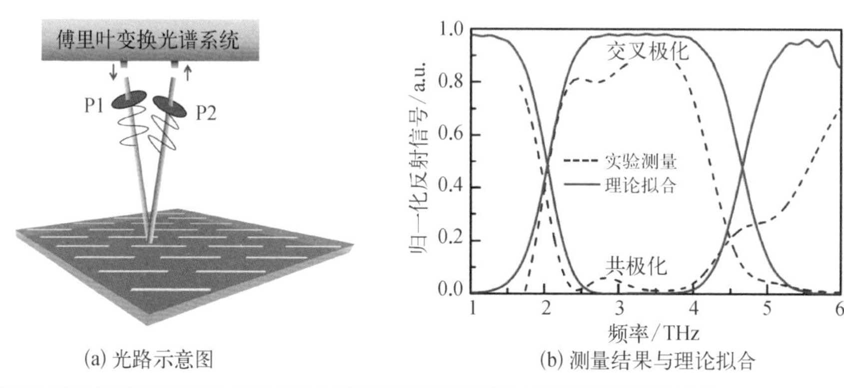

(a) 光路示意图 (b) 测量结果与理论拟合

图 4-16 反射式线偏振转圆偏振超材料器件反射光谱测量[7]

4.2.4 时间分辨光谱测量技术

时间分辨光谱（Time-Resolved Spectrum，TRS）是一种通过记录物质的光谱随时间变化、了解物质瞬时变化过程的谱分析手段，它能观察物质的物理和化学瞬态变化过程，并获得普通光谱（积分光谱）中无法得到的信息。时间分辨光谱技术在分子动力学、物理化学以及生物医学方面均有重要应用价值[8-11]。

时间分辨光谱测量时需要用到步进扫描测量模式，它与连续扫描光谱测量模式的最大区别在于，测量时迈克耳孙干涉仪的动镜是逐步移动的，即在某一位置停顿直至数据采集结束后再移动至下一个步长位置，等全部数据测量完毕后，再进行光谱数据的重整与傅里叶变换，得到每一时刻的光谱数据图，两者的对比示意图如图 4-17 所示[11]。

目前太赫兹频段的时间分辨光谱主要是利用太赫兹时域谱系统中的超快激光在时域上的准相干特性，对一些物质和超快物理过程进行时域分析，获得相应的物理参数[12]，最后再将每个频点对应的数值综合起来进行分析。由于超快激光的时间尺度很窄，这种时间分辨光谱可测量的时间尺度为皮秒量级，

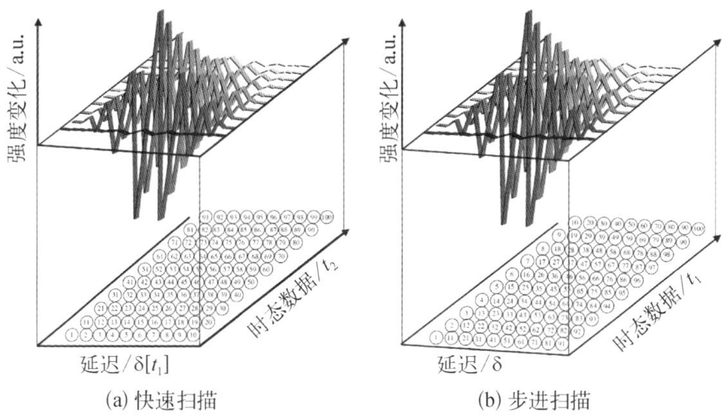

图 4-17 傅里叶变换光谱仪的数据采集差异[11]

适合于测量分析时间尺度较短的超快过程。然而,当时间量级接近几十纳秒甚至更长时,上述谱分析过程由于装置的扫描时间过长而大大增加对系统稳定性的要求。

另外一种时间分辨光谱是建立在高速探测和步进扫描的基础上,采用傅里叶变换光谱中的迈克耳孙干涉仪来实现,这里采用的探测方式为直接探测,在探测器足够快的情况下,测量时间由所要获得的光谱范围和谱分辨率决定,时间分辨能力则由高速采集卡的采集速率决定,可达纳秒量级。比如 Smith 等采用高速的 MCT 或 InGaAs 探测器实现了红外频段的快速时间分辨光谱测量[11],这种方式的时间分辨光谱在研究纳秒级的物理和化学过程方面颇具优势,一次测量即可获得物质的全谱信息,即获得每一个时刻所测光谱范围内的能量分布,测量结果非常直观,如 Kötting 等利用具有时间分辨能力的傅里叶红外光谱仪研究了蛋白质中的分子反应机制,获得了 Ras 蛋白中 GTP 酶活化蛋白(GAP)催化下 GTP 酶反应的时间分辨光谱,并在 1 143 cm^{-1} 处观察到了从束缚的 GTP 到出现独立 GTP 的过程以及 GTP 的水解过程[9]。

THz QWP 是红外量子阱探测器在太赫兹频段的扩展,两者在工作原理上没有太大区别。因此,THz QWP 在探测速度方面可以与后者相比。当前,红外量子阱探测器的探测响应速度已达到 110 GHz[13],等效于时间尺度的话,响应时间已经小于 10 ps。考虑到 THz QWP 的工作波长比红外光长约 50 倍,因此其器件尺寸至少是红外量子阱探测器的 50 倍。根据器件的等效电路原理，器件的响应时间至少可以达到纳秒量级，完全满足傅里叶变换光谱仪中对快速时间分辨光谱测量中探测器的要求。目前傅里叶变化光谱测量技术可实现的时间分辨能力已达 2.5 ns。当然，在太赫兹频段，要实现 2.5 ns 的时间分辨测量，还需要解决小尺寸 THz QWP 和高效光耦合结构的制备以及器件的高速封装技术。可以预见，在解决了 THz QWP 的高速封装及快速放大电路后，太赫兹频段的时间分辨光谱测量技术将得到迅速发展。

4.2.5 器件光谱测量技术

除了在上述材料、功能器件等方面的光谱测量应用外，傅里叶变换光谱测量技术还是太赫兹频段辐射源、探测器工作频率标定的常用仪器。在 3.4.2 节和 3.5.2节中分别介绍了 THz QCL 激光发射谱和 THz QWP 光电流谱的测量，即太赫兹频段的光源、探测模块与光谱仪实现可靠的真空和电学连接后，傅里叶变换光谱测量技术是表征器件光谱的一种稳定可靠手段。不过，在研究器件的一些表面结构特性时，需要对现有的样品固定和光入射方式进行一些改进。比如在测量金属微腔结构 THz QWP 的腔模时，由于器件面积比较小，器件的腔模信号较弱，如果采用 1 mm 以上的入射光斑来进行光谱测量，器件边缘镀金部分的杂散信号会影响腔模的测量结果。

为了解决上述问题，可以采用小孔滤光技术（图 4 - 18），即在器件表面之上

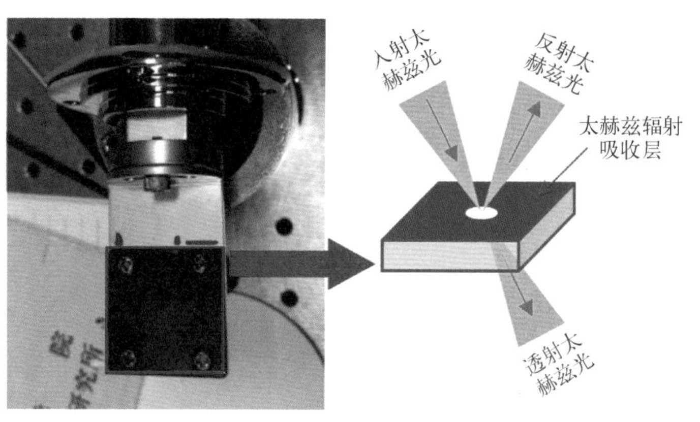

图 4 - 18 基于太赫兹辐射吸收材料涂覆的小孔滤光技术

固定一个比器件尺寸略大一点的小孔，孔径尺寸约为入射波长的5倍，并在靠近入射光的这一面采用太赫兹辐射的吸收材料，使得入射的太赫兹光束中，只有与器件微腔结构区域相互作用的太赫兹辐射被反射回来，其余的光束被涂覆材料吸收或者被小孔边缘散射掉。当然，在实际测量时，小孔位置与器件微腔结构区域的对准是测量的关键，这一点可以采用显微镜来进行辅助对准，对准后 THz QWP 微腔结构的显微照片如图 4－19 所示。

图 4－19 THz QWP 微腔结构与滤光小孔的显微对准结果

4.3 太赫兹时域谱技术

从上一节的介绍来看，傅里叶变换光谱测量技术常用的频率范围可以覆盖 1 THz 以上，而且在 2 THz 以上的测量精度和信噪比都相对比较理想。不过，对于太赫兹频段来说，其定义中还有很大一部分频谱范围在 2 THz 以下。从原理上来看，傅里叶变换光谱测量方法完全可以覆盖 2 THz 以下的频率范围。不过，受部件材料的限制，要完成这个频段的测量需要更换 3 种厚度(分别是 25 μm、50 μm 和 125 μm)的 Mylar 膜分束器，测量过程较为复杂和烦琐。此外，由于分束器的厚度较大，这个频段的高信噪比测量需要用到低温 Si－测辐射热计才能实现，无疑增加了光谱测量的难度和复杂度。所以，常规傅里叶变换光谱仪的用途主要集中在近红外、中红外、远红外和 2 THz 频段以上的光谱测量，配置了低温 Si－测辐射热计的情况下可以扩展至 1 THz 频段。

太赫兹时域谱测量技术是研究材料样品在 0.05～4.5 THz 频段内折射率、吸收系数以及指纹谱特性的重要手段。一些重要物质，如毒品、爆炸物等危险品和其他大分子物质在该频段均有很明显的特征(指纹)谱。同时，由于时域光谱中太赫兹辐射脉冲的超短时域特性，也是太赫兹频段时间分辨谱测量的重要手段之一[10, 12]。

4.3.1 工作原理

太赫兹时域谱技术的原理是利用飞秒激光脉冲同时泵浦发射天线和接收天线，接收天线探测到带有被测物质信息的太赫兹时域电场强度，并把得到的太赫兹时域波形进行快速傅里叶变换后得到太赫兹辐射的强度和相位信息，通过对上述信息进行分析处理，最后得到被测物质的折射率、吸收系数及频域上的能量分布(光谱)。太赫兹时域谱测量系统的光路及工作原理示意图如图4-20所示。该系统主要由飞秒激光器、太赫兹发射天线、太赫兹探测天线和延迟线等组成，飞秒激光器输出的飞秒脉冲被分束片分成两束，其中能量较大的一束作为泵浦光激发太赫兹发射天线，以产生太赫兹脉冲辐射，经四个OAP反射镜后会聚至太赫兹探测天线上；能量相对较小的一束飞秒激光作为探测光，与携带样品信息的脉冲太赫兹辐射会合后一起入射到太赫兹探测天线上，通过精确调节延迟线，改变探测光与脉冲太赫兹辐射间的相对时延，再通过采集可以得到脉冲太赫兹辐射的时域波形，时域信号经快速傅里叶变换后计算得出被测信号的频域谱信息。

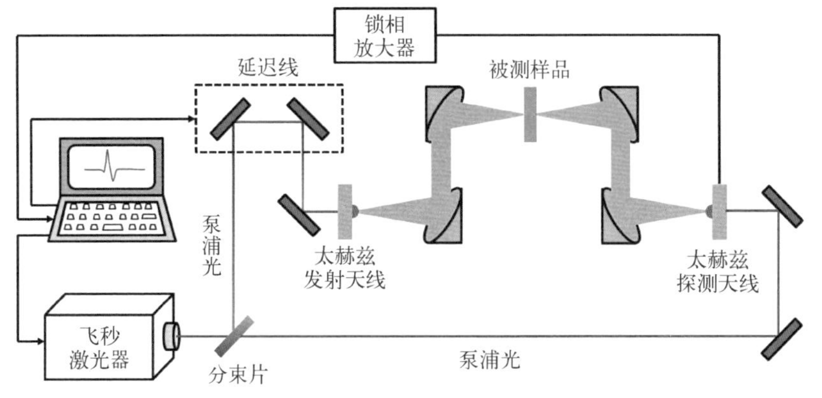

图4-20 太赫兹时域谱测量系统的光路及工作原理示意图

4.3.2 技术特点与测量举例

1. 技术特点

在实际系统的构建过程中，上述四个OAP反射镜也可以用两组太赫兹透镜来代替，只不过OAP反射镜的能量损耗小，对于输出功率较弱的发射天线来说，

OAP 反射镜的光路结构更为合适。此外，在需要缩小光谱系统体积，提高其紧凑性的应用场合，光纤飞秒激光器被用来代替自由空间飞秒激光器，以达到减小系统质量和体积的目的。

由于时域谱技术中泵浦光激发的太赫兹脉冲属于宽谱辐射源，受限于泵浦材料表面电子的加速水平，常规太赫兹时域谱的测量范围只能覆盖 0.05～3.5 THz。后来，研究者们通过提高发射天线的工作性能，采用光纤式飞秒激光泵浦的方式，并在材料方面采用 InGaAs 光电导天线代替 GaAs 光电导天线，将时域光谱范围的高频端扩展至 4.5 THz。此外，通过将系统的天线探测模式改进为晶体探测模式，还可以将上述时域谱的频谱范围进一步扩展至 6.5 THz 甚至更高[14]。

综上所述，太赫兹时域谱测量技术具有以下几个特点：① 由于测量系统采用准相干测量方式，因此能够获得所测电场的幅度和相位，从而在信号分析时方便提取样品的折射率、吸收系数、介电常数等光学参数；② 理论测量带宽可覆盖 0.05～10 THz，受限于系统的整体性能，实际测量过程中真正有效的范围在 0.05～4.5 THz；③ 相比传统傅里叶变换光谱中的幅度测量方式，时域谱测量技术采用准相干探测方式，测量的动态范围更大，最高可达 5 个数量级的光电流信噪比，对应能量尺度的信噪比可达 100 dB 左右，远高于傅里叶变换光谱测量技术中的信噪比，高信噪比的另一个优点是可以减少扫描时间，从而提高系统的稳定性；④ 太赫兹时域脉冲皮秒量级的时间尺度使其具有非常好的瞬态特性，可方便地对各种材料包括液体、固体等进行时间分辨光谱的测量与研究，通过取样测量技术，还可以有效抑制背景辐射噪声的干扰。

2. 测量实例

图 4－21 是大气环境下，光纤式太赫兹时域谱系统的空载背景谱。由图可知，在没有放入任何样品时，测量得到了大气环境下的信号光谱，测量结果展现出了一些明显的水汽吸收峰；此外，从图中还可以看出，系统在大气环境下的信噪比并不理想。在实现方式上，除了单一的泵浦激光束外，研究者们还开发了基于异步扫描的高分辨太赫兹时域谱测量技术，将传统时域谱测量的光谱分辨率

由 5 GHz 提高至接近 1 GHz，大大提高了太赫兹时域谱测量技术的应用优势[14]。

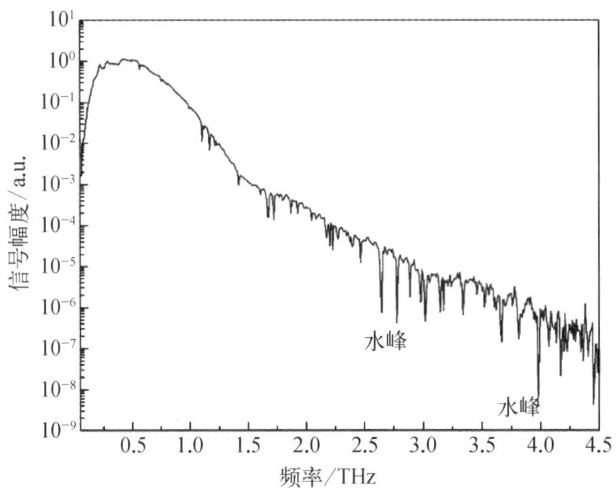

图 4-21 大气环境下光纤式太赫兹时域谱系统的空载背景谱

4.3.3 泵浦-探测技术

泵浦-探测技术与时域谱技术类似，是一种通过调节激光光程差来获得时延，进而实现时域探测的激光技术。传统泵浦-探测技术的光路及工作原理如图 4-22 所示，飞秒激光器发出的激光(波长通常为 780 nm、800 nm 或 1 560 nm)，经过光学分束片之后分为两束，一束透过分束片，通常定义为泵浦光，另一束被分束片反射，通常定义为探测光，两束光之间通过一个时间延迟系统来调节泵浦光和探测光之间的延迟时间(Δt)。利用不同光学材料中因非线性机制导致的形成时间和回复时间差异，可以研究和区分材料的光学非线性响应机制，进而计算得到其表面的载流子寿命等参数。如图 4-22 所示，泵浦光与探测光均作用于材料的相同区域，泵浦光强度较强，样品在强光照射下产生非线性光学响应，此时材料的性质发生了改变，对经过的探测光形成调制。通过调节泵浦光和探测光的光程差(对应于延迟时间差)，在不同时延下测量样品的透过特性，从而获得该材料的非线性动力学过程。根据被测样品信息来源和测量方式，可在反射和透射位置分别放置探测器进行信号光收集，从而分别得到样品的反射和透射信息。

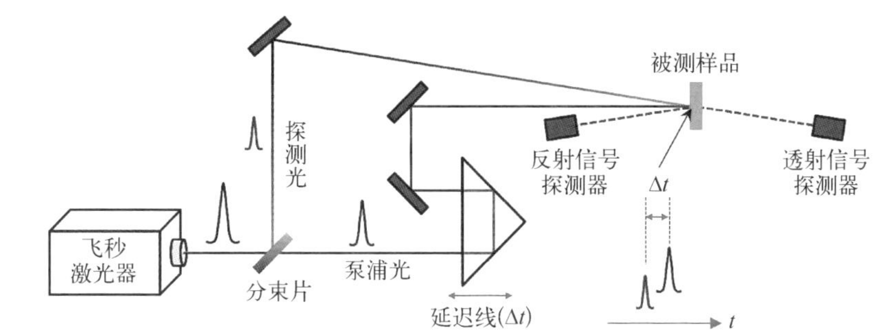

图 4-22
泵浦-探测技术的光路及工作原理示意图

根据泵浦-探测原理，在 4.3.1 节介绍的太赫兹时域谱测量技术中，其时间分辨功能就是通过将常规时域谱测量系统与泵浦-探测系统进行有机结合后实现的。根据泵浦光和探测光的频段差异，在太赫兹材料的非线性特性研究中，通常将泵浦-探测技术分为三种，即光泵浦-光探测、光泵浦-太赫兹探测和太赫兹泵浦-太赫兹探测。

光泵浦-光探测是传统的时间分辨测量技术，通常用来研究各种材料在 780 nm、800 nn 或者 1 560 nm 泵浦光激发下，材料中的载流子寿命。光泵浦-太赫兹探测则是研究材料在太赫兹频段载流子动力学特性的重要手段。太赫兹泵浦-太赫兹探测是近期出现的一种太赫兹激光技术，它除了研究材料在太赫兹频段的动力学特性之外，还可以通过 Z 扫描测量，研究二维材料在太赫兹频段的饱和吸收性能，为太赫兹光放大技术提供潜在的实现途径。

THz QCL 是太赫兹频段能量效率较高的一种激光器，目前的有效输出功率可以达到几十毫瓦甚至上百毫瓦，器件输出激光作用于样品上的光斑直径按 200 μm 计算，则能量密度可达 200 W/cm^2 以上，基本满足用于分析材料非线性效应研究所需要的能量密度。将图 4-22 中的飞秒激光器换成大功率的 THz QCL，将探测端换成高灵敏的太赫兹探测器，上述泵浦-探测装置可以用来对材料进行太赫兹频段的时间分辨研究。

上述三种泵浦-探测技术中，光泵浦-太赫兹探测是当前相对成熟且常用于太赫兹频段材料载流子动力学研究的一种时间分辨测量技术。由于太赫兹光子能量低，它对半导体材料中载流子的变化和分布十分敏感，当激光激发半导体材料时，材料中被激发的电子和空穴会占据一些能态，使得太赫兹光经过样品后，其透过率降低，随着载流子的复合，太赫兹光的透过率会慢慢增加，通过对太赫兹光瞬态透射谱的分析和研究可以获得半导体中非平衡载流子的动力学过程。因此，光泵浦-太赫兹探测非常适合用于研究半导体中的超快载流子动力学。

下面以低温生长 GaAs 材料（LT - GaAs）的载流子动力学研究为例，对光泵浦-太赫兹探测技术进行详细介绍。测量装置采用的是图 4 - 23 所示的标准光抽运-太赫兹探测（OPTP）实验装置[15]，实验过程中用到的光源来自钛宝石激光器，激光脉冲宽度约为 120 fs，中心波长为 800 nm，脉冲的重复频率为 1 kHz。由图可知，上述时间分辨的太赫兹光谱测量系统是利用同步产生的红外抽运脉冲和太赫兹探测脉冲来实现测量的。测量时，入射超快激光脉冲被分成产生光（产生 THz 辐射）、抽运光和探测光。OPTP 系统的数据采集过程可分别扫描两条延迟线，既能观测时域波形中某一点的太赫兹透射强度随着时间延迟（抽运光束和产生光束）变化而变化的情况，又能在确定抽运光和太赫兹辐射之间时延的情况下，扫描样品完整的太赫兹时域波形；4 个 OAP 反射镜（PM1、PM2、PM3、

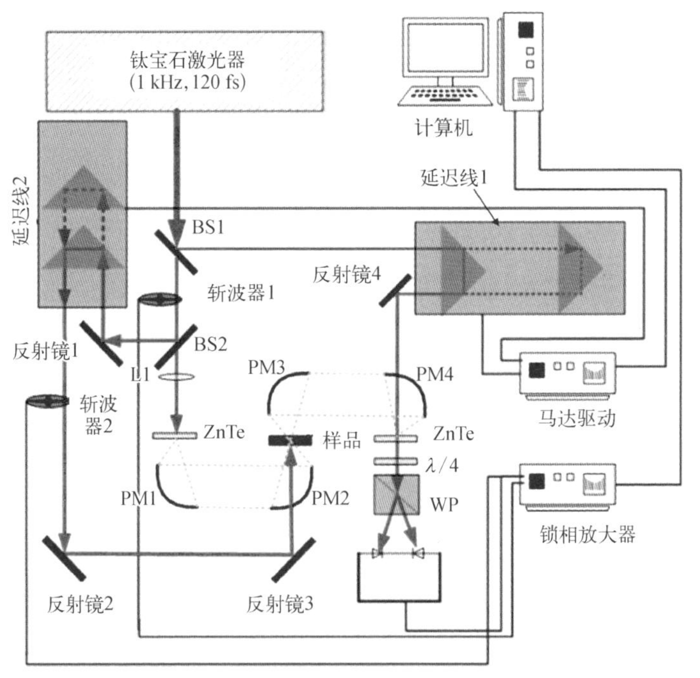

图 4 - 23 LT - GaAs 载流子寿命测量过程中的泵浦-探测光路与信号收集示意图[15]

PM4)分别用于太赫兹光束的准直和会聚;样品处太赫兹光斑直径为 1 mm,抽运光的光斑尺寸为 3 mm;太赫兹辐射的产生和探测由两片<110>取向的 ZnTe 晶体来实现。

采用上述方法系统研究了 LT-GaAs 受激载流子的超快动力学过程[15]。图 4-24(a)给出了不同抽运功率下太赫兹瞬态透过率的变化。当抽运功率为 1.5 μJ/cm^{2}时,样品处于非饱和状态,响应曲线分为三个过程。上升过程对应光激发样品产生大量自由电子使太赫兹透过率迅速降低,此时 $\Delta T/T$ 迅速变小,相应的 σ_s 迅速增大;随后的快速回复过程对应于 LT-GaAs 中缺陷快速捕获自由电子的过程,这个过程中太赫兹透过率迅速恢复,即 σ_s 迅速减小;最后一个慢过程源于电子-空穴对的复合过程,该过程时间较长。图 4-24(a)表明,抽运功率在 1.5~5 μJ/cm^{2}时,样品的光激发薄层电导率线性增加;当抽运功率为 15 μJ/cm^{2}时,上述电导率接近饱和状态;当抽运功率增加至 60 μJ/cm^{2}时,样品的光激发薄

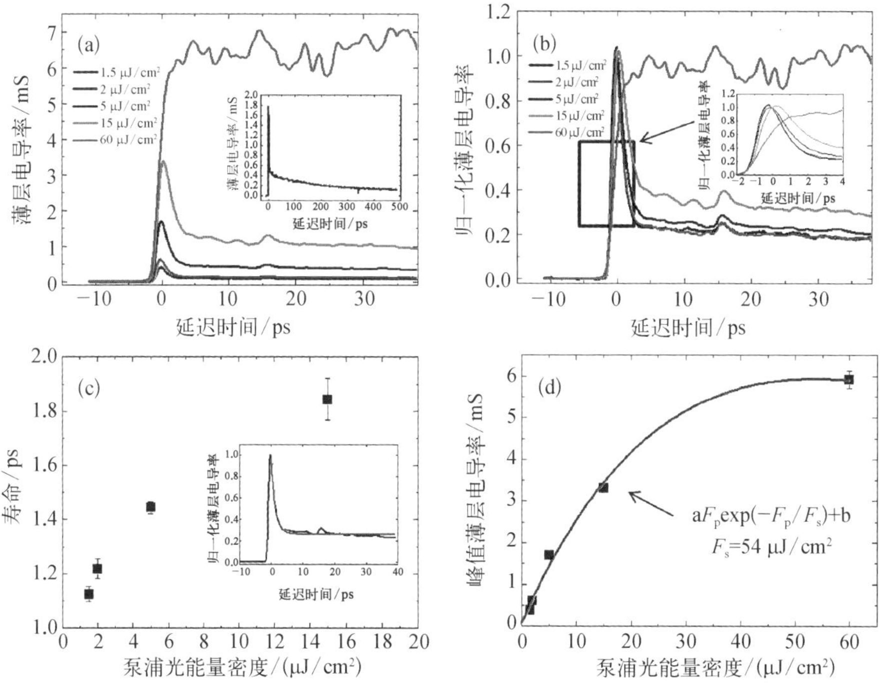

图 4-24 LT-GaAs 载流子动力学研究实验测量与理论拟合结果

(a) 不同抽运光强下光诱导薄层电导率 σ_s 的载流子动力学,插图为较长时间尺度下的实验数据;(b) 归一化光诱导薄层电导率 σ_s 的载流子动力学,插图为快过程放大图;(c) 快过程寿命随抽运功率关系,插图为单指数拟合曲线;(d) 薄层电导率 σ_s 的峰值随抽运功率的变化关系[15]

层电导率已完全饱和。由于 LT-GaAs 内部缺陷数量有限，当光生自由载流子将缺陷填满时，LT-GaAs 就不再具备捕获载流子的能力。因此，可通过增加缺陷数量来进一步提高 LT-GaAs 中载流子的饱和光强。图 4-24(a)中的插图为 500 ps 窗口下的泵浦-探测动力学过程，自由电子在快速捕获过程之后会有个很长时间的慢弛豫过程，上述结果表明这个慢过程的时间大于 500 ps。图 4-24(b)为图 4-24(a)的归一化曲线[15]。

图 4-24(c)给出了拟合的快过程寿命随抽运功率的关系，插图中给出了抽运功率为 5 μJ/cm^{2}时的单指数拟合曲线，拟合结果与实验数据吻合得很好；此外，由图可知，抽运功率越高时，缺陷捕获快过程越慢。这是由于在高的抽运功率下，载流子的浓度较高，导致电子间的库仑相互作用部分屏蔽了缺陷对电子的捕获概率[15]。

图 4-24(d)是光激发薄层电导率峰值随抽运功率的变化关系图。可以用下列关系式拟合[16,17]

$$\sigma_s = aF_p \exp[-F_p/F_s] + b \tag{4-7}$$

式中，F_p 为抽运功率；F_s 为可吸收饱和光强；a 和 b 为常数。拟合曲线给出的饱和光强大小为 54 μJ/cm^2。通过饱和光强可以得出线性区域的范围。此外，在 LT-GaAs 的载流子捕获快过程中，捕获时间随抽运光强增加而变长，也是因为载流子浓度变大时，电子间的库仑相互作用部分屏蔽了缺陷对电子的捕获概率。此外，还结合理论模型研究了 LT-GaAs 中光诱导电导率的色散关系，结果表明，LT-GaAs 内部载流子的散射时间随抽运光强增加和延迟时间变长而增加，这主要源于电子-电子散射和电子-杂质缺陷散射等微观结构的共同贡献。

上述对 LT-GaAs 材料中载流子寿命的测量与分析充分表明了泵浦-探测技术在研究太赫兹光电导天线材料性能方面的重要作用，也展示了其在时间分辨测量中的巨大潜力。

4.4 太赫兹频域谱技术

太赫兹频域谱技术在需要高谱分辨率的体系(如气体检测)和需要研究单频

响应方面的物理体系(如分子磁体、超导体)中有重要的应用。与时域谱技术和傅里叶变换光谱技术相比,太赫兹频域谱技术除了可以实现更高的频谱分辨率(10 MHz 量级),还可以测定物质的透射谱、反射谱等,获得物质在太赫兹频段的折射系数、介电常数等,是探索凝聚态物质内部结构性质的重要手段。

4.4.1 工作原理

太赫兹频域谱技术是相对于时域谱技术来说的,传统太赫兹频域谱技术是指通过电控或者其他控制的办法,使太赫兹源每一时刻输出一个频率(波长)的辐射,探测端对经过样品后的单频辐射信号进行探测后,辐射源扫描至下一频率输出,并重复前一步骤。根据辐射源的工作频率范围,依次从低频扫描至高频,将每个频率下探测到的样品信号按频率分布进行处理,即可得到被测样品在所有频率处的透过信号谱。上述频域谱测量过程中常用的辐射源和探测器分别包括太赫兹返波管和热探测器。

目前常用的太赫兹频域谱系统指的是通过两个可调谐激光器耦合输出具有一定频率差异的激光,入射到半导体芯片或晶体上形成太赫兹频段的差频输出,探测端对逐个频点的太赫兹辐射信号进行收集,得到对应于太赫兹频谱范围的光谱信息,其工作原理和光路示意图如图 4-25 所示。由图可知,频域谱测量装置由两个可调谐半导体激光器、两个 GaAs 混频器(一个作为发射源,一个作为探测器)、锁相放大探测装置、供电装置组成。具体工作原理为:来自两个可调谐半导体激光器的光束先会合进行激光拍频,然后进行分束,其中一束入射到加有偏压的 GaAs 混频器(发射源)上,产生太赫兹辐射,该辐射经过样品后到达被另一分束激光激发的 GaAs 混频器(探测器)上,两者混频之后产生相应的光电流信号,将产生的光电流信号进行提取和锁相放大,并通过软件控制两个可调谐激光器的波长范围,产生连续可调的混频频率输出,同时对产生的光电流信号进行放大和采集,最后在计算机上得到全谱扫描的太赫兹频域谱。由于上述光谱测量过程采用的是相干探测,能同时探测到太赫兹辐射经过样品后的信号幅度和相位信息。所以,这种频域谱的测量方式,不仅拥有传统频域谱系统中的所有优点,而且可调谐激光器、GaAs 混频器等装置体积小、易集成,可大大缩小系统的体积。根据太赫兹辐射源和探测芯片的不同，发射源还可以采用基于 InGaAs 体材料的单行载流子光电二极管（UTC－PD），对应的探测器采用肖特基二极管等，系统的工作频率可覆盖 0.1～2 THz[18]。

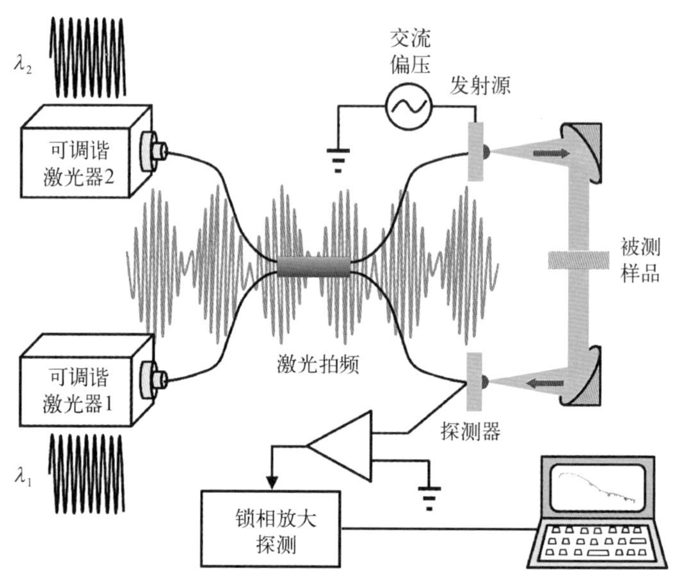

图 4－25 太赫兹频域谱的工作原理及光路示意图

4.4.2 技术特点与测量举例

1. 技术特点

与太赫兹时域谱技术相比，太赫兹频域谱技术有着自己的特点。首先，频域谱系统可以测量样品对某一特定频率太赫兹辐射的响应时间或者其他物理量的连续变化曲线，即可以进行定频测量；其次，频域光谱测量的谱分辨率较高，可达 10 MHz 量级，远高于时域谱测量的谱分辨率（GHz 量级）；最后，频域光谱仪测量时可直接根据样品信息得到其太赫兹光谱，无须像时域光谱仪和傅里叶变换光谱仪那样进行傅里叶变换等烦琐的数据处理过程，有效减少了系统误差，提高了实验结果的可靠性。因此，基于光学混频的频域谱测量技术在 0.05～2 THz 的太赫兹光谱测量中更具优势，且随着紧凑型光纤式可调谐激光器的出现，系统的紧凑性和集成度均要优于傅里叶变换光谱测量系统。

当然，目前的频域谱仪也存在着一些尚未解决的问题。首先，在高频太赫兹频段，尤其是 2 THz 以上频段的辐射能量较弱，且不管是直接探测技术还是相干探测技术都达不到理想的信噪比；其次，可测量的频谱带宽要比时域谱技术窄很多；最后，上述基于混频原理的系统中，由于非线性效应的能量转换效率很低，难以胜任需要大功率太赫兹辐射源的应用场合。不过，随着单模可调谐 THz QCL 的逐渐成熟，有望在未来实现基于 THz QCL 和 THz QWP 的快速扫描频域谱测量系统，有效弥补 2 THz 以上频域谱测量系统信噪比差的缺点，提高太赫兹频域谱的应用优势。

2. 测量实例

可调谐激光器的工作频率与频域谱系统所使用的光纤有关，常见的光纤种类包括 850 nm 和 1 560 nm。可调谐激光器的输出波长由其装置内部的精确温度控制来实现，即不同温度下其输出的激光波长不一样，调谐的精度换算成频率即对应于 10 MHz 量级。不过，在实际测量时，根据测量的频谱分辨率和测量时间需求，并不一定都要用到激光器的最优可调谐精度。

图 4-26 为大气环境、外罩密封和充氮条件下，太赫兹频域谱测量系统的空载信号谱测量结果。系统使用的可调谐激光器中心波长为 850 nm，测量的频率分辨率设置为 200 MHz。由图可知，在大气环境和密封罩环境下，在 1.101 THz、1.167 THz 和 1.414 THz 处均测量得到了明显的水汽吸收峰，由插图的数

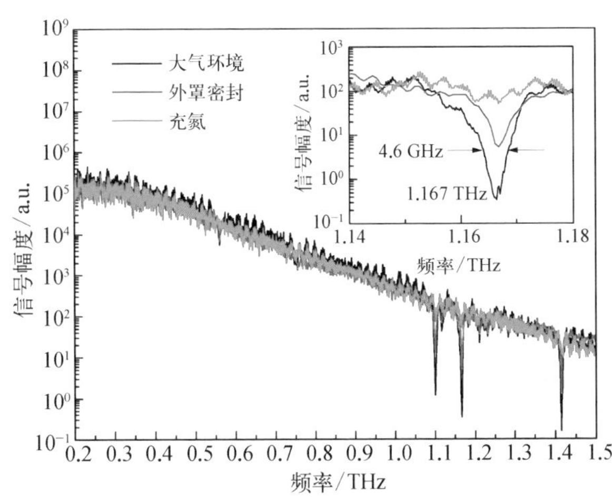

图 4-26 三种不同环境下，太赫兹频域谱测量系统的空载信号谱

据分析得出 1.167 THz 附近的水峰半高宽为 4.6 GHz。以上测量结果说明，频域谱系统具有非常高的谱分辨率，同时其测量速度由混频激光器输出激光波长的调节速度决定。

4.5 小结

本章主要介绍了太赫兹频段三种主流光谱测量技术的系统组成和工作原理，讨论了其工作特点、系统优化和性能差异，并通过测量实例介绍了太赫兹光谱的测量过程与结果分析。傅里叶变换太赫兹光谱测量技术作为传统的光谱技术是测量 1.5～10 THz 范围内的主要手段；太赫兹时域谱测量技术则是 0.05～4.5 THz 频段研究物质特征谱和时间特性的重要手段；太赫兹频域谱测量技术则是 0.05～2 THz 频段研究物质精细谱特征的主要手段。太赫兹频域谱和太赫兹时域谱在产生原理、性能特点上有较大差异，从而决定了两者不同的应用领域。太赫兹时域谱具有频谱范围宽、测量速度快等特点，适用于对固体、液体样品进行光谱测量分析；太赫兹频域谱作为一种新兴的光谱探测技术，具有频率分辨率高、无须后续复杂的数据处理等优势，适合于对气体等样品进行探测。当然，随着技术的发展，太赫兹频域谱技术定将不断得到完善，通过与太赫兹时域谱和傅里叶变换光谱技术的有机结合，实现频谱分辨高、频段全和测量速度快，且具备宽谱粗扫和窄谱精扫功能的太赫兹光谱测量技术，为太赫兹技术的发展提供强大的光谱测量手段。

参考文献

[1] Griffiths P R, Haseth J A de. Fourier transform infrared spectrometry. New York: John Wiley & Sons, 1986.

[2] 张永刚，顾溢，马英杰.半导体光谱测试方法与技术.北京：科学出版社，2016.

[3] Tan Z Y, Cao J C. Spectra research on an AlGaAs epitaxial material for a terahertz quantum-cascade laser. Journal of the Korean Physical Society, 2012, 60(8):

1267 – 1269.

[4] Schneider H, Liu H C. Quantum well infrared photodetectors: Physics and applications. Berlin: Springer, 2006.

[5] Blakemore J S. Semiconducting and other major properties of gallium arsenide. Journal of Applied Physics, 1982, 53(10): R123 – R181.

[6] Lee I, Goodnick S M, Gulia M, et al. Microscopic calculation of the electron-optical-phonon interaction in ultrathin GaAs/$Al_xGa_{1-x}As$ alloy quantum-well systems. Physical Review B, 1995, 51(11): 7046 – 7057.

[7] Luo X Q, Tan Z Y, Wang C, et al. A reflecting-type highly efficient terahertz cross-polarization converter based on metamaterials. Chinese Optics Letters, 2019, 17(9): 93101.

[8] Durry G, Guelachvili G. High-information time-resolved step-scan Fourier interferometer. Applied Optics, 1995, 34(12): 1971 – 1981.

[9] Kötting C, Gerwert K. Proteins in action monitored by time-resolved FTIR spectroscopy. ChemPhysChem, 2005, 6(5): 881 – 888.

[10] Guglietta G W, Diroll B T, Gaulding E A, et al. Lifetime, mobility, and diffusion of photoexcited carriers in ligand-exchanged lead selenide nanocrystal films measured by time-resolved terahertz spectroscopy. ACS Nano, 2015, 9(2): 1820 – 1828.

[11] Smith G D, Palmer R A. Fast time-resolved mid-infrared spectroscopy using an interferometer. New York: Wiley, 2002.

[12] Ulbricht R, Hendry E, Shan J, et al. Carrier dynamics in semiconductors studied with time-resolved terahertz spectroscopy. Reviews of Modern Physics, 2011, 83(2): 543 – 586.

[13] Grant P D, Dudek R, Buchanan M, et al. Room-temperature heterodyne detection up to 110 GHz with a quantum-well infrared photodetector. IEEE Photonics Technology Letters, 2006, 18(21): 2218 – 2220.

[14] Klatt G, Gebs R, Schäfer H, et al. High-resolution terahertz spectrometer. IEEE Journal of Selected Topics in Quantum Electronics, 2011, 17(1): 159 – 168.

[15] 樊正富,谭智勇,万文坚,等.低温生长砷化镓的超快光抽运-太赫兹探测光谱.物理学报,2017,66(8): 336 – 342.

[16] Porte H P, Jepsen P Uhd, Daghestani N, et al. Ultrafast release and capture of carriers in InGaAs/GaAs quantum dots observed by time-resolved terahertz spectroscopy. Applied Physics Letters, 2009, 94(26): 262104.

[17] Haiml M, Grange R, Keller U. Optical characterization of semiconductor saturable absorbers. Applied Physics B: Lasers and Optics, 2004, 79(3): 331 – 339.

[18] Kim J -Y, Song H -J, Yaita M, et al. CW – THz vector spectroscopy and imaging system based on 1.55-μm fiber-optics. Optics Express, 2014, 22(2): 1735 – 1741.

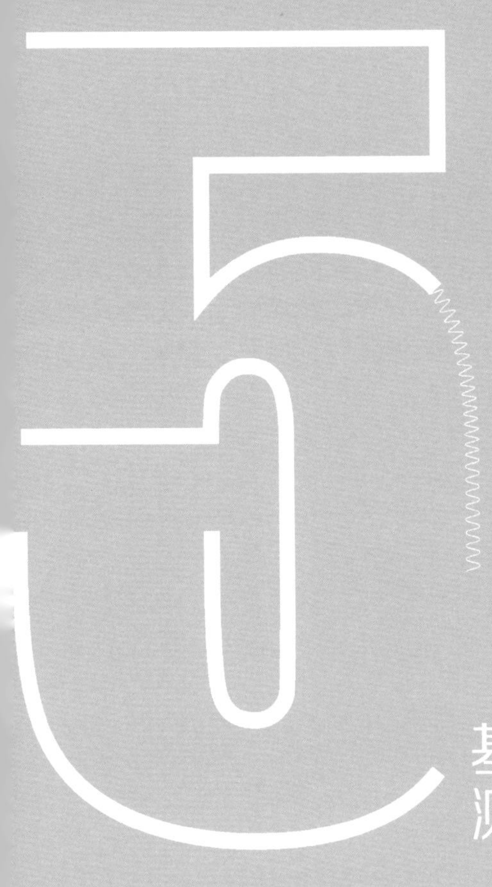

15 基于太赫兹量子器件的测试技术及应用

5.1 引言

太赫兹光电测试技术是太赫兹辐射实现应用的基础技术，涵盖了太赫兹频段光电器件表征、光谱测量、光束改善以及通信和成像应用等多个方面，在太赫兹应用领域中发挥着重要作用。随着太赫兹辐射源、探测技术的发展，上述太赫兹频段的光电表征技术得以快速发展，并在脉冲激光功率的精确测量、探测器峰值响应率标定、阵列探测器标定、太赫兹光纤损耗测量和偏振光测量与转换方面取得了很好的效果。其中光谱测量技术、基于阵列探测器的光束测量和光路校准技术、功率测量技术以及器件电学参数的分析，都在无线信号传输和成像应用中发挥了重要作用。本章主要介绍基于太赫兹量子器件的光电测试技术及其在无线信号传输和成像系统中的应用。

5.2 基于太赫兹量子器件的光电测试技术

光电表征技术是太赫兹应用技术的重要基础，涵盖了诸如太赫兹光电器件性能表征、光路校准与光束改善、光谱测量、激光调制与解调、通信与成像应用等多个层面。随着材料科学、激光技术和能带工程的发展，紧凑型的太赫兹辐射源和探测器逐渐出现并获得性能上的不断改善[1-3]，太赫兹频段的光电表征手段被逐步迭代更新，一些传统方法难以准确测量的物理参数可以较为方便地获得。

THz QCL 和 THz QWP 是高频太赫兹频段光电表征技术的两个重要器件，在太赫兹脉冲功率测量、探测器响应率标定以及太赫兹快速调制与探测方面有着独特的优势。本节首先介绍太赫兹频段激光器脉冲功率测量、探测器响应率标定中的一些不足，提出基于太赫兹量子器件的解决办法；然后介绍太赫兹频段阵列探测器的标定技术、基于太赫兹激光器的空芯光纤损耗测量技术；最后介绍太赫兹量子器件在偏振光测量与偏振转换中的应用，同时给出了上述表征技术中需要改进的几个方面。

5.2.1 脉冲太赫兹激光测量

1. 发射谱

脉冲激射是 THz QCL 的一种常用工作模式，脉冲激射 THz QCL 的发射谱可以采用 4.2 节介绍的傅里叶变换光谱仪进行测量，但光谱测量时通常用室温热探测器来完成，由于热探测器的时间常数在几十毫秒量级，对于电脉冲驱动下(重复频率约为 10 kHz、脉宽约为 5 μs)THz QCL 输出的激光来说，热探测器只能得到脉冲激光能量在时间上的平均值，即能量包络，实际测得的激射光谱是对脉冲能量的平均值进行处理并通过傅里叶变换后得出的。上述测量过程中，斩波器的影响较大，会使实际测量到的发射谱发生一定形变，尤其是在光谱测量速度变快、热探测器来不及响应时，这一点尤为明显。为了能快速、准确且在不使用斩波器同步的情况下测量脉冲激射 THz QCL 的发射谱，需要采用具备快速探测能力的太赫兹探测器。这种探测器除了选择光谱仪的外置低温测辐射热计探测器外，THz QWP 也是一个很好的选择。

图 5-1 所示为峰值探测频率为 3.22 THz 的 QWP 光电流谱与多个 THz QCL 发射谱的归一化光谱对比图。由图可知，探测器的光电流谱在频域上完全覆盖了三个 THz QCL 的发射谱，而 THz QWP 恰好是一种具有 GHz 快速响应能力的探测器，因此非常适合脉冲激射 THz QCL 发射谱的测量[4]。

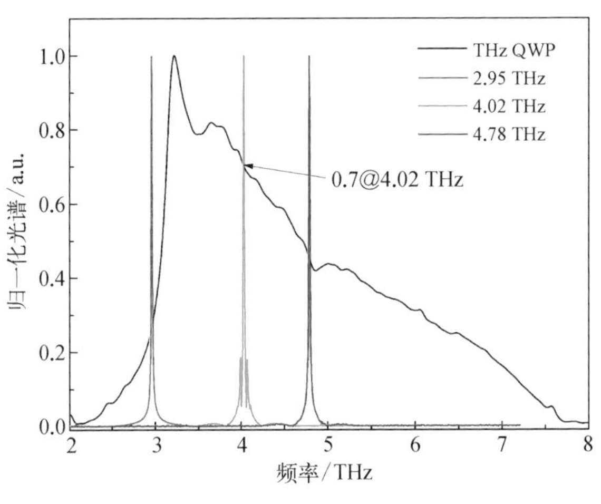

图 5-1 THz QCL 发射谱与 THz QWP 光电流谱的归一化光谱对比图

将上述探测器及其冷却装置与傅里叶变换光谱仪进行真空结合，测量了一个中心工作频率为 4.1 THz 的 QCL 的发射谱，并与传统热探测器的测量结果进行了对比，对比结果如图 5－2 所示。从对比结果看出，在光谱仪采用相同参数设置的情况下，采用 THz QWP 测量得到的激光器发射谱更加尖锐，其谱峰半高宽更小，因而更接近实际的发射谱谱形[4]。

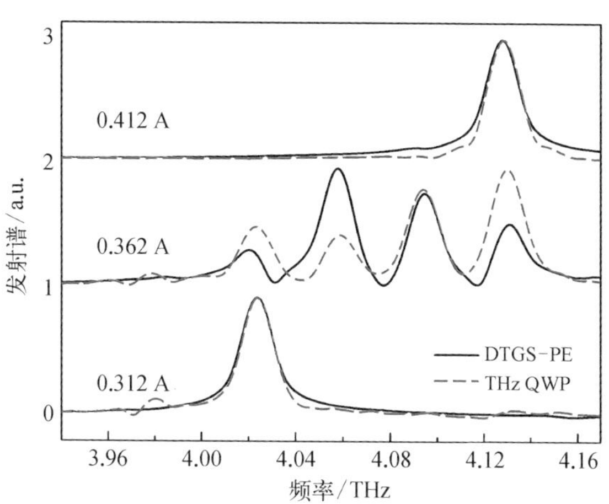

图 5－2 采用 THz QWP (虚线)和 DTGS－PE(实线)测量到的不同驱动电流下 THz QCL 的发射谱[4]

2. 脉冲峰值功率

输出功率是器件应用的重要性能指标，器件及其装置输出功率的大小直接决定了其应用领域和范围。因此，如何精确地测量出器件的有效输出功率是器件应用之前的重要环节。在传统方法中，脉冲太赫兹激光输出功率的测量通常采用热探测器，先测量脉冲激光的平均功率，再根据脉冲激光的持续时间和占空比，计算得到脉冲激光的峰值功率，比如采用热释电探测器测量得到脉冲激光的平均功率为 1 mW，脉冲激光的重复频率为 10 kHz，脉宽为 5 μs，则激光脉冲的占空比为 5%，计算得到脉冲激光的峰值功率为 1 mW/5%＝20 mW。然而，由于上述测量过程中使用的热探测器的时间常数通常为 10～100 ms 量级，响应速度非常慢，导致测量得到的平均功率会因激光脉冲的重复频率和脉宽的不同(相同占空比)而出现较大差异，计算结果并不能精确地反映太赫兹激光脉冲的实际峰值功率。

为了能更准确地表征激光的峰值脉冲功率，采用具有快速响应特性的 THz QWP 和 OAP 反射镜来直接表征激光脉冲的峰值功率。采用 THz QWP 测量 THz QCL 脉冲输出功率时，无须像热探测器那样进行包络积分，可直接根据探测器的响应幅度和响应率，计算得到激光脉冲的峰值功率，测量装置如图 5-3 所示。

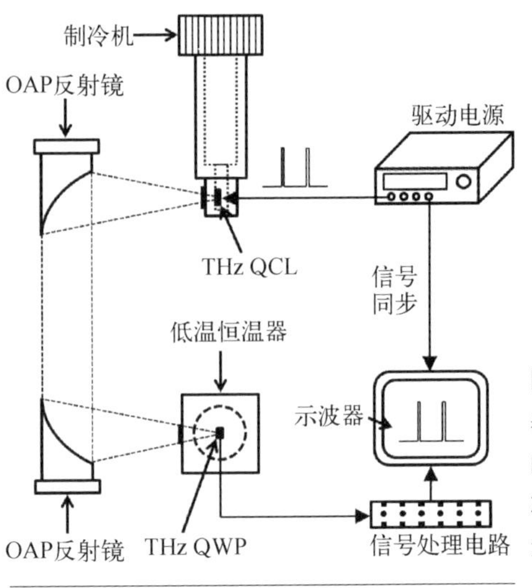

图 5-3
基于 THz QWP 的 THz QCL 脉冲峰值功率测量装置示意图

采用图 5-3 所示装置，测量了一个中心工作频率为 4.2 THz 的 QCL 的脉冲峰值功率。测量过程中，THz QWP 为电流响应率已知的标准探测器，器件响应率曲线如图 5-4 所示。由图可知，THz QWP 在工作温度为 3 K、工作偏压为 30 mV 时的峰值响应率值为 0.52 A/W，对应工作条件下的光电流谱及 THz QCL 的发射谱如图 5-5 所示，由图可知，探测器在 4.16 THz 处的响应幅度为峰值幅度的 0.67，计算得到探测器在4.16 THz处的电流响应率为 0.35 A/W。

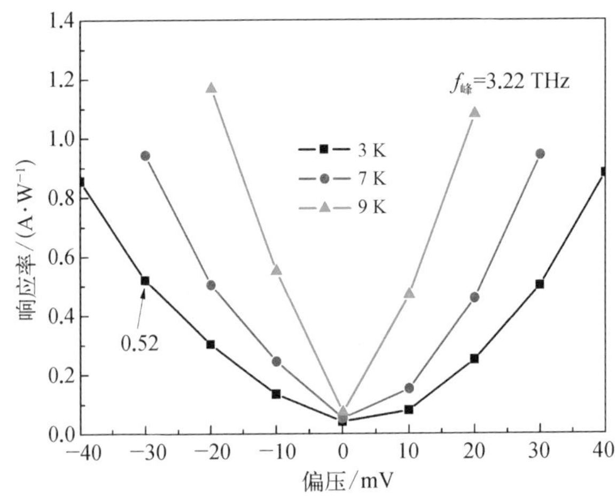

图 5-4
标准 THz QWP 器件响应率曲线

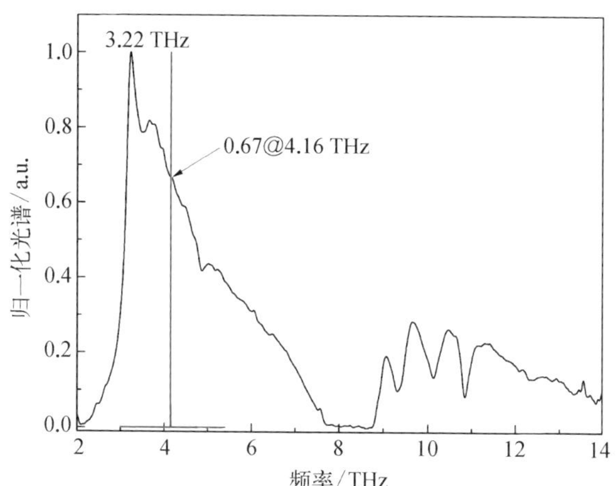

图 5-5
THz QWP 光电流谱与被测脉冲激射 THz QCL 发射谱的光谱对比图

上述装置中 THz QWP 对脉冲激射 THz QCL 输出光的响应信号如图 5-6 所示，图中黄色波形为 THz QWP 响应波形，绿色波形为 THz QCL 驱动电压波形，对应驱动电压为 4.813 V，电脉冲的重复频率为 10 kHz、脉宽为 1 μs。由图 5-6 可知，THz QWP 的响应幅度为 400 mV，电流放大器的灵敏度为 1 mA/V，计算得到 THz QWP 对光信号的响应电流为 0.4 mA，根据其在 4.16 THz 处的响应率，计算得到 THz QWP 探测到的脉冲峰值功率为 1.14 mW。

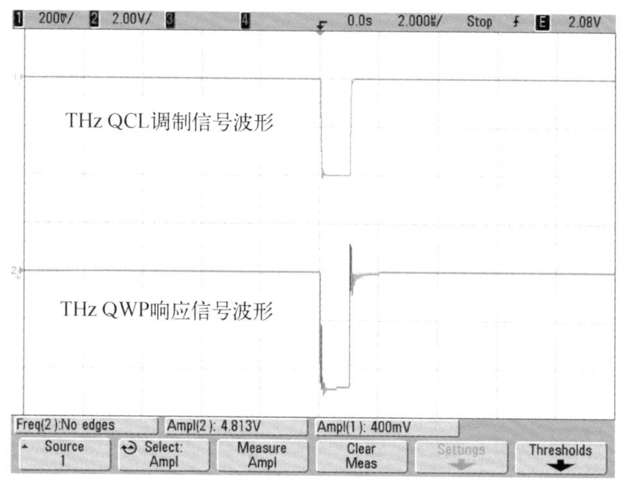

图 5-6
THz QCL 驱动电信号波形（下）和 THz QWP 响应信号波形（上）

以上测量得到的是整个激光源装置输出的有效脉冲峰值功率，当需要计算装置内激光器端面输出功率时，通常还需要考虑制冷装置上太赫兹窗口的吸收。上述制冷装置的窗口为 3 mm 厚的 HDPE，经过光谱测量得出其在 4.16 THz 处的透过率为 0.6(图 5-7)，因此 THz QCL 端面的输出功率为 1.14 mW/0.6=1.90 mW。而实际上，当考虑测量装置和制冷机内部的耦合装置收集效率时，器件端面的脉冲峰值功率应该更大。

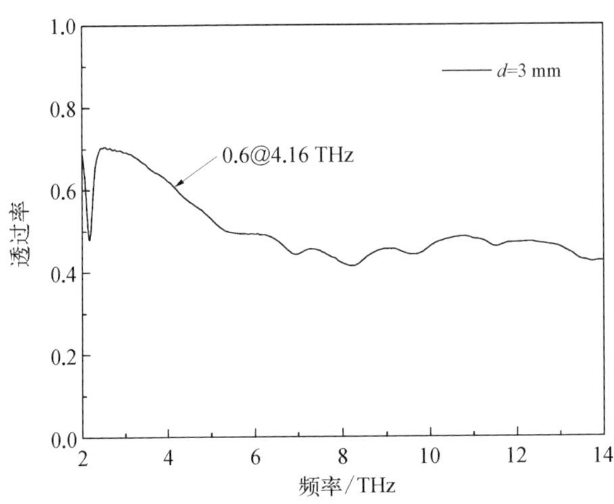

图 5-7 THz QWP 制冷机 3 mm 厚的 HDPE 窗口的太赫兹透过率谱

上述测量装置及测量方法可以快速而准确地计算得到光学镜会聚焦点处太赫兹激光脉冲的峰值功率，进而计算出 THz QCL 端面峰值输出功率，为 THz QCL 脉冲工作性能的表征及其在太赫兹标准光源等方面的应用提供了很好的帮助。

5.2.2 基于单频光源的响应率标定

电流响应率是衡量 THz QWP 工作性能的重要参数之一，其定义为探测器吸收单位光功率后产生的光电流值，单位为 A/W。THz QWP 电流响应率的标定通常沿用红外频段的方法[5]：采用标准黑体作为标定辐射源，结合斩波器、电流放大器和锁相放大器获得一定斩波频率下器件对特定温度黑体辐射的响应幅度，然后通过计算特定温度下标准黑体的辐射能量，由探测器敏感面相对黑体辐射的立体角计算出到达探测器敏感面的辐射功率，再对探测器的光电流谱进行积分，得到峰值探测频率处占光电流谱积分的比值，最后根据该比值、到达探测器敏感面的辐射功率以及锁相放大器显示的响应幅度和放大器的灵敏度(即放大倍数)计算得到探测器的峰值响应率,再根据探测器的光电流谱分布,获得各探测频率处的响应率,详细标定和计算过程参见 3.5.3 节。

不过,制备 THz QWP 所采用的材料为 GaAs/AlGaAs,实际制作的探测器对一部分红外光也有一定的响应,因此在采用标准黑体作为标定辐射源时,红外光尤其是远红外光对器件在太赫兹频段的响应率标定有一定的影响;此外,标定过程通常在大气环境下进行,大气中水汽对太赫兹辐射的吸收峰分布在探测器光电流谱的多个频率点,比如图 1-3 和图 1-4 中 2~7 THz 频段大气吸收较强(透过率小于 3%)的频点包括 2.04 THz、2.20 THz、2.26 THz、2.37 THz、2.46 THz、2.65 THz、2.77 THz、2.88 THz、3.02 THz、3.16 THz、3.33 THz、3.54 THz、3.62 THz、3.65 THz、3.81 THz、3.97 THz、4.19 THz、4.53 THz、4.59 THz、4.69 THz、4.73 THz、5.00 THz、5.11 THz、5.20 THz、5.28 THz、5.32 THz、5.44 THz、5.64 THz、5.83 THz、5.92 THz、6.08 THz、6.25 THz、6.38 THz、6.66 THz、6.71 THz、6.82 THz。因此用一个单一频率的空气透过率值来计算并不能代表实际情况,而是需要将水汽吸收谱和该光电流谱进行对比后做复杂的积分差来扣除大气中水汽吸收的影响,由于水汽吸收谱随环境温度和湿度变化剧烈,标定过程中斩波器的快速转动也会对环境有较大扰动,导致扣除水汽吸收的环节引入较大的偏差;最后,由于探测器需要工作在低温条件,冷却杜瓦上的窗片对响应率测量的影响同样需要从谱的角度来做复杂的积分差计算。因此,沿用红外频段探测器的方法标定 THz QWP 的电流响应率存在较大的误差。

为了消除传统方法中红外背景光和水汽吸收影响,简化器件电流响应率计算过程,下面提出一种基于单频激光源的 THz QWP 电流响应率标定方法,即采用功率可测定的单频激光源作为标定光源,得到探测器在该激光频率处的绝对响应率值,根据探测器归一化光电流谱中各频率的相对幅度大小关系,计算得到其探测频率范围内任意频率处的绝对响应率值,标定装置示意图如图 5-8 所示。

THz QWP 的光电流谱半高宽为 1~3 THz,而目前包括二氧化碳气体激光器和 THz QCL 在内的输出激光线宽均小于 1 MHz,仅为被标定探测器谱宽的百万分之一甚至更小,故用来标定的激光完全可以近似为单频激光,非常适合用来标

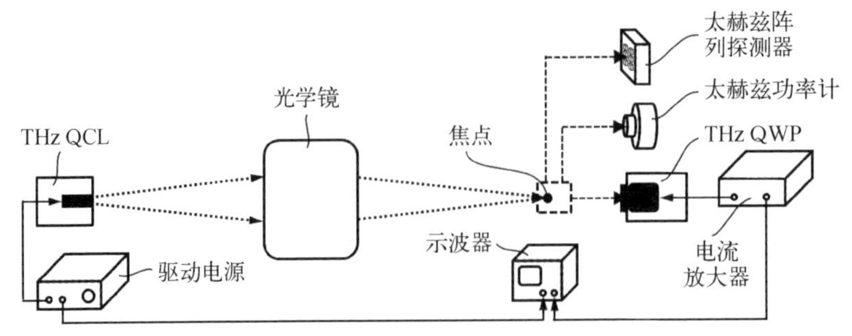

图 5-8
基于单频激
源的 THz QW
电流响应率标
定装置示意图

定 THz QWP 的绝对响应率。比如在图 5-8 所述装置中，直接采用周期调制的单频激光源作为标定光源，分别采用太赫兹功率计和阵列探测器测得到探测器敏感面的太赫兹激光功率和光斑二维能量分布，大大降低了传统标定方法中背景光、水汽吸收的影响，避免了各种谱积分的复杂计算，整个标定过程简单，引入误差小，具有广泛的适用性。

为了验证上述方法，采用一个 4.24 THz 的 QCL 作为单频激光源，对一个峰值探测频率为 3.22 THz 的 QWP 进行电流响应率的标定。从激光器和探测器光谱对比图(图 5-9)可以看出，THz QWP 在 4.24 THz 处的归一化响应幅度为 0.64。探测器的二维尺寸为 1.6 mm×1.6 mm，对应 45°入射敏感面的尺寸为 1.6 mm×1.1 mm，单频 THz QCL 输出的激光通过一组直径为 76.2 mm、有效焦距为 127 mm 的 OAP 收集后会聚于焦点处，焦点处光斑的二维能量分布采用太赫兹阵列探测

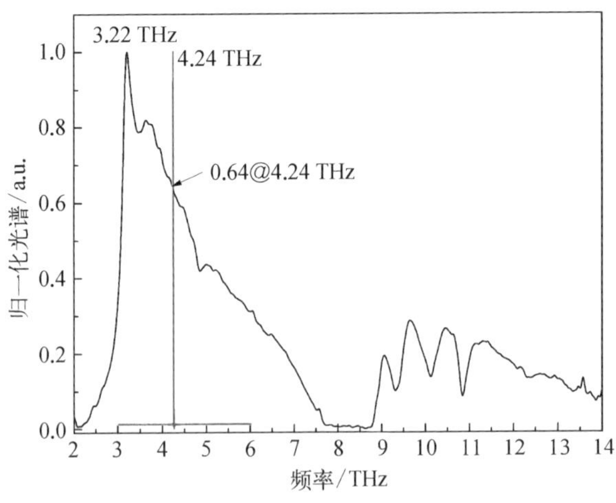

图 5-9
单频 THz QC
发射谱(红色
与 THz QWP
响应谱(黑色
光谱对比

器表征。

为了对比，将 1.1 mm×1.6 mm 的探测器敏感区域显示于图 5-10 中，由图可知，会聚光斑要比 THz QWP 敏感面小很多，这意味着在标定 THz QWP 电流响应率时，探测器敏感面接收到了全部的激光能量并产生了相对应的光电流。在实际标定过程中，还需要考虑 THz QWP 冷却装置窗口在 4.24 THz 处的吸收带来的影响，在计算中考虑进去。

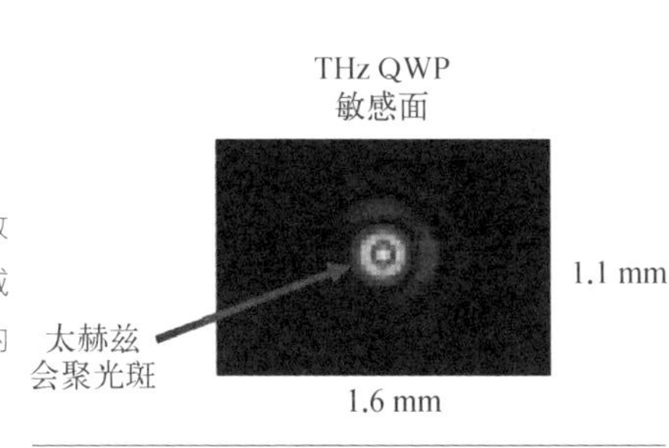

图 5-10 与 THz QWP 敏感面等大区域内会聚光斑的二维轮廓

图 5-11 是采用上述方法标定的 3.22 THz QWP 不同温度下的峰值电流响应率曲线，与文献[5]中传统标定方法得到的响应率值相当，相比之下，上述方法更简单、引入误差更小。受限于激光波长的大小，图 5-10 所示激光光斑轮廓的直径在 250 μm 左右，因此在上述自由空间下标定响应率的方法最小可表征的探测器敏感面尺寸在 300 μm 左右。当被标定探测器尺寸小于 300 μm 时，则需要采用小孔光阑遮挡等特定的方法来进行标定。

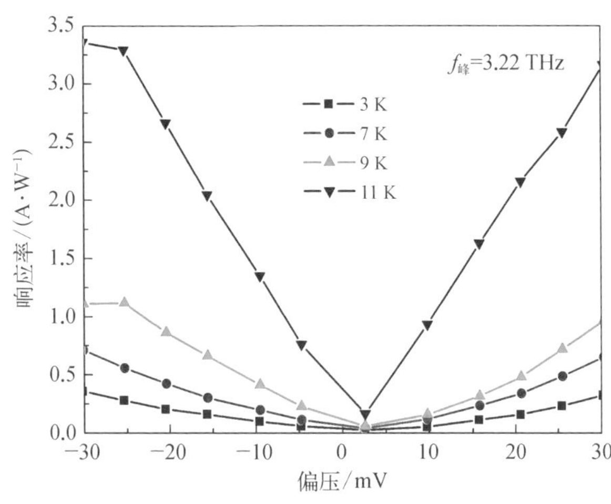

图 5-11 基于单频激光源标定的 3.22 THz QWP 变温峰值电流响应率曲线

5.2.3 太赫兹阵列探测器标定

阵列探测器是太赫兹频段光路校准、光束分析、成像分析等方面的重要器件，其标定方法与红外频段的焦平面阵列探测器标定方法[6]类似。

图 5-12 是标定太赫兹阵列探测器的光路示意图。主要包括太赫兹平行光束、功率计以及可变孔径光阑、分束片和透镜等光学附件，其中功率计用于间接测量入射到待测太赫兹阵列探测器上的激光功率，并通过光阑孔径的调节，改变同时入射到太赫兹功率计和待测太赫兹阵列探测器上的辐射功率。

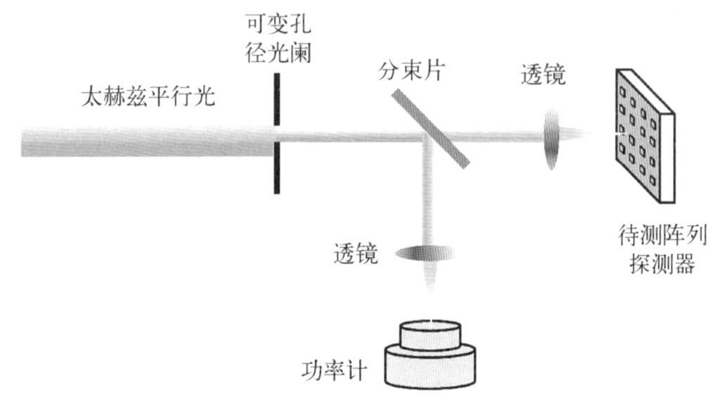

图 5-12 基于太赫兹平行光束的太赫兹阵列探测器标定光路示意图

用于上述阵列探测器标定的辐射（光）束通常由太赫兹气体激光器、THz QCL 和标准黑体产生，在光束的工作频率和出射功率方面均需要满足一定的稳定性要求，目前首选的辐射源还是传统使用的标准黑体。气体激光器和 THz QCL 只有在专门针对某一个频率进行标定时才会使用。

传统的太赫兹阵列探测器标定的参数与红外阵列探测器标定的相同[6]，主要包括像元响应率、像元噪声电压、无效像元率、平均噪声电压、输出非均匀性和噪声等效功率等。下面以一个 $M \times N$ 像元的太赫兹阵列探测器为例，介绍基于黑体辐射标定的阵列探测器各参数的相关计算公式和方法。

1. 像元响应率与噪声电压

首先，将像元补偿（Offset）信号定义为无太赫兹辐射条件下第 i 行第 j 列像元输出信号的 K 次测量均值，即

$$\overline{V_0}(i,\ j)=\frac{1}{K}\sum_{k=1}^{K} V_0[(i,\ j),\ k] \tag{5-1}$$

像元信号定义为在太赫兹辐射条件下第 i 行第 j 列像元输出信号的 K 次测量均值，即

$$\overline{V}(i,\ j)=\frac{1}{K}\sum_{k=1}^{K}V[(i,\ j),\ k] \tag{5-2}$$

定义图 5-12 中进入阵列探测器的太赫兹辐射功率为 P_{in}，则可以通过太赫兹功率计的测量值和分束片的透反射比例计算得到 P_{in} 的具体数值。因此，定义像元响应率为

$$R=\frac{\sum_i\sum_j[\overline{V}(i,\ j)-\overline{V_0}(i,\ j)]}{P_{\text{in}}} \tag{5-3}$$

像元噪声电压则定义为无太赫兹辐射条件下像元输出信号 $V(i,\ j)$ 的标准差，即

$$V_N(i,\ j)=\sqrt{\frac{1}{K-1}}\sum_{k=1}^{K}\{V[(i,\ j),\ k]-\overline{V}(i,\ j)\}^2 \tag{5-4}$$

2. 无效像元率

对于太赫兹阵列探测器来说，无效像元包括了测量过程中定义的死像元和过“热”像元。首先分别测量像元在温度为 $T_1=250℃$ 和 $T_2=27℃$ 黑体辐射条件下的信号为

$$\overline{V_{1,2}}(i,\ j)=\frac{1}{K}\sum_{k=1}^{K}V_{T_{1,2}}[(i,\ j),\ k] \tag{5-5}$$

计算得到像元的响应率为

$$R_{\text{BB}}(i,\ j)=\frac{\overline{V_{T_1}}(i,\ j)-\overline{V_{T_2}}(i,\ j)}{T_1-T_2} \tag{5-6}$$

像元的平均响应率为

$$\overline{R_{\text{BB}}}=\frac{1}{M\times N}\sum_{i=1}^{M}\sum_{j=1}^{N}R_{\text{BB}}(i,\ j) \tag{5-7}$$

将响应率值 $R_{\text{BB}}(i,\ j)$ 与平均响应率值 $\overline{R_{\text{BB}}}$ 的大小满足以下关系的像元定

义为死像元，数量记为 d，即

$$R_{\mathrm{BB}}(i,\ j)-0.5\,\overline{R_{\mathrm{BB}}}<0 \tag{5-8}$$

或

$$R_{\mathrm{BB}}(i,\ j)-1.5\,\overline{R_{\mathrm{BB}}}>0 \tag{5-9}$$

并将扣除死像元数 d 后的像元进行运算，计算得到 $T_2=27$℃（室温）下的平均噪声电压，即

$$\overline{V'_N}=\frac{1}{M\times N-d}\sum_{i=1}^{M}\sum_{j=1}^{N}V_N(i,\ j) \tag{5-10}$$

把像元噪声电压 $V_N(i,\ j)$ 与平均噪声电压 $\overline{V'_N}$ 的大小符合以下关系的像元定义为过"热"像元，数量记为 h，即

$$V_N(i,\ j)-2\,\overline{V'_N}>0 \tag{5-11}$$

根据死像元和过"热"像元的定义，得到无效像元率为

$$N_{\mathrm{ds}}=\left(\frac{d+h}{M\times N}\right)\times 100\% \tag{5-12}$$

有效像素则根据阵列像素和无效像元率得到

$$N_{\mathrm{ep}}=M\times N-(d+h) \tag{5-13}$$

3. 平均噪声电压、输出非均匀性和噪声等效功率

根据噪声电压和有效像素的概念，太赫兹阵列探测器平均噪声电压可表示为

$$\overline{V_N}=\frac{1}{M\times N-(d+h)}\sum_{i=1}^{M}\sum_{j=1}^{N}V_N(i,\ j) \tag{5-14}$$

阵列的输出非均匀性则定义为室温下均匀入射太赫兹辐射时，以有效探测像元的均方差与探测像元输出均值之比的百分数，即

$$NU=\left\{\frac{1}{\overline{V_{T_2}}(i,\ j)}\sqrt{\frac{1}{M\times N-(d+h)}\sum_{i=1}^{M}\sum_{j=1}^{N}\left[V_{T_2}(i,\ j)-\overline{V_{T_2}}(i,\ j)\right]^2}\right\}\times 100\% \tag{5-15}$$

阵列的噪声等效功率定义为平均噪声电压与响应率的比值为

$$\mathrm{NEP}=\frac{\overline{V_N}}{R} \tag{5-16}$$

上述标定过程涉及的物理量可以根据实际测量的阵列探测器和标定辐射源计算得到。不过,在标定过程中需要注意以下几点:① 探测器焦平面上需要耦合太赫兹频段的滤波片,以消除红外辐射背景的影响;② 探测器输出信号预处理后不得超过其数模转换的动态范围;③ 探测阵列供电并完成配置后,需让其稳定工作一段时间(0.3~0.5 h)后方可进行数据采集;④ 标定条件(包括辐射源输出功率、探测器工作条件)改变后,也需让探测阵列稳定工作一小段时间(3~5 min)后再进行数据采集。

5.2.4 太赫兹空芯光纤损耗测量

光纤是电磁辐射获得应用的一种重要媒介,目前在太赫兹频段还没有传输损耗达到应用级别的光纤出现,因此开发具有低损耗、可弯曲的太赫兹光纤并将其应用于标准光源和成像系统等,对缩小系统体积,提高系统稳定性和可靠性有重要作用。下面围绕光纤损耗测量及需要解决的技术问题分别进行介绍。

1. 损耗测量

在 3.3.1 节中介绍了基于空芯波导的太赫兹激光耦合输出技术,获得了一束会聚的太赫兹光经过一根内径为 4 mm、内表面镀 Ag 和 COP 介质膜的空芯波导传输 1 m 后输出的多模光斑(图 3-18)。

在本节,用相同材质的光纤波导,采用如图 5-13 所示的方法,将 THz QCL 输出的会聚光输入空芯光纤后,通过增加一段固定的镀 Ag 空芯光纤作为背景参考，并通过夹具将光纤两端固定来进行不同空芯光纤长度下输出功率的测量，进而计算其传输损耗[7]。

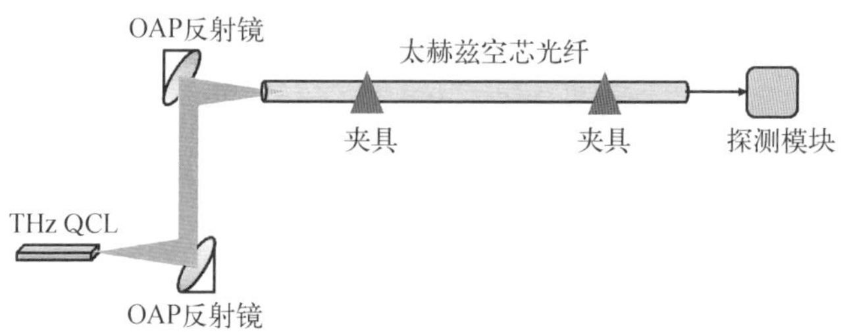

图 5-13 太赫兹空芯光纤损耗测量装置示意图

首先，用于太赫兹光传输的大口径柔性介质/金属膜光纤波导为基于改良的液相镀膜法制备的空芯波导结构[7]。采用发射频率为 2.5 THz 的 QCL，对介质/金属膜结构太赫兹空芯波导的传输损耗、弯曲附加损耗等进行了实验研究。实验中，THz QCL 被安装于一个大冷量的机械制冷机中，器件的供电电压和电流分别为 5.2 V 和 1.3 A，输出功率为 1.376 mW；空芯波导分别弯曲至不同角度，进行弯曲附加损耗的测量。波导弯曲角度分别为 0°、30°、45°、90°和 180°，三根波导的有效弯曲长度均为 0.55 m，两端各留等长的一段保持为直线状态。由于空气中的水汽对 2.5 THz 频点太赫兹光存在一定的吸收，实验测量了空芯波导在通入干燥氮气前后的输出功率值，测量装置为太赫兹热电堆功率计。

表 5-1 总结了空芯波导 2(COP 浓度为 12%)通氮气前后的输出光功率以及空气的吸收情况。由表可知，通氮气前后的损耗差值约为 1.48 dB/m，推算可得1 m距离的空气在 2.5 THz 频点的吸收率约为 28.8%[7]，这一结果可作为参考值用于下一步的损耗数据计算。需要注意的是，测量过程中，波导内空气芯需及时充高纯氮气以避免空气吸收影响。

表 5-1 太赫兹空芯波导内空气吸收测量参数表[7]

充氮气前功率/mW	充氮气后功率/mW	空气吸收 dB/m	吸收率/%
0.425	0.597	1.48	28.8

将实验测量所得的空芯波导损耗减去空气吸收带来的影响，可以得到实际的波导损耗值。如图 5-14 所示，将三种空芯波导在不同弯曲角度(0°、30°、45°、

90°和 180°)下的损耗情况进行了对比。由于波导 3(COP 浓度为 18%)的介质膜最厚,呈现出最小的波导传输损耗,仅镀 Ag 膜的波导 1 则呈现出明显大于介质膜/Ag 膜结构波导损耗的结果[7]。由此可见,太赫兹空芯波导内介质膜的存在对于降低其传输损耗有着显著的作用,在未弯曲状态下的损耗降低比率可以达到 27%。除此之外,还发现空芯波导 3 的弯曲附加损耗最小,仅镀有 Ag 膜的空芯波导 1 为最大,而介质膜厚处于中间的空芯波导 2 的弯曲损耗值则介于两者之间。因此,空芯波导内的介质膜对于降低太赫兹波导的弯曲附加损耗也有明显的效果,弯曲角度的加大导致太赫兹波导弯曲附加损耗的增加,但波导内介质膜的存在可以减小这一增加量,从而提升太赫兹波导在弯曲状态下的光传输性能。不过,从测量结果来看,太赫兹空芯光纤在输出激光模式和传输损耗方面还需要进一步改善[7]。

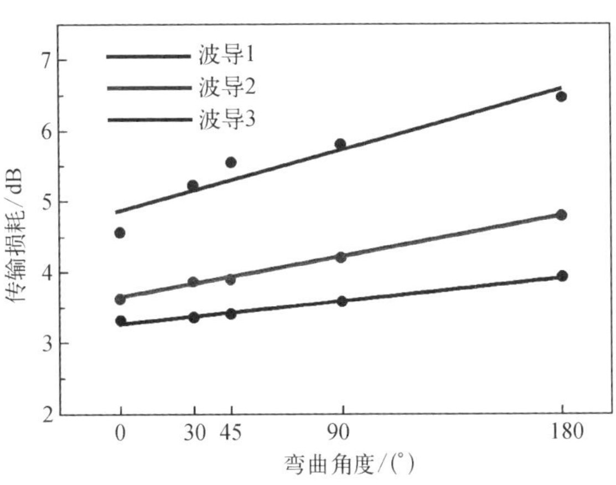

图 5-14 空芯波导传输损耗与弯曲角度的关系[7]

以上测量分析结果表明,采用上述空芯光纤结构,可以实现对太赫兹激光的有效耦合传输,传输损耗及弯曲附加损耗均随介质膜厚的增加而减小。从而提高了空芯波导在太赫兹系统中的传输性能。同时也说明,上述大口径太赫兹光纤易于与不同太赫兹源耦合,具有损耗较小和柔韧性好等特点,在太赫兹光的传输、短距离通信、扫描成像等系统中具有广泛的应用前景。

2. 测量过程中的技术难点

上述损耗测量实验验证了大口径空芯光纤在传输太赫兹激光方面的有效

性，并有望优化太赫兹应用系统的质量和体积。不过，由于太赫兹频段的光纤损耗测量系统并不是标准系统，在测量细节方面有诸多需要注意和改进之处。主要包括如下内容。

(1) 入射光纤的激光会聚点位置不可见，需用可变孔径光阑和太赫兹阵列探测器进行位置校准。

(2) 光纤入口处需保证内壁完整，以免出现漏光而增加耦合损耗的情况；同时，光纤入射端激光光斑质量要好，最好用接近平行的激光入射，且入射束直径要比光纤内径小20%以上，或者用 Tapper 进行渐变耦合。

(3) 弯曲损耗测量时，弯曲的形状需要按标准的圆弧形状来放置，比如，45°、90°、135°、180°、225°和270°等。为此，可以将弯曲程度等效为一个相同曲率的圆的等分数，即测量时用相同曲率半径圆环的 1/8(45°)、1/4(90°)、3/8(135°)、1/2(180°)、5/8(225°)和3/4(270°)套管固定光纤后进行测量，套管圆环的直径则根据最大弯曲角度需要的圆弧长度来确定。

(4) 由于热探测器响应范围比较宽，测量过程中需要保证太赫兹功率计不受空气扰动和人体辐射的影响，且功率计每次摆放的位置要一致，避免测量位置引起的误差。

5.2.5 太赫兹偏振光的测量与转换

跟可见光和红外光一样，太赫兹光也具有偏振特性，如3.4.5节中，采用热探测器测量得到了 THz QCL 输出激光的偏振消光比为20(对应13 dB)，说明 THz QCL 的输出激光具有较好的线偏振特性。本节主要介绍 THz QCL 输出的线偏振光的测量及应用。

1. 基于 THz QCL 发射和 THz QWP 接收的偏振测量

THz QCL 发出的激光具有较好的偏振特性，而 THz QWP 对入射激光的探测也具有一定的偏振选择性。那如果将 THz QCL 作为线偏振光的发射端，再用 THz QWP 进行偏振选择接收，则可以构建太赫兹频段的偏振调制解调系统或者偏振光成像系统。由于目前基于太赫兹光的无线通信系统采用直接调制的方式，调制速度受限于驱动电路、器件 RC 值以及两者的频谱匹配情况。为此，测量并分析上述发射接收系统的偏振特性尤为重要，若能开发出对 THz QCL 输出的线偏振光进行快速调制的偏振调制器，则有望大幅度提高目前的通信速率。

为了测量上述发射接收系统的偏振特性，用太赫兹线偏振片搭建的测量装置如图 5－15 所示。其中 THz QCL 的激射频率为 4.24 THz，输出激光的线偏振方向为竖直方向；THz QWP 的工作频率为 2～7 THz，其在 4.24 THz 处的响应幅度为峰值响应幅度的 0.64（图 5－9），波导结构为 45° 斜入射结构，接收线偏振光的方向设置为竖直方向；太赫兹线偏振片为商用器件，采用蒸镀金属铝线栅制备工艺，线栅宽度和间隔均在 5 μm 以下，这种线偏振片的工作频率可以覆盖 0.1～40 THz。

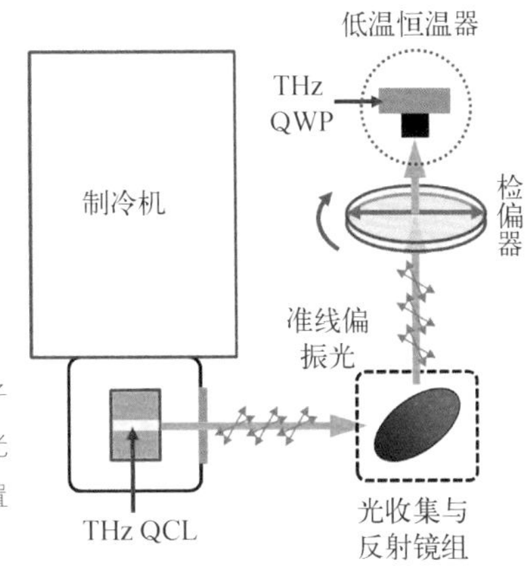

图 5－15 基于 THz 量子器件的偏振光发射接收装置示意图

将太赫兹发射接收系统的光路校准后，在光路中放入角度可调的线偏振片，通过旋转偏振片的偏振方向（与竖直方向的夹角）测量得到了 THz QWP 上随线偏振角度变化的光电流大小，测量结果如图 5－16 所示。

测量结果表明，当线偏振片的偏振方向为水平（与竖直方向成 90°或者 270°夹角）时，THz QWP 上的探测电流最小，当线偏振片的偏振方向为竖直（与竖直方向成 0°或 180°夹角）时，THz QWP 上的探测电流最大，且对于两种 THz QWP 工作偏压下，即 $V_{QWP}=20$ mV 和 $V_{QWP}=40$ mV，得到了整个偏振光发射接收系统的偏振消光比（THz QWP 上最大电流与最小电流之比）分别为 408 和 409，约为 26 dB，基本可以满足偏振信号调制解调和偏振光成像的应用需求。上述良好的偏振发射与接收系统，为太赫兹偏振光技术的进一步开发奠定了很好的基础。

2. 太赫兹偏振光的转换

太赫兹偏振光的转换有很多种，比如线偏振转换器是一种将入射的线偏振

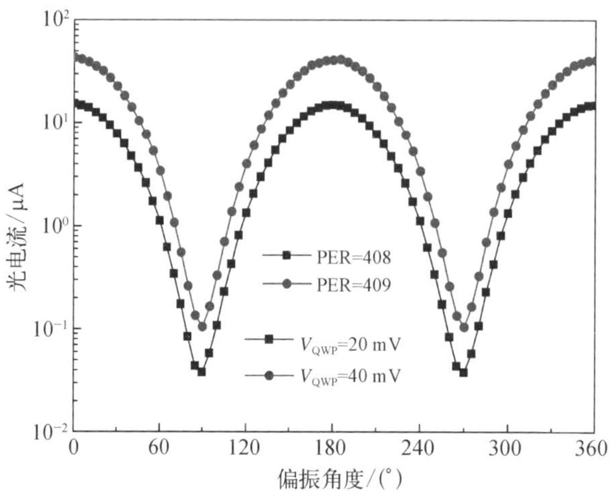

图 5-16 THz QWP 光电流随偏振片线偏振角度的变化

光转换成另一偏振方向线偏振光的光学元件，前后两个线偏振方向的夹角为转换角度；圆偏振转换器则是将线偏振光转换成圆偏振或近圆偏振光的装置。偏振转换装置或器件通常由一个线偏振片和一个放置足够近（波长的 1/4）的金属平面反射镜组成(图 5-17)。偏振转换主要利用了金属线偏振片的半透半反特性，其基本原理是将入射光的偏振态，经过上述的微结构（如金属线偏振片）后，一部分光（p 光）被反射，一部分光（s 光）透过线偏振片，当透过的 s 光经金属面反射回来透过线偏振片后再与原来的反射光束合束时，其整束光的偏振状态与原来入射太赫兹光的偏振状态不一样，从而实现对入射太赫兹光的偏振转换[8]。

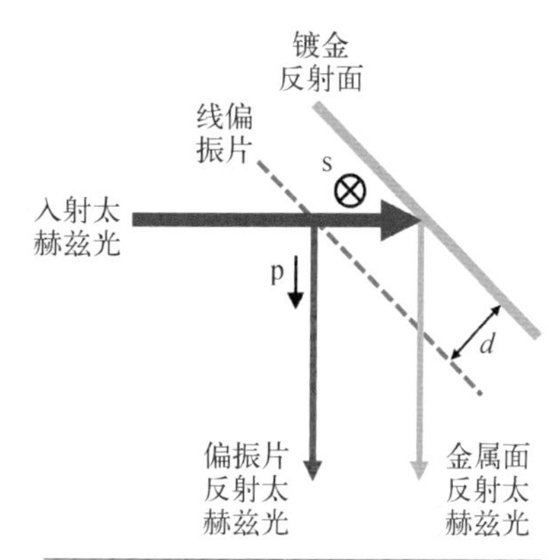

图 5-17 太赫兹光偏振转换原理示意图[8]

从图 5-17 中的原理可知，通过平移台调节镀金反射面与线偏振片之间的距离 d，可以调节和控制 p 光和反射后 s 光的相位差 δ，且满足关系

$$\delta = 2n\pi + 2\sqrt{2}\,k_0 d \tag{5-17}$$

式中，k_0 为光在真空中的波矢；$2n\pi$ 为两束光的初始相位差，可以调整为 2π

的整数倍；n 为整数。根据以上工作原理搭建的太赫兹线偏振光转近圆偏振光测量系统，装置示意图、相应的光路和光的电场分量示意图如图 5-18 所示。其中，THz QCL 的工作中心频率为 4.3 THz(对应波长为 70 μm)；P_1、P_2、P_3 均为金属线偏振片，工作频率可覆盖整个太赫兹频段；M 为镀金反射镜，直径为 25.4 mm，反射镜被安装于一个三维移动平台上，在高度和左右位置确定后，通过精度为 0.1 μm 的移动电机控制其与线偏振片 P_2 的距离 d，在测量时，每移动 Δd 距离，相当于光程差增加了 $\sqrt{2}\Delta d$。

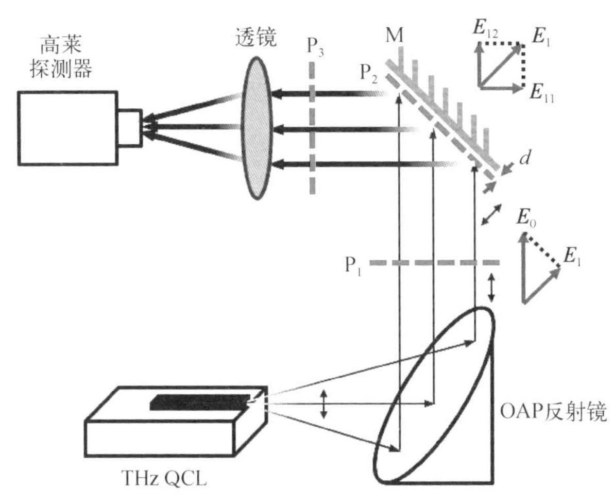

图 5-18 太赫兹线偏振光转近圆偏振光测量系统

根据上述原理可知，线偏振光转近圆偏振光是基于偏振正交的两束相干线偏振光的合成来实现的，两束光的对准和完全重合是实验中最为关键的一步。因此，在进行偏振转换及偏振光特性测量之前，需要采用 3.3.2 节中提出的光路校准技术对整个偏振转换及测量系统的光路进行非常严格的校准。将图 5-18 中用于太赫兹辐射信号测量的高莱探测器换成太赫兹阵列探测器，来进行上述光路的精确校准，为了使光的收集效果更好，此时的太赫兹阵列探测器使用了变焦镜头，并调节至合适的焦距。为了提高对准精度和验证两束光的相干性，使两束线偏振光的偏振方向相互垂直且相位一致，线偏振片 P_2 的偏振方向与两束光偏振方向的夹角均为 45°。经过对机械移动部件的反复调试和测试，采用太赫兹阵列探测器测量得到了两束光完全重合和部分重合时的光束形状[8]，结果如图 5-19 所示。

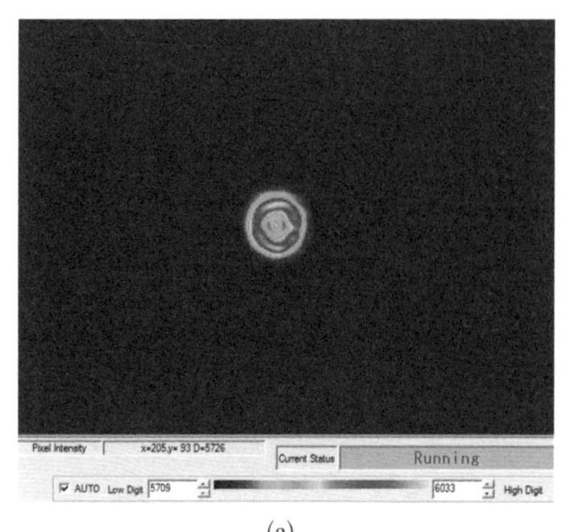

(a)

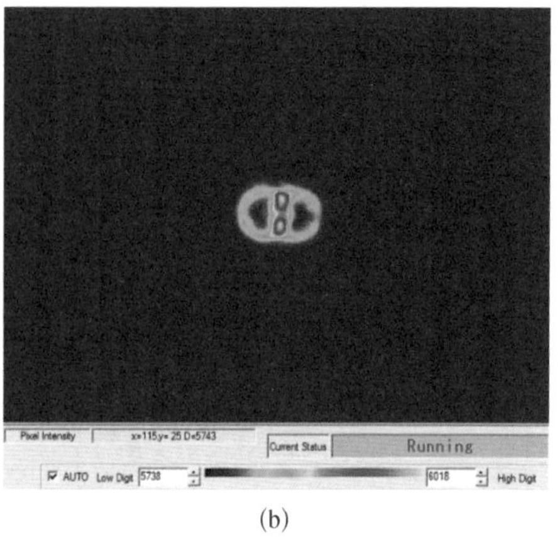

(b)

(a) 两束光完全重合；(b) 两束光部分重合，且左光斑为垂直偏振，右光斑为水平偏振

图 5-19 光路校准时太赫兹阵列探测器测得的光斑[8]

图 5-19(a)为两束光完全重合的状态，图 5-19(b)为两束光部分重合的状态。两束光合成为线偏振光后偏振方向与线偏振片 P_2 一致，根据图 5-19(a)可以判断两束光对准且完全重合了，如果光未完全重合，光斑重合区域的光强分布不均匀且中间部分强度不会非常低。为了直观看到合成光的相干叠加效果，将两束光错开，即两束光部分重合，如图 5-19(b)所示，中间重合部分光强比没重合部分大很多(理论值为 4 倍)，可以推断两束光相干叠加合成了线偏光而不仅仅是两束光强的简单叠加[8]。

测量光路校准好之后，通过沿线偏振片 P_2 法向移动镀金反射镜，改变其与 P_2 的距离 d，可以实现对合束激光偏振态的调制，移动的步长越小，调制得越精细。根据式(5-17)，当移动的距离使两束光相位差为 $(n+1/2)\pi$ 时($n=0$, 1, 2, …)，合成光束的偏振态为圆偏振光；当移动的距离使两束光相位差为 $n\pi$ 时($n=0$, 1, 2, …)，合成光束的偏振态为线偏振光；当移动的距离使两束光相位差介于上述两种情况时，合成光束的偏振态为椭圆偏振光。因此，当镀金反射镜连续移动使两束光的相位差连续改变时，合成光束的偏振态呈现周期变化，依次出现线偏振光(长轴方向为 45°)、圆偏振光(左旋)、线偏振光(长轴方向为 135°)、圆偏振光(右旋)。

按照上述分析，将镀金反射镜放置于距离 P_2 尽可能近，且调节距离使得合成光束的偏振态为线偏振光，然后沿远离 P_2 的方向移动镀金反射镜，移动的距离使得两束光的相位差为 π/6 的整数倍，得到了不同镀金反射镜位置下合束激光的偏振态变化，结果如图 5-20 所示。图 5-20(a)为两束光的相位差从 0 开始以 π/6 为角度增量变化至 2π 过程中合束激光偏振态的变化。由图可知，当相位差为 π/2 和 3π/2 时，合束激光最接近圆偏振光；图 5-20(b)为相位差为 3π/2 时合束激光偏振态及其长轴（r_l）和短轴（r_s）的示意图。由于测量到的探测器电压信号反映的是合束激光的功率信号，通常采用偏振功率比（R_P）来描述近圆偏振光的圆偏振特性，并由以下公式计算得出

$$R_P = 10\lg \frac{r_l}{r_s} \tag{5-18}$$

由图可知，$r_l = 18.37$ mV、$r_s = 16.69$ mV。由式(5-18)计算得出 $R_P = 0.42$ dB，说明上述偏振转换系统可以很好地将线偏振光转换成近圆偏振光，并可以将合束激光的偏振状态从线偏振光调节至近圆偏振光，又调回至线偏振光。此外，从偏振功率比的定义来看，其数值越接近 0，对应的合束激光越接近圆偏振光[8]。

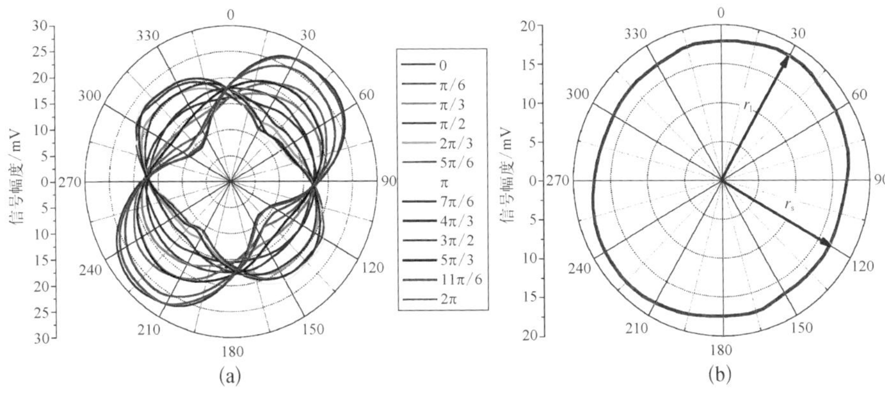

图 5-20 移动镀金反射镜在不同位置下偏振转换系统中探测器接收到的信号随 P_3 偏振角度的变化[8]

(a) 移动反射镜使得两束光的相位差以 π/6 的步长从 0 变化至 2π 的合束激光偏振态变化；(b) 合束激光为近圆偏振光的长轴（r_l）和短轴（r_s）

上述偏振转换器具有工作频谱覆盖范围广、易于调节等特点。该太赫兹偏振转换器的实现，为研制基于太赫兹量子器件的偏振调制与测量系统，研究 2～5 THz 频段的椭偏技术奠定了重要基础。

5.2.6 表征技术的改进

光电表征结果的好坏，依赖于所使用的太赫兹激光源和探测器的性能与水平，一套稳定可靠的表征系统是实现可重复和良好表征结果的重要基础。下面分别从激光源和探测装置的角度举例分析。

1. 太赫兹激光源装置的改进

前面介绍的测量系统中，绝大部分的太赫兹激光源芯片都是安装在大冷量机械制冷机中，以获得器件最好的频率和功率性能。然而，上述大冷量机械制冷机设备昂贵、体积大、系统复杂，不适合于实际应用。电制冷技术具有制冷装置体积小、制冷量较大、即插即用等优点，是太赫兹激光源开发的常用制冷方式。采用大功率 THz QCL 芯片和电制冷机技术（如斯特林制冷机、高频脉管制冷机）开发的太赫兹激光源，有效输出功率可达到 5 mW 量级。图 5-21 所示为基于斯特林制冷机的大功率太赫兹激光源的输出功率曲线，激光源工作温度最低可达 50 K、工作频率为 4.3 THz，插图为其照片。这种激光源装置的特点为即插即用、无冷质添加、体积较小、质量轻，是目前较大功率太赫兹激光源中最接近实用的一种，适合于大部分的光路校准、实时成像和生物效应研究等。

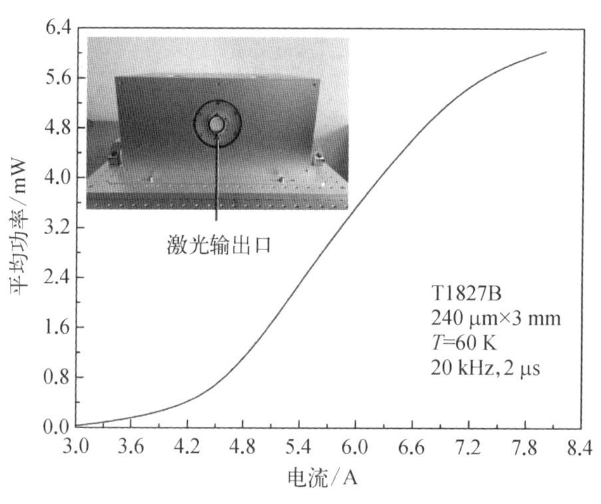

图 5-21 基于斯特林制冷机的大功率太赫兹激光源的输出功率曲线及其照片（插图）

在有些测量系统中，对激光器输出功率的大小要求不高，但要求激光器的工作装置无振动且无额外的耗电。此时，可以利用液氮杜瓦的冷却功能，开发出安静、耐用，性能稳定的小型太赫兹激光源。图 5-22 所示为基于 0.8 L 液氮杜瓦的准平行束太赫兹激光源及其光路图，其输出的准平行激光束经过 2 m 光路和另一个 OAP 反射镜校准后，会聚得到的光斑二维能量分布如插图所示，插图的边长为 1 mm，估算出光斑直径约为 250 μm，与器件本身的尺寸相当，经太赫兹功率计测量得到其有效输出功率可达到毫瓦量级，灌满液氮的单次工作时间最长可大于 10 h，目前已在太赫兹光路校准、生物医学成像和生物效应研究方面获得了很好的应用。随着电制冷技术的发展，比液氮杜瓦更小的太赫兹激光源将有望实现，为最终实现微型太赫兹激光源及其可集成装置奠定基础。

图 5-22 基于 0.8 L 液氮杜瓦的准平行束太赫兹激光源及其光路

除了制冷装置的优化与改进之外，在前面介绍的太赫兹光电表征技术中，THz QCL 激光的输出通常采用端面输出或者外部 OAP 耦合的方式。然而，THz QCL 输出激光有一个特点，在激光器输出端面处，生长厚度方向的尺寸(约为 10 μm)要比输出激光波长(约为 100 μm)小很多，导致输出激光呈现出环状和发散特性，尤其是双面金属波导结构的器件[9]。在需要均匀太赫兹光束或者高斯分布光束的应用场合，就需要对 THz QCL 进行工艺改进或者激光耦合输出结构的改进。

对于干涉问题，可以采用工艺改进的办法，比如采用三阶(Third-Order)分布式光栅结构[10]或者端面刻蚀技术[11]等。对于激光耦合的情况，在 3.3.1 节中介绍了采用内耦合 OAP 反射镜的方法，有效提高了 THz QCL 激光源的有效输出功率，最终获得了图 3-15 所示的准高斯分布光束，并广泛应用于电制冷型和液氮型太赫兹激光源中，为太赫兹探测、成像和通信应用提供了一种稳定可靠、光束质量优异的激光源。此外，太赫兹激光源的能量转换效率、功率稳定性和频率稳定性也是未来需要进一步改进的地方，需要从器件的工艺可靠性、驱动电路性能等方面着手，通过上述性能的改进，为激光源在光频梳、标准源、本地振荡源等方面的应用奠定基础。

2. 太赫兹探测装置的改进

探测率和响应率是太赫兹探测器的关键指标，前面介绍的太赫兹光电表征技术中，THz QWP 通常采用自由空间 OAP 进行耦合，由于探测器敏感面比较小(毫米量级尺寸)，在实际表征和应用过程中，仅靠 OAP 会聚和器件的敏感面难以收集全部有用的太赫兹激光，尤其是在大装置的性能表征过程中，比如自由电子激光太赫兹辐射源的探测，涉及的太赫兹光路暴露于高能射线中，不方便对装置进行调试，同时进入探测装置的太赫兹激光束直径较大。因此，需要采用一种可以将大束径激光进行有效收集的集成装置。温斯顿光锥是低温太赫兹器件中常用的光耦合元件，将光锥安装于 THz QWP 前面，将绝大部分的准平行激光会聚于 THz QWP 敏感面上(图 5－23)，能大幅提高探测装置的响应率。这主要是由于当入射太赫兹激光光束直径较大时，THz QWP 敏感面本身能收集的信

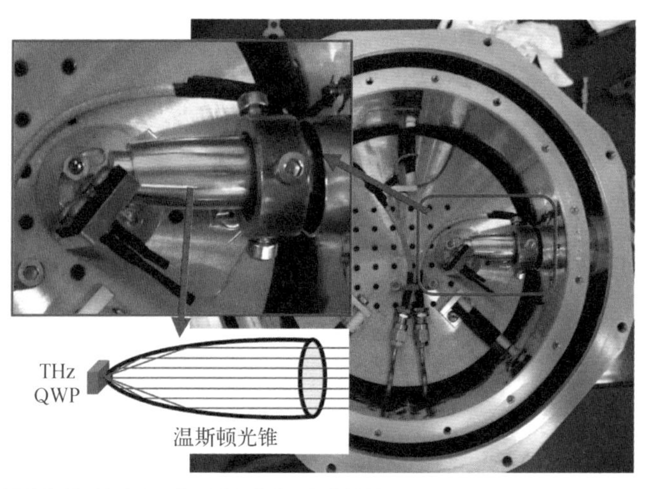

图 5－23 安装于液氦杜瓦的 THz QWP、耦合温斯顿光锥照片及光收集示意图

号很少，增加光锥作为耦合装置后，可将探测装置的等效探测面积大幅度提高。

具体来说，如图 5-24 所示，THz QWP 的敏感面尺寸为 1 mm×1 mm（灰色方块区域），温斯顿光锥入口的内径为 10 mm（黄色圆形区域），出口内径为 1 mm，太赫兹激光从光锥入口入射后会聚至 THz QWP 敏感面上。由图 5-24 的对比分析可知，采用光锥后，THz QWP 等效收集面积变为直径为 10 mm 的圆形区域，有效探测面积提高至原来的 78.5 倍，接近两个数量级。

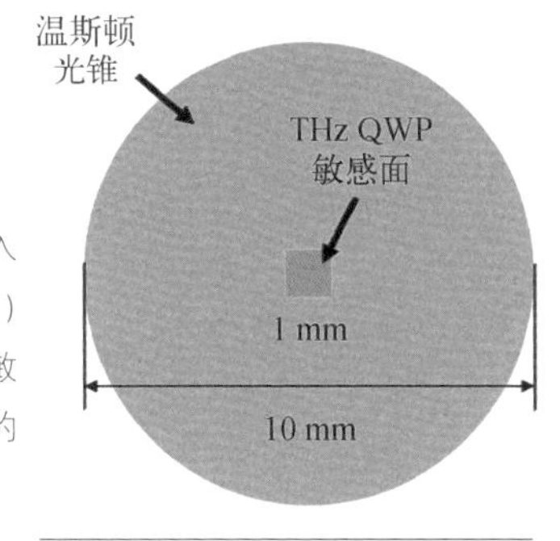

图 5-24 温斯顿光锥入口内径（圆形）和 THz QWP 敏感面（方形）的对比

采用上述改进后的 THz QWP 探测装置，实现了对自由电子激光太赫兹源的有效探测，应用现场照片及光路示意图如图 5-25(a)所示，探测结果如图 5-25(b)所示。探测到的宏脉冲信号包络与电子束的宏脉冲在时序上非常一致，有效促进了该自由电子激光太赫兹源的饱和输出。

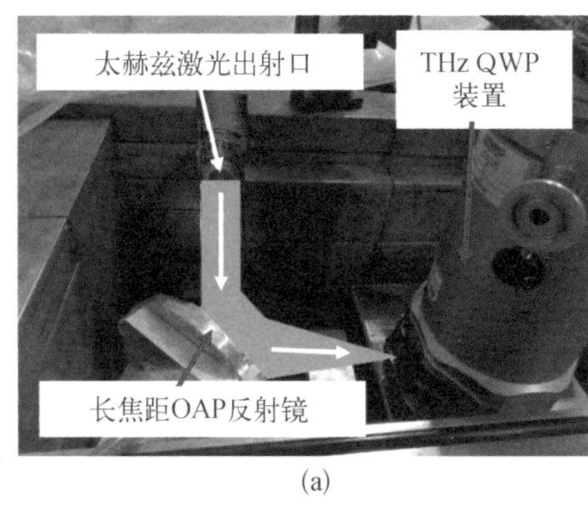

(a)

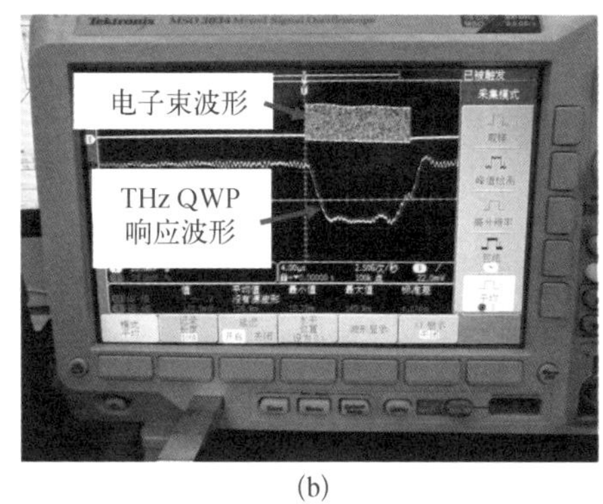

(b)

图 5-25 THz QWP 装置应用于自由电子激光太赫兹源的有效探测

(a) 应用现场照片及光路示意图；(b) 信号波形对比

除了收集效率的提高之外，目前 THz QWP 的信号放大采用的是电流放大技术，为了大幅提高器件的探测速度，大带宽的低噪放是必要的配置，同时基于液氦杜瓦的 THz QWP 低温跨阻放大技术也是未来需要开发的重要基础技术。

上述对太赫兹激光源制冷装置、输出光束质量以及探测装置有效探测面积等方面的改进，将有效促进 THz QCL 和 THz QWP 光电表征技术的进一步发展，提高它们在太赫兹标准源、本地振荡源、光频梳技术、高速探测技术和近场显微成像技术方面的应用优势。

5.3 基于太赫兹量子器件的成像技术

在太赫兹频段，成像技术是揭示物质内部信息和获取物体外表轮廓的重要技术手段[12, 13]，是太赫兹光电测试技术的重要应用之一。它通过对物体的透射或反射信息（如强度、相位或偏振等）进行分析和处理，最后得到被测物体的太赫兹图像。目前太赫兹成像技术已成为相对成熟的 X 光成像、毫米波成像、可见光和红外光成像以及超声成像技术的有力补充，并在生物医学诊断、危险品分析、缺陷检查等领域获得了一定的应用[12]。按照成像体制的差异，太赫兹成像可以分为单点扫描成像和阵列实时成像；按照成像系统探测器获取信号的种类，太赫兹成像可以分为相位成像和强度成像；按照太赫兹辐射与物质相互作用的尺度，太赫兹成像可以分为远场成像和近场成像。THz QWP 与 THz QCL 在频谱上完全匹配，无论从器件灵敏度还是探测频率范围，都是 THz QCL 输出激光的首选探测器。因此，基于太赫兹量子器件的成像技术具有动态范围大、扫描速度快、成像分辨率高等特点。本节主要介绍基于太赫兹量子器件的强度成像技术，包括扫描成像、阵列成像及成像应用举例。

5.3.1 扫描成像技术

太赫兹扫描成像技术是指通过移动目标物本身、探测装置或扫描光学元件对目标物以瞬时视场为单位进行逐点、逐行取样，获得该目标物在太赫兹频段的电磁辐射特性，最后形成太赫兹图像的一种成像技术。根据扫描移动的主体，可以将扫描成像分为目标物扫描成像、探测装置扫描成像和光学元件扫描成像；根据扫描的装置类别，可以将扫描成像分为电子扫描成像和光学机械扫描成像。由于太赫兹量子器件均需要工作于低温环境，低温装置移动不便，因此在上述光学机械扫描成像系统中大多数情况都是移动目标物。下面主要介绍基于太赫兹量子器件和光学机械扫描成像技术的透射成像和反射成像。

1. 透射成像

透射成像是获取样品内部信息的主要手段，通过获得目标物的透射图像，可以得到其在太赫兹频段透过特性的空间分布。根据透射扫描的维度，可分为二维透射扫描成像和三维层析成像。

图 5-26 所示为采用 THz QCL 和 THz QWP 构建的基于 ERS 反射镜组的二维透射扫描成像系统。成像用 THz QCL 的工作频率为 3.9 THz，THz QWP 在 3.9 THz 处有较强的响应，响应幅度为峰值响应幅度的 0.75。由图 5-26 可知，整个成像系统以 THz QCL 为光源、THz QWP 为探测端，成像样品被固定在一个二维移动平台上，经过样品的太赫兹光为会聚光，通过扫描样品上不同位置获得其对应的透射信号，最后将其与样品的二维位置一一对应，得到样品的透射太赫兹图像。该成像系统由于采用了具有双焦点的 ERS 反射镜组合，将原本需要 4 个 OAP 反射镜的成像系统进行了有效简化，降低了太赫兹光路校准过程的难度和复杂度。

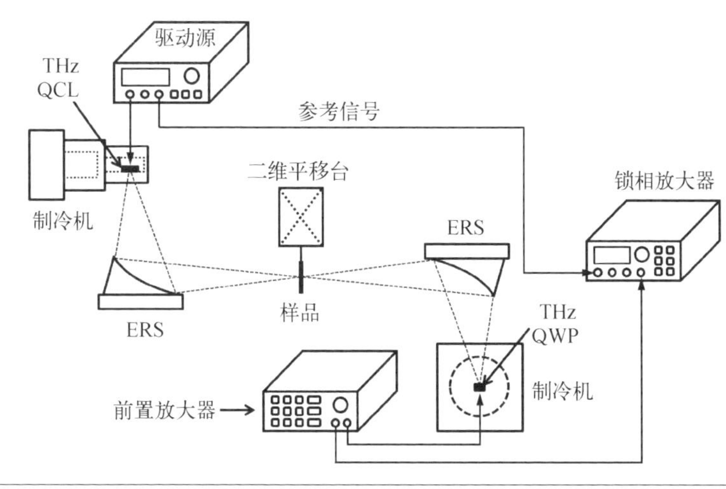

图 5-26 基于 THz QCL 和 THz QWP 的二维透射扫描成像系统[14]

在样品成像之前，需要采用刀片法测量共焦平面处用于透过样品的太赫兹光斑的大小，即把图 5-26 中的样品换成一个金属刀片，通过二维平移台移动刀片的位置来实现光斑大小的测量，测量的步长为 125 μm，测量结果如图 5-27 所示。在刀片法测量过程中，通常采用全部透过信号幅度的 90% 和 10% 来衡量光斑的尺寸大小。根据图 5-26 中所示的数值，得到 X(水平)方向的光斑尺寸为

$\Delta x = (\Delta x_1 + \Delta x_2)/2 = 625\ \mu m$，同理可计算得到 Y(垂直)方向的光斑尺寸为 $\Delta y = 813\ \mu m$。在成像系统中，通常将成像分辨率估算为成像光斑的一半。因此，上述成像系统在 X 方向的成像分辨率约为 0.3 mm，在 Y 方向的成像分辨率约为 0.4 mm。

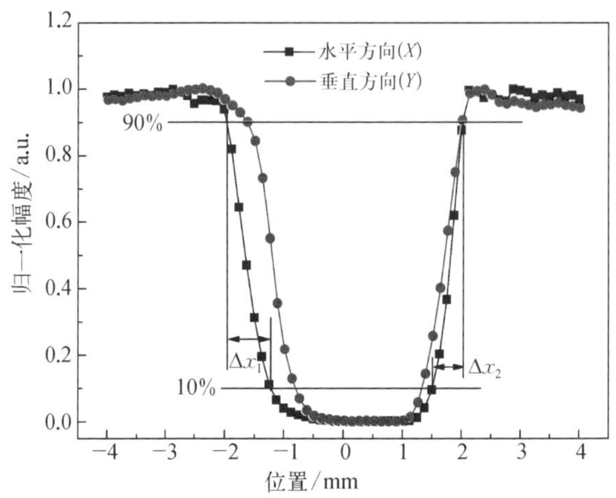

图 5-27 刀片法测量光斑尺寸时的信号强度随位置的变化曲线[14]

然后，采用 500 μm 的扫描步长，分别对刀卡、logo 图案及人民币水印等不同样品进行了逐点扫描成像，扫描的路径为沿水平或垂直方向依次按步长逐点移动，每行或列移动至末端时从下一行或列的相同端开始，进行反向逐点扫描，上述扫描路径与字母“S”的写法相似，故又称 S 形扫描。刀卡和 logo 图案的成像结果分别如图 5-28(a)(b)所示。由图可知，刀卡为金属材质，其太赫兹图像的对比度很强，成像清晰度高；logo 为打印在 A4 纸上的喷墨图案，喷的墨对太赫兹辐射的吸收较弱，logo 的成像信噪比不高，只获得了 logo 的大致轮廓。对于上述成像系统的应用，如果能进一步提高成像分辨率和加强图像的处理效果，有望为获得纸张、信件内部的打印或手写文字内容提供一种可行的成像分析手段。

图 5-29 所示为人民币水印图案的太赫兹扫描成像结果，由图可知，隐藏在人民币内部的人像和“100”字样的水印图案清晰可见。为了获得上述成像的实际分辨率，选取数字“100”附近的位置(红色虚线，$Y = 4$ mm 处)进行分析，从图 5-30 的分析结果来看，按照测量点两端信号差的一半作为成像分辨率的估

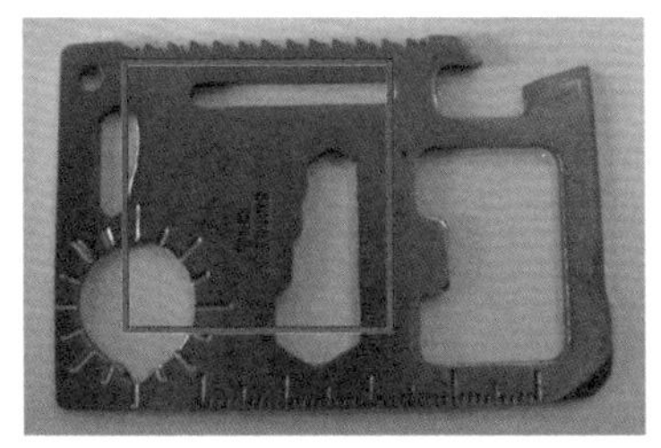

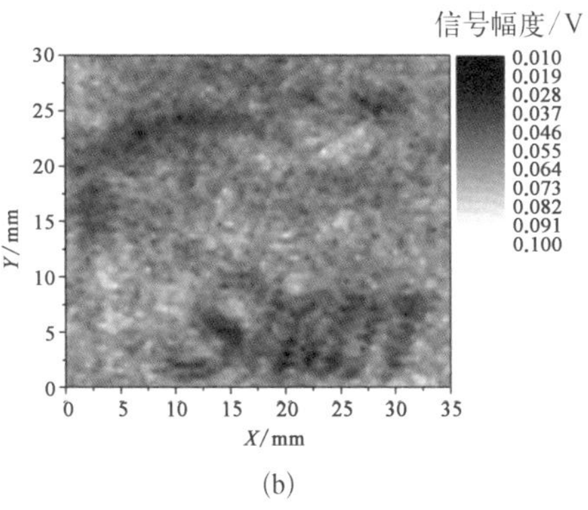

图 5-28 刀卡和 logo 图案的太赫兹二维透射扫描成像结果

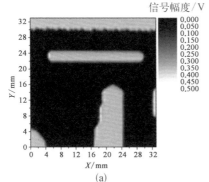

算原则，那么 A 点与 B 点之间对应的水平距离为成像的分辨率，即 500 μm；而 D 点和 E 点之间没有测量点，说明这一区域附近的最佳成像分辨率优于 500 μm[14]。因此，如果进一步优化光斑质量，同时将扫描的步长变小，上述太赫兹二维扫描透射成像的分辨率还可进一步提高。

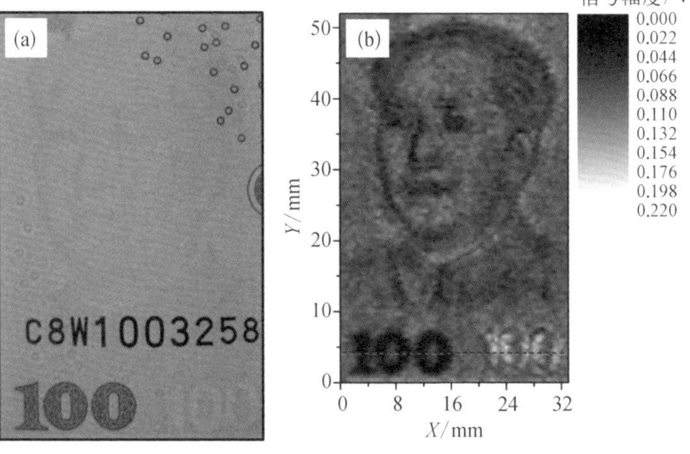

图 5-29 人民币水印图案的太赫兹扫描成像结果[14]

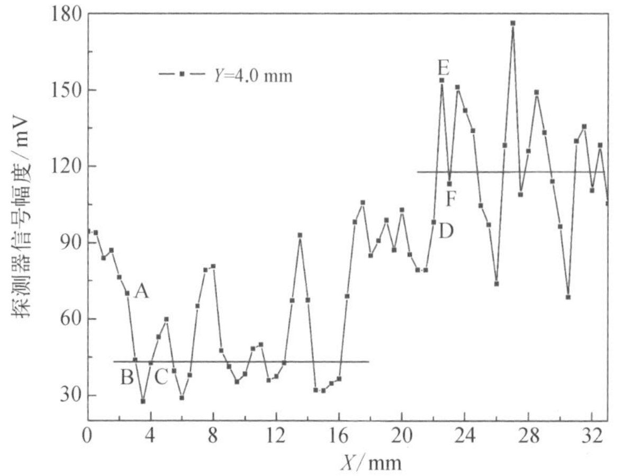

图 5-30 人民币水印图案太赫兹图像的分辨率分析[14]

除了上述二维透射扫描成像外，如果将扫描的维度增加，即沿着光束传播方向再进行扫描，则可以得到目标物体的三维太赫兹图像，通过一定的成像算法分析获得目标物体的断层扫描图像。图 5-31(a)是采用相同 THz QCL 和 THz QWP 的三维断层扫描成像系统光路。由图看出，被测样品可以沿 x、y、z 三个方向进行精确移动，通过采用长焦距的反射镜组，实现对目标样品的射束扫描成像。图 5-31(b)是成像结果和射束成像分析，最终得到的太赫兹断层扫描成像的分辨率约为 1 mm[15]。

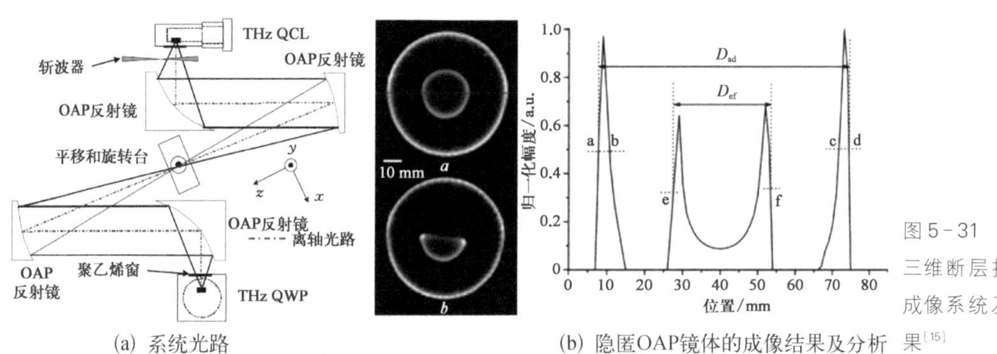

(a) 系统光路 (b) 隐匿OAP镜体的成像结果及分析

图 5-31 三维断层扫描成像系统及结果[15]

根据经典的射束成像原理，经过反演计算可以得到样品的三维重构图，结果如图 5-32 所示。由图可知，被测目标样品隐藏在塑料盒里面(右下角白色物体)，被上述太赫兹射线束穿透并进行成像[15]。利用太赫兹激光的穿透性，上述透射成像可以作为揭示隐匿物品轮廓的一种手段，也是高频太赫兹频段中用于无损检测技术的首选手段。

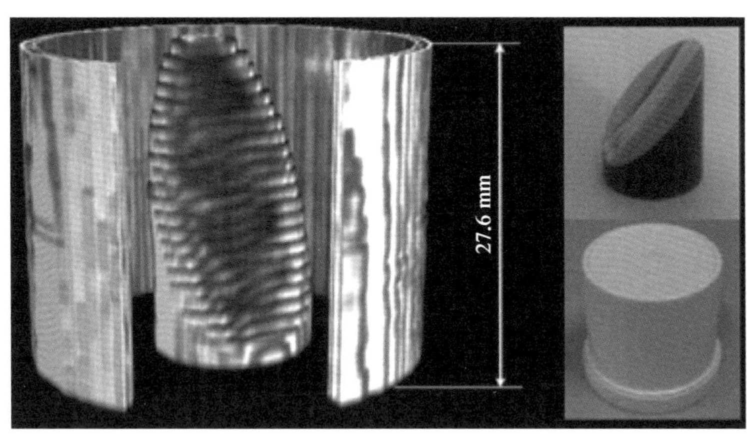

图 5－32 隐匿于塑料盒内 OAP 反射镜镜体的太赫兹断层扫描重构图像[15]

2. 反射成像

反射成像是通过收集反射信号进行图像重构的一种成像技术。上述反射信号通常包含两种：一种是被物体表面反射回来的信号；另一种是先穿透样品，被样品后面的物体表面反射回来，再次穿过样品的信号。第一种方法是揭示物体表面与太赫兹辐射相互作用信息的主要手段。图 5－33 所示为一种反射式太赫兹二维扫描成像系统[16]，成像频率为 3.9 THz，探测器采用频率匹配的 THz QWP，其中样品放置于第 2 个和第 3 个 OAP 反射镜的共焦点处。

在扫描成像之前，采用热探测器阵列对共焦点处的光斑进行了表征，测量时热探测器阵列的敏感面与光束传播方向垂直，测量结果如图 5－34 所示。图中所示的 X 和 Y 分别为光斑在水平和竖直方向上的大小，根据热探测阵列敏感面的大小，估算得到光斑在 X 和 Y 方向上的尺寸均为 0.6 mm，考虑到入射光与样品的夹角成 45°，实际与样品相互作用的光斑在水平方向上有 $\sqrt{2}$ 倍的拉升，因此样品上 X 方向的光斑尺寸约为 0.85 mm。

为了测量和验证上述扫描成像系统的成像质量和分辨率，在共焦点处放置了一个 U 盘，并对其表面反射信号进行了收集与图像重构，成像过程的扫描步

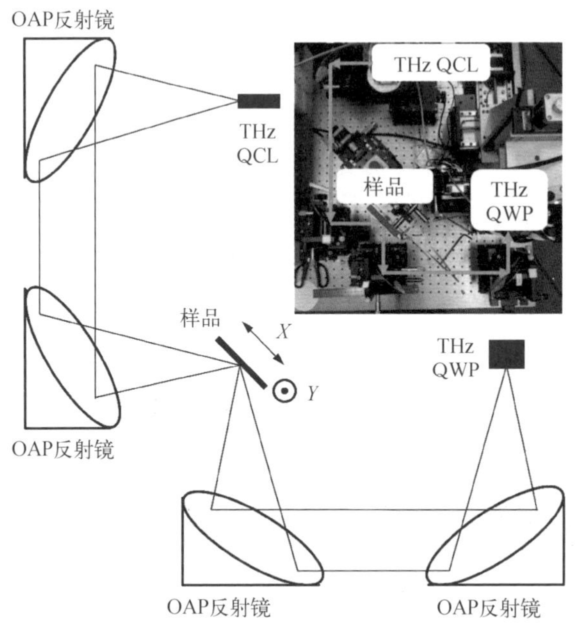

图 5-33 反射式太赫兹二维扫描成像光路及装置照片[16]

长为 0.4 mm，扫描路径与二维透射扫描成像一样，也是 S 型，测量时整个环境为关灯黑暗条件。根据逐点扫描测量到的 THz QWP 信号得到了 U 盘表面清晰的太赫兹图像，结果如图 5-35 所示。从图 5-35(a)中 U 盘的光学照片来看，U 盘连接处凹下去的部分在太赫兹图像中非常明显，U 盘的 logo 喷漆图案也被很好地展现了出来，这是由于喷漆表面比其周围区域更亮，从图像数据的数值来看，喷漆处对太赫兹光的反射信号要比其周围区域强 5 倍左右。

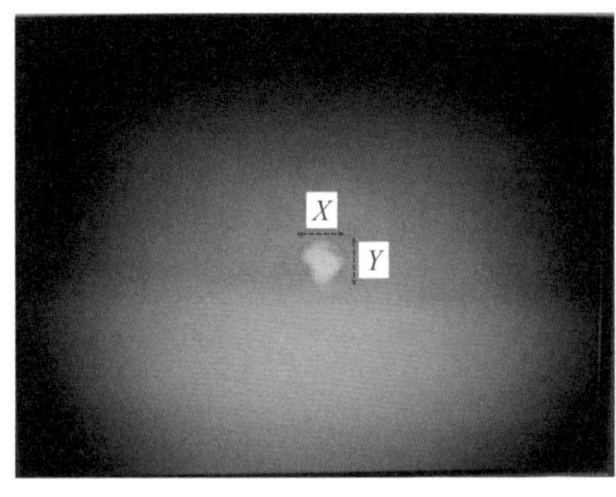

图 5-34 共焦点处太赫兹光斑的二维能量分布[16]

为了获得上述成像过程的成像分辨率，将图 5-35 中的 logo 区域放大并选取 $Y=3.8$ mm 处 X 方向的信号进行了成像分辨率分析，结果如图 5-36 所示。根据成像分辨率的定义，A 点和 B 点分别代表了相近信号点的最小值和最大值，

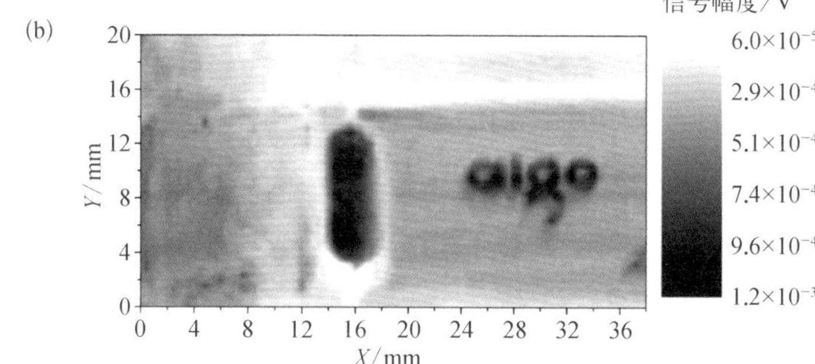

图 5-35 (a) U 盘光学照片及(b)其表面的太赫兹扫描成像结果[16]

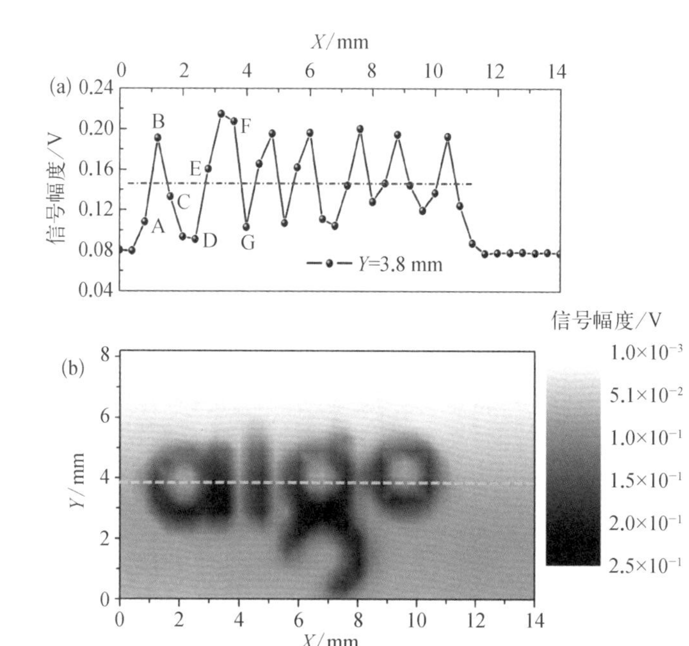

图 5-36 U 盘表面 logo 的(a)分辨率分析曲线及(b)太赫兹反射图像[16]

两者之间距离的一半即为成像分辨率，由于 A 点和 B 点为相邻的两个扫描点，所以上述成像分辨率优于 0.4 mm(扫描步长)[16]。

上述透射和反射扫描成像系统具有成像精度高、信噪比大等特点，是实验室研究中常用的太赫兹成像手段。不过，上述成像系统的扫描方式决定了其成像时间较长，比如对一个 50 mm×50 mm 区域进行扫描，扫描步长按 0.5 mm 计算，则需要采集 10 000 个点的信息，考虑到步进电机启动和停止的加速减速时间，每个点形成信号的时间按 0.5 s 计算，总共需要 5 000 s，约 1.4 h。所以，采用线性电机进行二维逐点扫描的成像系统，成像时间受限于机械扫描部件的运行速度，难以获得广泛应用。

尽管上述成像系统使用了响应速度比较快的 THz QCL 和 THz QWP，但受机械扫描部件扫描方式的限制，并没有把两种器件的快速响应性能发挥出来。比如在线检测是比较常用的无损检测手段，如果太赫兹扫描成像系统被要求应用于这样的场景，则需要对上述扫描方式进行改进，以确保能够在几秒钟内获得较大范围内的太赫兹图像。

为此，采用第二种反射成像的方法，在样品后面放置平面反射镜，并利用共光路技术，搭建出基于 THz QCL 和旋转平移二维扫描体制的快速成像系统（图 5－37），该成像系统的激光源采用大功率的 4.3 THz QCL，探测器可以是低温测辐射热计或者 THz QWP，其中的旋转平移台最快可实现 5 000 点/秒的扫描速度，扫描精度可以小于 0.1 mm。成像系统中，用于反射信号的平面反射镜被固定于旋转平台上，并将被测样品水平放置于平面反射镜上。上述成像系统的成像光斑采用太赫兹阵列探测器按照 3.3.2 节所述的太赫兹光路校准技术进行严格校准，校准后成像光斑的二维能量分布如图 5－37 右下角所示，其直径约为 0.3 mm。

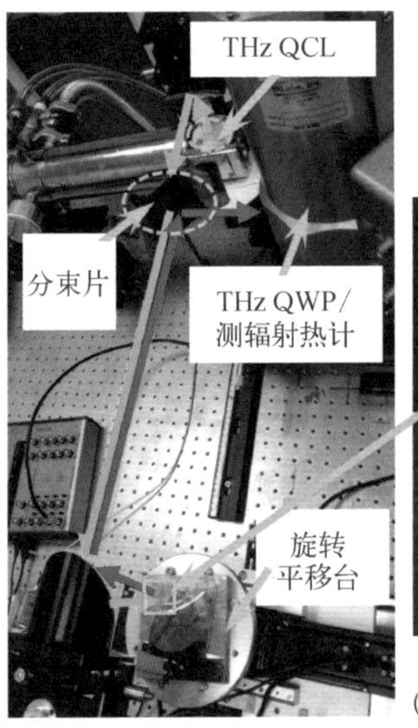

图 5－37 基于 THz QCL 和旋转平移二维扫描体制的快速成像系统及光斑图

为了验证上述成像系统的快速扫描特性，采用低温测辐射热计作为探测器，按上述光路示意图搭建了相应的成像系统，并对打印的黑色字母“F”进行了快速扫描成像。为了对比，采用可见光光源和探测器代替上述成像系统中的辐射源和探测器，对字母进行了扫描成像。字母“F”的可见光照片及其可见光成像结果和太赫兹成像结果如图 5-38 所示。图中字母“F”的成像区域直径约为 80 mm，整个扫描成像时间为 1 s，采集点数为 5 000 个，直径 80 mm 的圆形扫描面积为 5 024 mm^2，等效分辨率约为 1 mm。

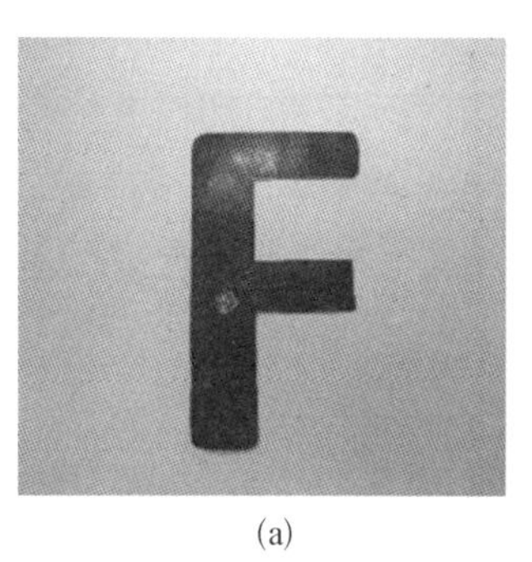

(a)

(b)

(c)

图 5-38 打印字母“F”的照片与成像结果

(a) 可见光照片；(b) 可见光快速扫描成像结果；(c) 太赫兹快速扫描成像结果

从成像效果上看，上述太赫兹快速扫描成像与可见光的扫描成像效果相近。不过，太赫兹扫描成像系统获得的图像存在旋转形状的背景或拖影，这主要是在实际测量过程中，因旋转扫描速度过快，低温测辐射热计的响应略慢，由旋转平移体制得到的螺旋公式给出的扫描位置与实际扫描位置存在一定的差异，在数据处理时未将扫描速度和实际获取信号的时延考虑进去，从而在探测端形成了信号的“拖尾”现象，这一点需要在后期的图像处理过程中增加相应的扫描信号滤波器，对“拖尾”现象进行有效校正。需要注意的是，由于旋转扫描体制，在转速（即旋转的角速度）相同时，离旋转中心位置越远的地方其旋转位移越大，使得在半径方向远离中心点位置的扫描点间隔会变得稀疏，从而导致整个扫描成像系统的分辨率出现越往外越差的情况，因此这种方法需要根据成像目标的大小和分辨率要求来进行优化设置。

此外，通过光路优化，将探测端的低温测辐射热计换成响应速度更快的 THz QWP 之后，有望在紧凑型成像装置和高信噪比成像装置方面获得更好的成像效果。同时，利用 THz QCL 脉冲功率达 1 W 的辐射水平，结合 THz QWP 接近 1 pW/Hz$^{1/2}$的噪声等效功率，可将成像系统的空载动态范围扩展至接近 120 dB的水平，从而大大提高扫描成像系统的信噪比，并有望在隐匿物的快速成像方面获得应用。

5.3.2 实时成像技术

太赫兹频段的实时成像系统以阵列探测器为基础，配以合适的激光光源和光路系统，当阵列探测器工作在一定帧率的情况下，相邻两帧图像在眼睛看来是连续出现时，称之为实时成像（Real-Time Imaging），当成像帧率达到 25 Hz 甚至更高时，称之为视频成像（Video Rate Imaging）。太赫兹实时成像具有成像速度快和成像效果及时等特点，是太赫兹成像应用中颇具潜力的一种成像手段，在材料分析、物质反应分析和生物医学成像等方面具有重要应用前景。

1. 红外焦平面阵列探测

早期太赫兹实时成像系统采用二氧化碳泵浦的气体激光器为激光源[17]，由于气体激光器输出光束质量好，在成像效果上主要受限于阵列探测器的水平。不过气体激光器体积庞大，设备昂贵，使得成像系统一直停留在实验室演示的层面，难以获得实际应用。

THz QCL 的出现使得太赫兹实时成像系统的实用化成为可能。基于 THz QCL 和阵列探测器进行实时成像的系统由美国 MIT 的 Lee 等[18]首次提出并获得验证，该系统的成像频点为 4.3 THz，所用器件输出的峰值功率约为 50 mW，实现了对信封内铅笔字和人体拇指指纹的成像演示，成像分辨率约为 0.5 mm。上述成像演示开启了以 THz QCL 为主动光源的阵列探测成像以及实时成像研究。随后，Lee 等[19]采用一个可连续波工作、最大连续波输出功率达 38 mW 的 4.9 THz QCL 作为成像光源，将系统的成像距离提高到 25.8 m，实现了对干种荚的实时成像，成像分辨率为 0.75 mm。上述成像系统的共同之处在于，除了采用 THz QCL 作成像光源外，均采用红外焦平面阵列作为成像信号接收端，由于这种阵列探测器的峰值探测波长为 8～14 μm，其在太赫兹频段的响应较弱，成像系统对激光源的输出功率有很高要求，所采用的 THz QCL 必须工作于体积较大的大冷量制冷机装置中，从而限制了其应用范围。

2. 太赫兹阵列探测

为了进一步提高阵列探测器在太赫兹频段的响应率和灵敏度，日本的 Oda 等[20]在原有红外焦平面阵列探测器基础上对器件的峰值响应波长进行优化，最终获得了常温下低达 40 pW @ 3.1 THz 的单像素 NEP，在配置了改进的阵列探测器后，成像系统光源的平均输出功率降低至 1 mW 水平也可以获得相同质量的图像。因此，成像系统探测端灵敏度的提高，极大地降低了系统对光源输出功率的要求，使 THz QCL 冷却装置的小型化成为可能。除此之外，加拿大的研究者们也开发出了像素为 384×288 的太赫兹照相机，最佳 NEP 达 70 pW @ 2.5 THz，并采用二氧化碳泵浦的太赫兹气体激光器作为光源，实现了对刀片、软盘等样品的视频成像，帧率达 30 Hz[21]。

为了验证 THz QCL 输出激光对现场烟尘的穿透特性，日本的 Hosako 等[22]采用改进版的太赫兹阵列探测构建了远距离实时成像系统，应用于火灾现场的物体探测中。研究表明，透过烟尘太赫兹阵列探测器可以很明显地发现经过反射镜后返回的太赫兹激光，上述系统的工作距离可达 5 m。而与之对比的长波红外频段，因烟尘的温度高于周围环境，烟尘的辐射信号已经使红外探测阵列饱和，使其无法区分信号和噪声；在可见光频段，光信号则直接被烟尘遮挡，无法探测到信号。随后，Oda 等推出了基于改进型红外焦平面阵列的太赫兹照相机(THz Camera)，其主要工作频率为 1～7 THz，专门针对 THz QCL 激射频率范围而优化，使得 THz QCL 在实时成像系统中的应用优势大幅增加；后来，该研究小组采用小型斯特林制冷机作为激光源的冷却装置，搭建了一套太赫兹显微成像装置，最小显微成像光斑直径为 3.7 mm，实现了对头发丝、微管中乙醇和水等物质的实时显微成像，成像分辨率达 70 μm[23]。

3. 二维摆镜消干涉技术

作为光源，THz QCL 的性能在上述太赫兹实时成像系统中至关重要，尤其是在小型化系统的开发过程中，通过优化探测端的性能可以很好地降低系统对激光器的功率需求，为激光源和成像系统的小型化奠定了很好的基础。不过，THz QCL 的输出激光有个特点，因其输出激光波长比激光器有源区厚度要大很多，输出激光较为发散且呈现出环状分布，特别是双面金属波导结构的器件，上述现象尤其明显[9]。

图 5-39 为一个单面金属波导 THz QCL 的输出激光经一个小型离轴抛物面镜收集后，激光束的二维分布图。例如，上述 Oda 等开发的显微成像系统[24]中，均匀分布的光斑区域可以使用光阑将光束中多余的环状部分滤除，只保留中心较为均匀的部分来构建成像系统。

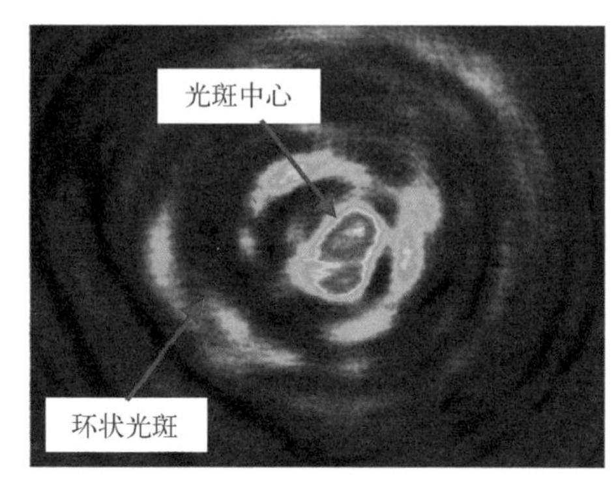

图 5-39 单面金属波导 THz QCL 的输出激光经过 OAP 反射镜会聚后的光斑形状

上述环状光斑的形成源于 THz QCL 激光不同分布区域之间的干涉。解决干涉问题，除了可以通过对激光器脊条进行工艺改进，比如采用三阶分布式光栅结构[10]或者端面刻蚀技术[11]等内部的工艺方法来解决外，还可以采用外部方法来解决。即采用一组二维摆镜，将成像光束在 x、y 两个维度上进行摆动，使得太赫兹阵列探测器上接收到的信号在成像效果上呈现出均匀分布的特点。从而可以在视觉上消除激光本身干涉和分布不均的问题，再辅以空间滤波技术和信号处理技术，可有效提高成像质量。

图 5-40 为采用一个 90°二维摆镜和一个激射频率为 4.3 THz 的单面金属波导 QCL 实现均匀光束的光路示意图。图中获得了圆形的太赫兹匀束光斑，从太赫兹阵列显示的视觉效果来看上述匀束光斑比图 5-39 中所示的要均匀很多，从而使得实时成像的质量可以大大提高。Oda 等[25]采用这种方法有效消除了成像过程中出现的干涉条纹，相关结果如图 5-41 所示。

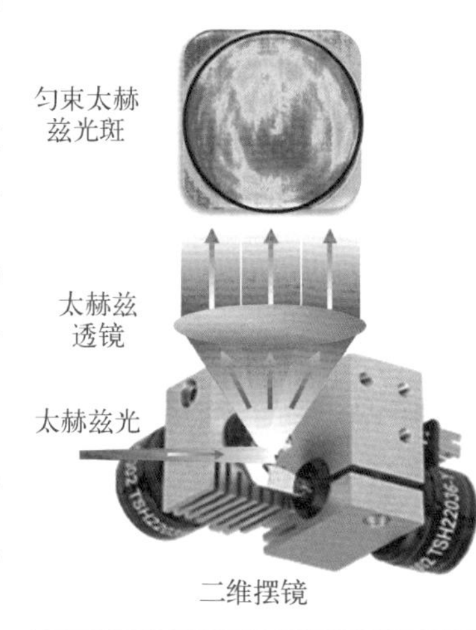

图 5-40 二维摆镜消干涉技术的光路示意图

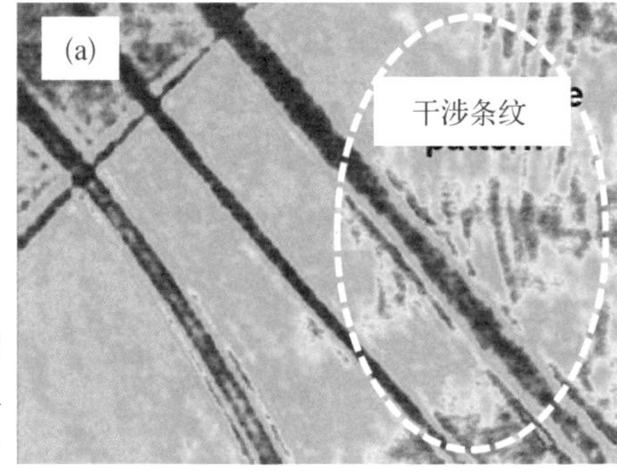

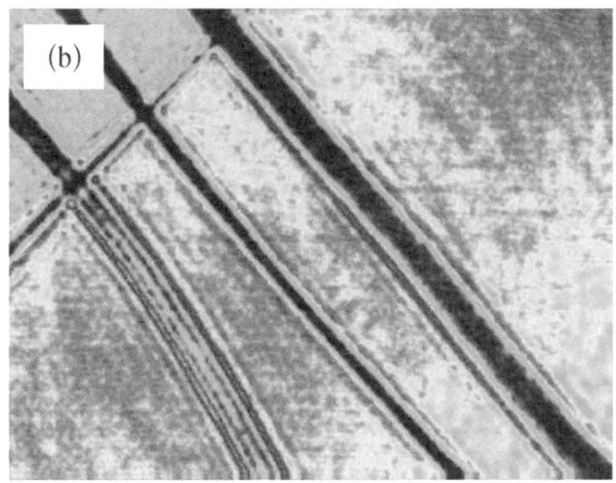

图 5-41 太赫兹实时成像中 THz QCL 激光干涉条纹的消除[25]

(a) 未采用二维摆镜得到的图像；(b) 采用二维摆镜得到的图像

上述消干涉技术充分利用了快速摆动(频率 100 Hz 以上)反射镜形成的空间分布式光束，由于太赫兹阵列探测器响应慢，这些形成的光束体现在阵列探测器上是时间连续分布的，从而在时间上形成了均匀光束的效果。

对于上述二维摆镜消干涉技术来说，两个匀束摆镜的摆动频率和幅度非常重要，对匀束后的光束分布有重要影响。为了使通过摆镜和透镜后的光束在探测阵列上看起来是均匀的，对 x 和 y 两个方向摆镜的摆幅和频率要进行专门的调试和设置，使两者的摆动速度成一定的比例，而摆动幅度则根据光路系统中所需光束大小来调节和设定。

4. 太赫兹实时成像系统的改进

随着 THz QCL 器件性能的不断提高，基于 THz QCL 的实时成像系统将有望在系统体积、质量、成像信噪比以及成像效果方面获得进一步改善。要实现上述改善，需要从激光源、成像光路和信号探测端等着手。具体包括以下几个方面：

(1) 激光源方面，目前性能最好的 THz QCL，在不考虑制冷机本身功耗的情况下，其电光能量转换效率只有不到 2%，大部分的水平在 1%以下。考虑到器件脊条两端都出射太赫兹激光，一半功率的激光如果得不到利用则被浪费，因此实际可用的有效功率更低。在室温工作的 THz QCL(不包括差频产生方式)获得验证并实用化之前，激光器的冷却装置仍然是成像系统设计过程中必须加以综合考虑的部分。高工作温度(大于 77 K)和较高的能量转换效率(大于 2%)是实用化 THz QCL 必须具备的条件。尽管小型斯特林制冷机在现有成像系统中具有体积较小、质量较轻以及耐用性好等特点,但斯特林制冷机工作时的振动以及其自身冷却过程中产生的干扰(主要是风冷系统),会给对环境敏感的成像系统产生较大影响,而水冷系统需要额外增加体积和质量,也不利于整个成像系统的小型化。为此,提高器件的能量转换效率,改进器件的制冷方式,采用更小型的制冷装置是未来发展趋势,比如可手持式的制冷机等。其次,激光束的改善也需要在现有基础上进一步提高器件输出功率的稳定性和可靠性,目前通常采用的是粘贴式高阻硅透镜。这种方法尽管在精准的贴片机辅助下可以实现良好的光束输出,但实际应用过程中遇到振动等环境性试验时,易出现脱落和损坏,必须采用更可靠的方式来实现硅透镜对太赫兹激光的耦合输出,比如位置可调、精细设计的透镜夹具等。第三,为了实现多频点的成像,还需要对激光器的激射频率进行优化,针对不同物质采用环境吸收小的激光频点来提高成像信号幅度,获得更优的成像信噪比。

(2) 光路优化方面,目前大部分系统针对的是透射成像,对反射成像的优化涉及较少,需要针对成像目标物进一步改进成像方式,拓展系统的成像功能,并针对不同成像光斑范围,采用不同型号的二维摆镜。

(3) 探测端方面,除了提高阵列的探测灵敏度之外,利用 THz QCL 激光频谱纯度高的特点,开发新型的单频点或窄频探测器阵列,在降低成像信号噪声的同时大幅提高成像信噪比。

5.3.3 成像技术的应用

考虑到 THz QCL 输出激光的频率范围覆盖 1.2～5.2 THz,所以基于 THz QCL 的实时成像系统未来在危险品分析、材料分析和生物医学成像等方面具有独特的优势。例如在癌细胞切除手术中,通过太赫兹实时成像的在线反馈,指导手术医生准确地切除病灶区域,降低手术对人体正常组织的伤害程度。同时,公共场所对危险品快速检测的需求,也使得上述阵列成像系统备受关注,人们希望通过上述阵列成像手段,能大大缩短成像时间,为后续的成谱分析提供强有力的时间保障。

要在原理上满足上述应用需求，从当前的成像分辨率和成像速度来看，采用5.3.2节的实时成像技术是最好的选择。图5-42是采用小型化激光源、二维摆镜、太赫兹透镜和太赫兹阵列探测器搭建的透射式太赫兹实时成像演示系统，其中激光源的工作频率为4.3 THz，有效输出功率大于3 mW，太赫兹透镜通光孔径为38.1 mm、焦距为50 mm，二维摆镜的第一级振镜频率为100 Hz，第二级振镜频率为240 Hz，两级振镜的振动幅度均为±1.4°。

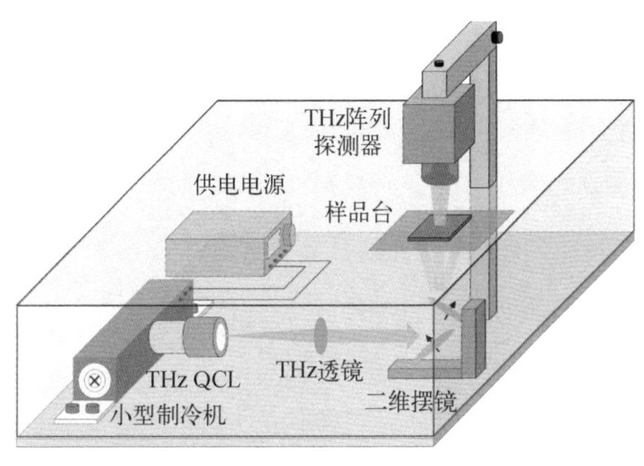

图5-42 太赫兹实时成像系统示意图

采用上述成像设置，实现了最大成像范围达40 mm×30 mm的实时成像系统，获得了刀片、药片等样品的太赫兹实时图像，成像结果如图5-43所示。通

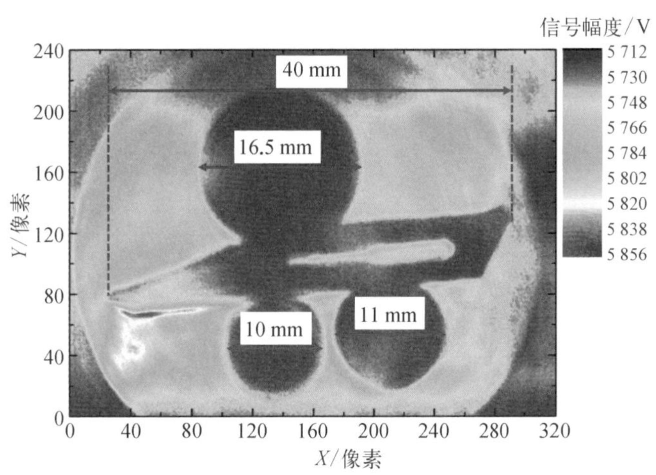

图5-43 刀片和不同大小药片的太赫兹实时图像

过对成像系统各部件的有效集成，还可以开发针对危险品、二维材料等样品的太赫兹成像仪(图 5 - 44)。仪器主要性能指标包括：① 成像范围为 40 mm×30 mm；② 单帧图像获取时间小于 0.2 s；③ 最佳成像分辨率优于 1 mm。上述太赫兹成像仪成像面积大的特点在缩短特定面积样品的成像时间、实现对危险品的快速成像检测方面提供了很好的技术手段。

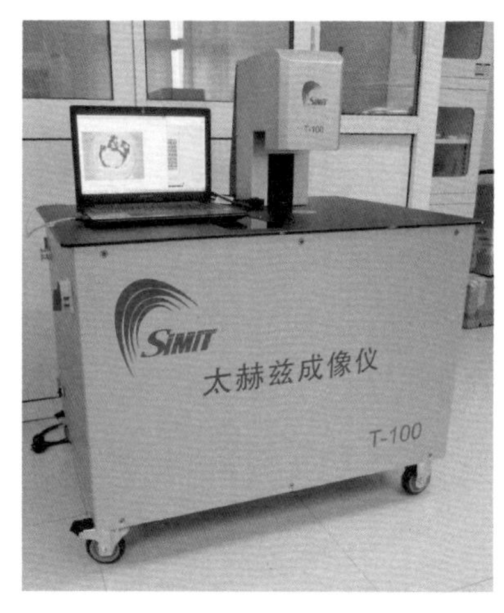

图 5 - 44 太赫兹成像仪照片

为了开发适合于危险品二次安检的仪器，上海高晶影像科技有限公司、中国科学院上海微系统与信息技术研究所、天津大学和上海理工大学的研究者们联合提出了太赫兹成像成谱联动分析仪[26]，它是一种专门针对危险品分析检测的仪器，包括太赫兹实时成像和成谱分析两大子系统，仪器工程样机的构成如图 5 - 45 所示。图中，太赫兹实时成像子系统位于仪器的左边部分，与右边的成谱分析子系统均采用单独的双层隔震结构设计，避免了小型制冷机工作时的振动对成谱分析子系统工作性能的影响。左边实时成像子系统主要包括了小型制冷机及其电源、THz QCL 及其专用驱动电源、太赫兹透镜、二维摆镜、太赫兹阵列探测器及其光学系统等。上述成像成谱分析仪将两个子系统进行了有效集成，并从电气电路上进行了统一控制，为仪器成像成谱联动分析功能的实现奠定了基础。

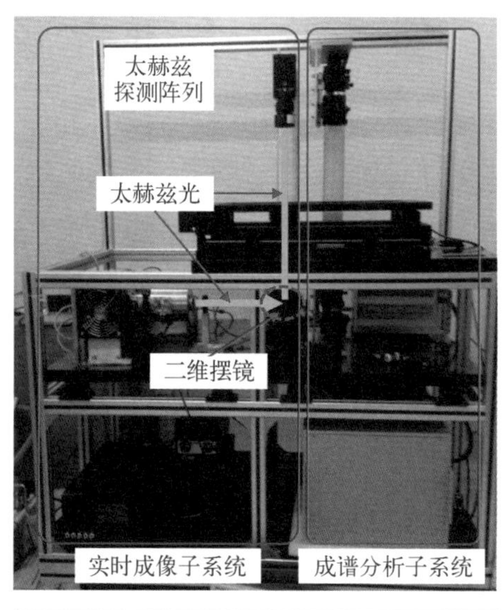

图 5 - 45 太赫兹成像成谱联动分析仪组成部分及成像光路示意图[26]

在实际应用过程中，为了把成像范围进一步扩大，在太赫兹阵列探测器的光学耦合系统上增加了一个可变焦距的高阻硅镜头，其通光孔径达 50.8 mm，通过优化二维摆镜后的光路系统，实现了直径达 42 mm 的成像光斑，并将改进后的太赫兹实时成像系统集成于太赫兹成像成谱联动分析仪(以下简称太赫兹分析检测仪)的产品样机中。图 5-46 所示为太赫兹分析检测仪的照片(左图)和仪器控制软件界面(右图)。其中，右图中显示了对未知样品的成像结果及可疑位置(P1、P2、P3 和 P4)的光谱分析与判别结果[26]。

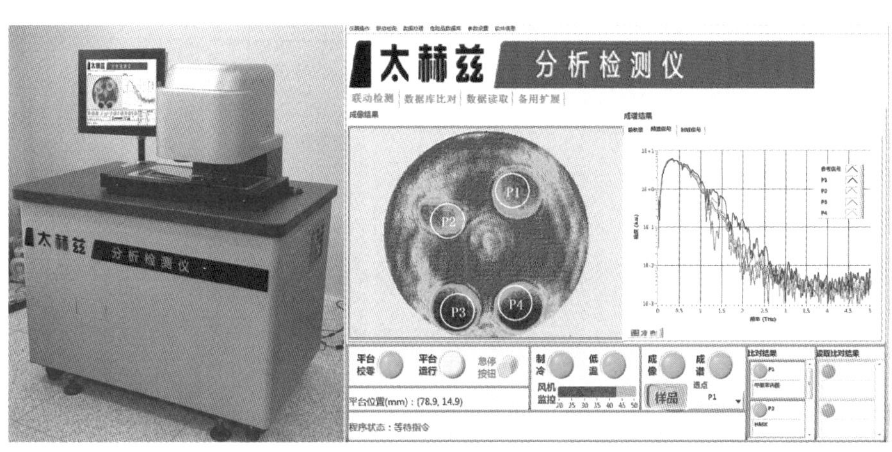

图 5-46 太赫兹分析检测仪的照片(左)与仪器控制软件界面(右)[26]

下面以标准样品为例，结合图 5-46 右图的仪器控制软件，对上述太赫兹分析检测仪的功能和具体检测流程进行介绍，主要分为以下几个步骤[26]。

(1) 给仪器供电，并打开控制仪器的计算机。

(2) 开启成谱子系统的泵浦光源，预热 30 min 左右，同时给成像子系统的小型制冷机抽真空，抽 40 min 左右。

(3) 开启成谱子系统太赫兹辐射输出按钮，将包有黑色塑料袋的空样品池放置于成谱子系统中，测量未放入样品时的背景谱线。

(4) 将被检测的未知样品放入样品池，在黑色塑料袋的包裹下，使被测样品不可见，点击操作软件，将整个样品池从成谱区域移动至成像区域。

(5) 点击“开始成像”按钮，对不可见的未知样品进行实时成像，截取其中一帧进行定位分析，选取透过率较低(对应为蓝色)的位置，如图 5-46 右图所示的 P1、P2、P3 和 P4 位置点，此时软件已经根据样品平移台的机械位移量确定并记录了四个点在二维移动平面上的位置。

(6) 点击“结束选点并成谱分析”按钮，将样品从成像区域移动至成谱区域，控制软件根据四个选取点的确切位置，依次将可疑位置点移动至成谱子系统的辐照区域，获得四个位置点样品的太赫兹谱线。

(7) 对每一个点获得其太赫兹谱线后与数据库中的谱线进行比对，给出比对结果的判别。比如，通过对比，所测位置的物质谱线与数据库中某一种物质的谱线匹配，则显示该物质的名称，如果与数据库中所有物质的谱线都不匹配，则显示“未知物质”。判别结果显示于软件界面的右下角，从图 5－46 看出，判断出的 P1 和 P2 位置的可疑物质分别为甲基苯丙胺和 HMX(一种爆炸物)。

通过上述检测流程，太赫兹分析检测仪完成了对未知危险品的成像定位和成谱分析与判别的全过程，包括样品移动的时间，整个物质谱测量与判别过程大约需要 5 min。上述危险品分析检测过程中，实时成像系统各部分的参数和设置如下：① 成像工作频率为 4.3 THz；② 单帧成像速度为 0.23 s；③ 成像光斑直径为 42 mm；④ 第一级振镜频率为 80 Hz，第二级振镜频率为 260 Hz，两级振镜的振动幅度均为 $\pm 1.5°$；⑤ 图像中，红色和蓝色分别代表透射太赫兹辐射的强和弱，越红透过率越高，越蓝透过率越低，中间信号则以暖色向冷色的逐渐变化来表示。

为了确保上述使用和操作过程流畅而有效，仪器软件必须包含以下几个部分：① 仪器硬件设备及软件运行环境初始化；② 设备状态的实时监控；③ 二维平移台的精确定位；④ 获取直观的检测图像与指纹谱结果；⑤ 其他产品化的设计考虑，如人机交互，错误屏蔽等[26]。

采用上述太赫兹分析检测仪的成像和成谱功能，可以研究硅基二氧化钒材料由金属相变成绝缘相的太赫兹图像(图 5－47)以及相应的透射谱变化，其中硅衬底的厚度为 0.5 mm，在生长二氧化钒之前，会先生长一层三氧化二铝作为过渡层，整个样品的直径为 15 mm。上述成像与成谱分析过程中，首先对二氧化钒样品加热，使其发生相变至金属相，然后放入成像视野区域进行测量与截图。金属相状态下的成像结果如图 5－47(a)所示，由图可知金属相的二氧化钒透过率基本为零，其透过信号的幅度(显示为深蓝色)均接近背景信号线(近圆形成像区域外的无信号区域对应的信号幅度)，图中显示的低透过性，充分说明了二氧化钒相变后的金属性很强；放置约 5 s 后，二氧化钒样品逐渐变成了可透状态，如图 5-47(b)所示，变回绝缘相后的样品在右边及中心区域呈现出较好的透过性，其颜色相比成像区域偏绿，说明有一定透过率，但比无样品遮挡区域的信号低。为了使透过性的对比效果更明显，将两种相状态下的信号曲线进行了对比，图 5-47(c)为(a)和(b)两个图中黑色虚线所示位置的信号曲线。看得出来，绝缘相时样品区域的信号幅度与金属相时的幅度相差 30 个单位，而整个无样品区域的信号差为 68 个单位，说明绝缘相时样品的透过率为 44%，这一结果与样品所采用的 0.5 mm 厚度高阻硅衬底情况相符，0.5 mm 高阻硅衬底根据阻值的不同，其在 4.3 THz 的透过率为 40%～55%，说明绝缘相二氧化钒薄膜本身对 4.3 THz 激光的吸收很少。

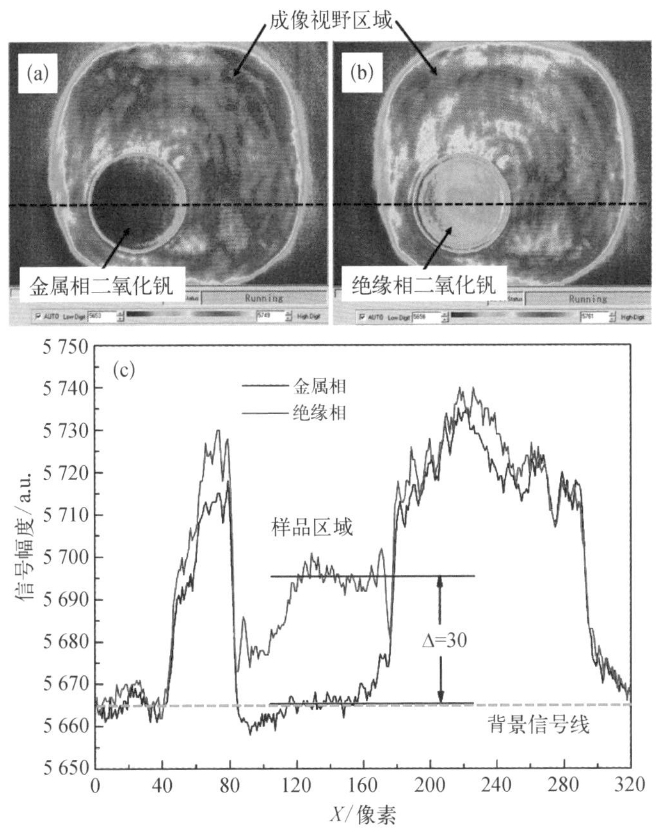

图 5-47 硅基二氧化钒材料相变过程的成像透过率分析

(a) 金属相二氧化钒的太赫兹图像；(b) 绝缘相二氧化钒的太赫兹图像；(c) 二氧化钒材料相变前后的图像透过率分析

为了捕捉到相变过程的样品信号谱线，在5 s的相变过程中，通过快速的单独成谱操作，捕捉到了样品信号谱线由弱变强的变化过程。图5-48所示为测量得到的太赫兹谱信号随二氧化钒相变的变化过程。选取0.3 THz作为计算样品透过率的频点，计算结果见表5-2。由于太赫兹谱线采用TDS系统测量，探测器的信号值对应为电场或光电流，所以透过率的测量需要用功率透过率来与4.3 THz激光的情况进行对比，即功率透过率为电场透过率的平方。由表中结果可知，样品在0.3 THz处金属相的功率透过率为18.1%，绝缘相的功率透过率为46.1%，略高于4.3 THz处的透过率。

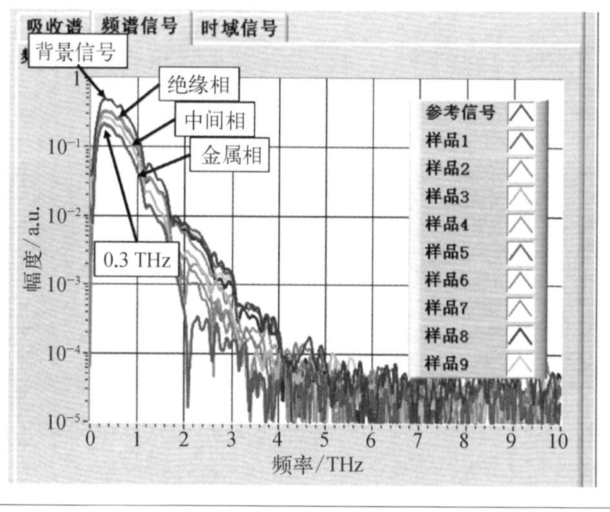

图5-48 硅基二氧化钒材料相变过程的成谱分析

需要说明的是，在极短的相变过程中，成谱操作捕捉到了相变中间态（中间相）的信号谱线，计算得到的功率透过率为29.8%，刚好落在样品金属相和绝缘相透过率数值的中间附近。

表5-2 0.3 THz处二氧化钒相变过程的透过率计算结果

类　　别	背　景	金属相	中间相	绝缘相
电场幅度	0.489	0.208	0.267	0.332
电场透过率	/	42.5%	54.6%	67.9%
功率透过率	/	18.1%	29.8%	46.1%

从上述太赫兹分析检测仪应用于危险品分析判别和材料相变分析可以看

出，成像成谱联动功能的太赫兹检测技术具有很好的测量效果，可以作为太赫兹光电测试的一种独特手段，在生物医学成像、物质识别和材料的动态过程分析方面具有很好的应用前景。

5.4　基于太赫兹量子器件的无线通信技术

无线信号传输是信息传输的一种有效方式，太赫兹频段作为未来6G等大容量通信系统使用的通信资源频段，具有广阔的应用前景。随着太赫兹频段辐射源、探测器和调制解调技术的快速发展，基于太赫兹辐射的无线通信技术逐渐出现并在通信性能上不断获得提高，尤其是靠近微波、毫米波的低频太赫兹频段，无线通信系统的性能实现了大幅提升并获得了实际应用[27]。

随着THz QCL和THz QWP的出现及其性能的提高[28]，1～5 THz频段的无线信号传输技术得以实现零的突破[29，30]，并先后实现了文本、图片、音频和实时视频的传输演示[30-32]，验证了上述器件在该频段作为无线信号传输发射和接收端的实际应用性能，有效促进了该频段无线通信技术的发展。图5-49是基于THz QCL发射和THz QWP接收的太赫兹无线信号传输系统框图，主要包括发射前端、驱动电路、信号传输通道、探测电路、接收后端以及系统的一些辅助装置等。

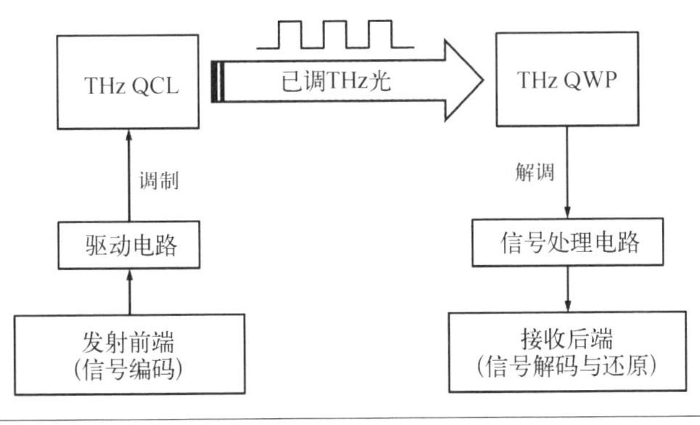

图5-49　基于THz QCL发射和THz QWP接收的太赫兹无线信号传输系统框图

5.4.1　太赫兹激光的传输

与其他频段的激光一样，太赫兹激光在传输过程中会有一定的衰减。在自由空间中，影响太赫兹激光传输的因素主要包括大气中的水汽吸收（如雾、水蒸气等）、大气中大分子与颗粒物的散射（如雪、尘埃、烟等），在其他介质中传播时还包括介质吸收和介质表面散射引起的损耗。

由于 THz QCL 工作于低温恒温器中，与 3.4.3 节器件激光功率测量中的分析相似，其输出激光的传输损耗包括以下几个方面：① 耦合输出波导的吸收与反射损耗；② 制冷机密封窗吸收；③ 大气中的水汽吸收；④ 大气中的大分子与颗粒物散射。因此，在考虑太赫兹功率计敏感面收集效率的情况下，THz QCL 端面输出激光的功率 P_0 与功率计敏感面上的测量值 P_1 存在如下关系

$$P_1 = P_0 \eta_1 \beta_1 \exp[-(\alpha_0 \omega L + \alpha_1 \omega d)] \tag{5-19}$$

式中，ω 为太赫兹光的频率；α_0 为湿度和温度一定的情况下水汽对太赫兹光的吸收系数；L 为太赫兹光在大气中的传播距离；α_1 为制冷机密封窗材料对太赫兹光的吸收系数；d 为窗片厚度；β_1 为太赫兹光耦合输出波导/天线的收集效率；η_1 为太赫兹功率计的收集效率。

太赫兹光在大气环境中传播时，会产生大气衰减效应及大气湍流效应。大气衰减效应主要是指大气中水汽对太赫兹光的吸收造成激光能量的衰减。而大气湍流效应是由于大气的湍流运动使大气对太赫兹光的有效折射率具有随机起伏的特性，从而导致太赫兹光的强度、相位在时间和空间上都呈现随机起伏，使得太赫兹光束在大气信道中传输时产生闪烁、扩展、畸变及光能损失等现象。因此，系统研究太赫兹光的大气衰减效应和大气湍流效应对于提高太赫兹无线通信系统的性能具有重要意义。

5.4.2 太赫兹信号的调制与解调

在图 5-49 所示的传输系统中，除了要求发射端和接收端的器件具备良好的通信性能外，调制端信号的加载与接收端信号的解调也很关键，后者直接决定了系统传输质量的好坏和传输演示效果。

1. 信号调制

在通信领域，信号调制是指让载波的波形特性按照被传输信号波形进行变

化的过程和处理方法。比如在上述太赫兹无线通信系统中，太赫兹光为信息传输的载体，所谓调制，就是将待传输的基带信号（调制信号）加载到太赫兹光信号上的过程，其实质是将基带信号搬移到高频载波上去，目的是把要传输的模拟信号或数字信号变换成适合信道传输的高频光信号。THz QCL 的光电特性与现有光通信模块中的激光器类似，限于目前的器件性能，只适合于对 THz QCL 进行幅度调制，即给器件施加一个随基带信号变化的驱动电压或电流，使其输出随基带信号波形变化的太赫兹光。

开关键控（On-Off-Keying, OOK）是幅度调制方式中最为常用的一种。要实现 OOK 调制，发射端需要输出随着输入数字信号进行高低变换的电压信号。由于 THz QCL 的驱动电流和电压较大，在保证驱动电压变化稳定的情况下，发射端电路高低电平切换的速度难以提高。

为此，在设计和开发驱动电路时，可以采用大功率的 MOSFET/IGBT 高速驱动芯片 IXDN604 来实现对 THz QCL 的 OOK 调制，它可以提供 TTL 或 CMOS 电平输入，同时连续输出 1 A 的电流，输出电压为 4.5～35 V，其高电平和低电平（零电平）的典型输出阻抗分别为 1.1 Ω 和 1.3 Ω，高低电平切换的上升和下降时间分别为 9 ns 和 8 ns，传输时延典型值为 35 ns。不过，在实际使用中，该芯片的低电平输出为零电平，为了避免高低电平差过大产生的过冲效应，在驱动电路中采取外围电路来抬升芯片低电平的值。图 5 - 50 所示为采用 IXDN604 芯片设计的 THz QCL 调制驱动电路框图。其中驱动电路的输入为 20 V 直流，采用电源适配器供电，适配器则采用常规的 220 V 交流电作为输入，适配器的最大输出电流为 1.5 A。上述 20 V 的输出可以很好地驱动 THz QCL 发光。为了既能使调制时激光源两端的电压变化幅度不那么大，又能使激光源处于完全开和关的状态，可将驱动电路中的电压高值设置为 15 V、电压低值设置为 THz

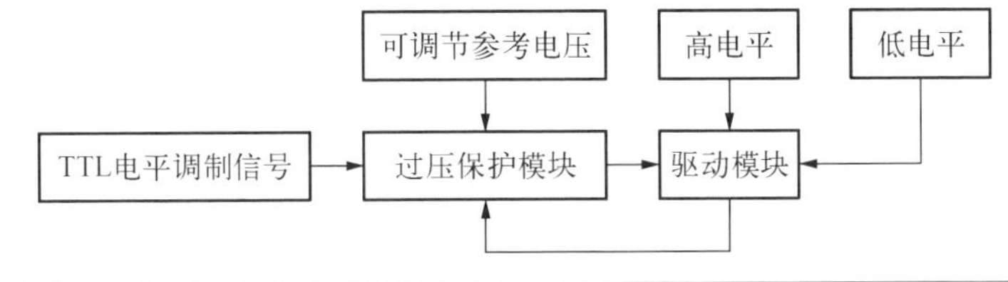

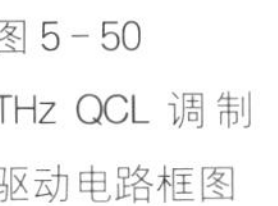
图 5 - 50 THz QCL 调制驱动电路框图

QCL 的阈值电压。需要注意的是，由于电路中的二极管会产生电压降，最终输出的低电平会低于 THz QCL 的阈值电压。

在实际操作过程中，由于需要上述几个模块组合在一起才能完成调制驱动电路的主要功能，如果在操作中出现失误，比如电源部分的可调电位器因失误而拧得过大，导致加在 THz QCL 上的电压过高，容易烧毁激光器。为此，需要设计过压保护模块来防止上述情况的发生。

2. 信号解调

信号解调是从携带信息的调制光信号中恢复信息的过程。在信息传输或处理系统中，发射端利用被传送的信息对载波进行调制，产生携带这一信息的光信号。接收端在接收信号时将所传送的信息进行恢复，上述过程即为信号解调。比如在上述太赫兹光信号的无线传输中，THz QWP 接收到包含被传输信息的调制太赫兹光后，会形成对应的光电流信号，通过对变化的光电流信号进行解调，即可得到被传输信息的信号波形，便于下一步的信息解码和信息复原等。

在接收被调制信号时，探测器的阻抗特性会影响其响应速度和带宽，需要对探测器的等效电路进行分析，以确定信号传输链路的整体性能。同时，THz QWP 为光电导探测器，其对太赫兹激光响应后产生电流信号，提取电流信号时需要用到跨阻放大技术。图 5-51 所示为 THz QWP 的跨阻放大电路示意图。采用这种跨阻放大电路给 THz QWP 提供偏置电压，同时提取光电流信号进行解调的具体过程如下：首先给 THz QWP 两端提供一个稳定的偏置电压，然后对其输出的光电流进行提取。图 5-51 所示的 R_F 为跨阻，运放反相输入端(-)的等效输入总电容 C_T 为 THz QWP 等效电容与运放寄生电容（通常为几个皮法）之和。由负反馈电路的反相与同相输入端的虚短与虚断特性可知，V_{bias} 能够加到 THz QWP 两端，同时 THz QWP 输出的光电流和背景电流会流经 R_F，而电流的变化会导致 R_F 两端电压发生变化。为了确保电路稳定而不产生自激，在跨阻 R_F 两端并

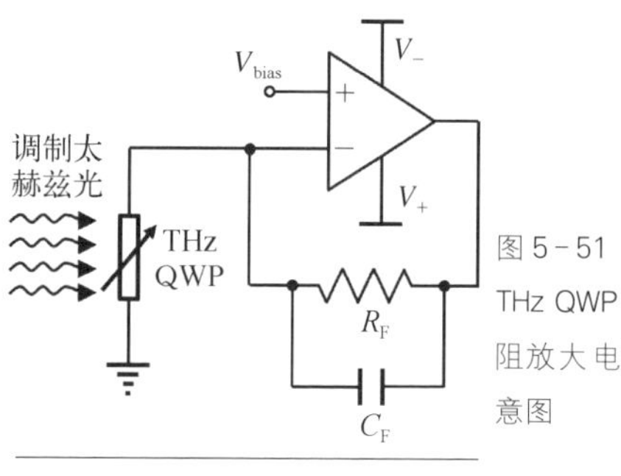

图 5-51 THz QWP 的跨阻放大电路示意图

联一个反馈电容 C_F，同时还可以消除输出电压信号的过冲。上述反馈电容的值可通过以下公式计算得到

$$C_F = \sqrt{C_T / 2\pi R_F (\mathrm{GBP})} \tag{5-20}$$

①

式中，GBP 为增益带宽乘积。同时，整个电路的 -3 dB 带宽可通过以下公式得到

$$f_{-3\mathrm{dB}} = \sqrt{\mathrm{GBP}/(2\pi C_T R_F)} \tag{5-21}$$

从式(5－21)可以看出，THz QWP 的等效电容(C_T 的一部分)对驱动电路的 -3 dB带宽有重要的影响，同时通过采用具有合适 GBP 的运放和改变跨阻的阻值也可以调节驱动电路的 -3 dB 带宽。由于上述带宽决定了探测电路所能接收到调制信号的最大速率，获得 THz QWP 等效电容的准确值变得非常必要。根据小信号分析原理，THz QWP 的等效电容 C 可根据以下公式得到

$$C = \varepsilon_0 \varepsilon_r A / h \tag{5-22}$$

式中，ε_0 为真空介电常数，数值为 8.85×10^{-12} F/m；ε_r 为 GaAs/AlGaAs 材料(制备 THz QWP 的材料)的相对介电常数，由于 THz QWP 探测的光子能量比较低，材料中的 Al 组分通常小于 0.03，因此其介电常数与 GaAs 材料十分相近，数值取 12.9；h 为封装后整个器件的厚度；A 为器件的面积。比如当器件厚度 $h = 2.7$ μm，面积 $A = 1.5$ mm × 1.5 mm 时，根据式(5－22)计算得到 THz QWP 的等效电容 $C = 95$ pF。

不过，上述等效电容是理论计算值，并未考虑 THz QWP 实际工作环境中涉及的电学连接线和焊接点带来的影响。为此，将 THz QWP 安装于连续流液氦杜瓦中，通过同轴线连接其上下电极至室温端，在器件降至典型工作温度(4.2 K)时，采用电感、电容与阻抗(LCR)分析仪测量了杜瓦外壁 SMB 电学连接处的等效电容，当测量信号频率为 1 MHz 时，测量得到的电容为 380 pF。说明计算得到的器件等效电容未包含杜瓦外壁电学连接线和杜瓦内部低温连接同轴线的电容，根据测量结果计算得出后两者的等效电容值高达 275 pF。根据图

---

① 根据行业习惯，使用缩写代表物理量，如 GBP 为增益带宽乘积。

5－51所示的电路原理，运放反相输入端的总电容 C_T，即上述测量到的电容值(380 pF)，与普通光电二极管(PD)的电容值(约几个皮法)，差了近 2 个数量级。因此，C_T对跨阻放大器的带宽影响非常大。为了获得较大的带宽，需要选用具有较大单位 GBP 的运放。此外，如果上述跨阻放大电路输出端为数字信号，则需要对放大后的电压信号进行判别输出，即根据一定的判别规则将模拟信号转换成数字信号后输出。

3. 信号调制解调举例

为了演示太赫兹光的调制解调过程，根据前面所述的信号调制与信号解调原理，开发了用于 THz QCL 驱动的调制电路和 THz QWP 信号提取的跨阻放大电路，其照片分别如图 5－52(a)(b)所示。其中调制驱动电路采用直流适配器供电，其输入为 TTL 电平信号，最大输出电流为 1.5 A，最大输出电压为 20 V，最大调制速率为 20 Mbps；跨阻放大电路采用充电电池供电，对 THz QWP 两端进行恒压供电且电压范围可调，对模拟信号的判别方式为差分信号比较判别，并对输出信号进行了良好的光耦隔离，输出信号为判别后的 TTL 电平[32]。

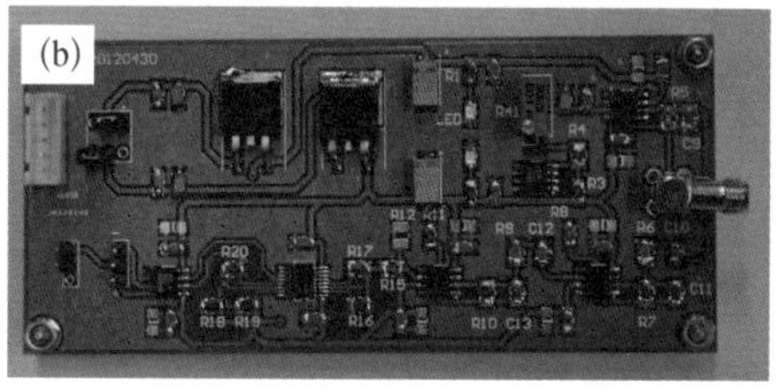

图 5－52 太赫兹调制解调电路

(a) 调制电路；(b) 跨阻放大电路

采用上述调制驱动电路和跨阻放大电路搭建了用于验证单向传输的太赫兹光链路，信号的调制与解调过程如下：采用图 5－52(a)所示的调制驱动电路对一个激射频率为 3.9 THz 的 QCL 进行驱动，驱动信号波形为误码率分析仪输出的 10 Mbps 伪随机码，THz QWP 接收到上述调制太赫兹光后，产生相应的光电流信号，输入跨阻放大电路中，最后对跨阻放大电路放大后的电压信号进行判别输出，即根据设定的判别规则将 THz QWP 产生的模拟信号转换成数字信号后输出。

在测试之前,需要简单了解一下通信链路带宽测试中的一个关键概念——误码率,为了便于理解,在此处的链路带宽测试中称为误比特率。误比特率(Bit Error Rate, BER)是衡量数据在规定的传输速率下数据传输精确性的指标,它被定义为传输中错误的比特数与所传输总比特数的比值。误比特率越小越好,通常在高清电视的信号传输中,误比特率需小于 10^{-12};而当误比特率的数值超过 10^{-6}时,系统的传输质量就已经不是很好了,尤其是在高速通信系统中。链路带宽测试时,将驱动电路中的监测信号端和跨阻放大电路的输出端同时接入示波器进行对比显示。对比结果如图 5-53 所示,其中上面部分的信号波形(黄色)为 THz QCL 的驱动信号,下面部分的信号波形(绿色)为跨阻放大电路输出的数字信号。由图可知,两者在周期上对应得非常好,说明采用上述太赫兹光链路传输 10 Mbps 的伪随机信号是完全可以的。

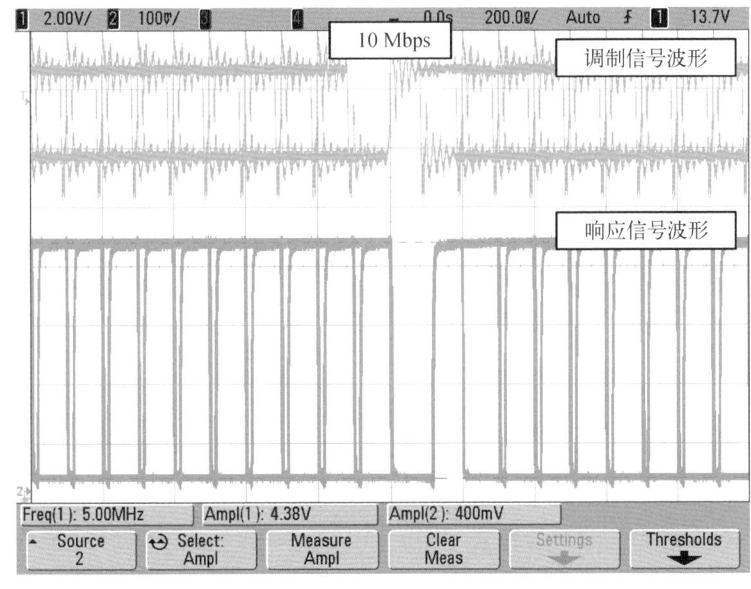

图 5-53 10 Mbps 伪随机信号加载下太赫兹光调制解调过程中的信号波形

5.4.3 太赫兹通信演示

1. 文本和图片的传输

文本和图片信息的传输是数字信号传输最基本的形式,也是早期验证通信链路的一种简单方式。为了实现1～5 THz频段无线信号传输零的突破，采用较为简单的编码和解码流程，搭建了一套载波频率为4.1 THz、传输距离为2.2 m的无线信号传输系统，如图5-54所示。整个信号传输系统采用一组OAP反射镜来进行太赫兹光的收集和准直。其中发射端为基于THz QCL的激光源，接收端为基于THz QWP的探测装置。

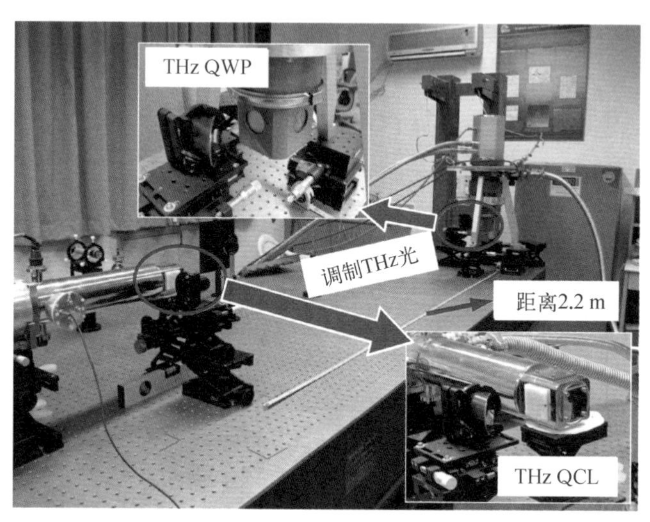

图5-54 基于THz QCL发射和THz QWP接收的文本和图片信息的无线信号传输系统

在文本信息的传输过程中，首先采用LabView软件将电脑中包含“simit”文字的文本文件转换为适合数字通信的编码；然后用其控制THz QCL的驱动电源，使用THz QCL在上述编码的调制下输出激光；经过一组OAP反射后，上述带有调制信号的太赫兹光到达THz QWP的光敏面上，THz QWP对上述太赫兹光响应后产生相应的光电流，将上述光电流提取后用示波器进行显示和读取；最后对示波器上的信号读取后转换成相应的编码并还原成文本文件。上述信号传输过程中，THz QCL工作温度为10 K，驱动电流为0.402 A，激射频率为4.13 THz。THz QWP工作温度和外加偏压分别为3.13 K和22.5 mV。

图5-55(a)为文本信息的无线传输的对比结果，由图可知，软件控制是文件传输过程的重要部分，包括了信道编码、传输过程的触发、接收信号的读取以及还原(解码)。由于传输过程中，THz QCL工作于1 s开、1 s关的方式，传输速率

比较慢。不过，上述文本文件的无差错传输实现了1～5 THz频段的无线信号传输零的突破，因此意义重大。在上述文本文件的无线传输演示中，由于放大器采用的是AC耦合模式，示波器中显示出来的信号波形为失真的方波信号，这样会导致LabView控制软件在模数转换的过程中出现判断错误，从而增加了传输过程的出错概率。另外，随着传输时长的增加，THz QWP接收到的信号与发射端发出的信号存在一定的延迟，最终导致传输质量的下降。为了解决这一问题，首先将放大器的耦合方式改为DC耦合；然后通过在传输过程中增加差错控制码来降低数据传输过程中的误码率。基于上述改进，实现了图片信息的无差错无线传输，传输过程中的软件控制及传输结果与源图片的对比如图5-55(b)。为进一步提高传输的速率，在上述演示实验中提高了THz QCL驱动电源的开关频率，并对发射端驱动信号和接收端响应信号进行实时监测，随时发现传输出错的编码。

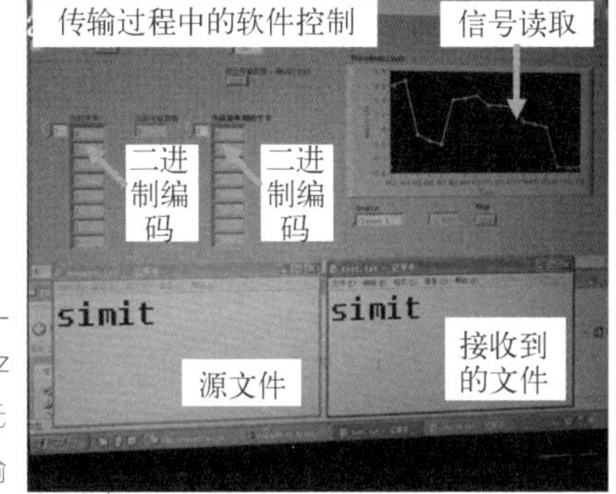

(a) 文本信息的无线传输

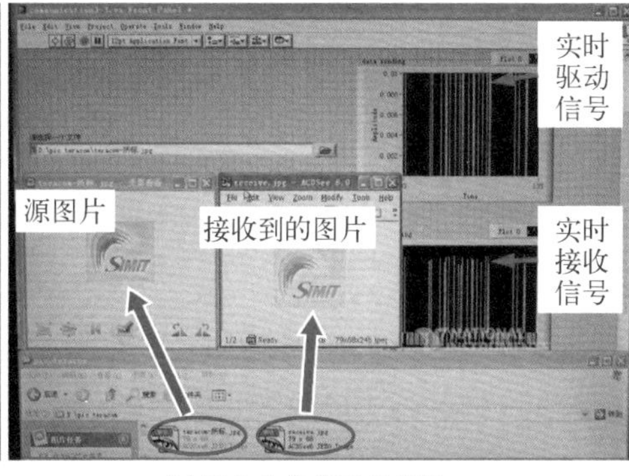

(b) 图片信息的无线传输

图5-55 基于THz QCL发射和THz QWP接收的无线信号传输演示

上述无线传输演示的成功实现是载频1 THz以上太赫兹无线通信系统的重要突破。上述两个演示实验仅仅是基于THz QCL发射和THz QWP接收无线通信过程的初步验证，离真正意义的太赫兹光高速通信还有非常大的距离。还需要将两个太赫兹量子器件的快速响应特性充分发挥出来，并对系统进行很大程度的改进。

2. 实时音频信号传输

声音信号是进行现代通信非常形象的一种信息，采用信号加法器、跨阻放大器和音频放大器搭建的实时音频信号传输演示系统框架图如图 5－56 所示。其中 THz QCL 和 THz QWP 的工作条件及相关参数与上一节的情况相近。

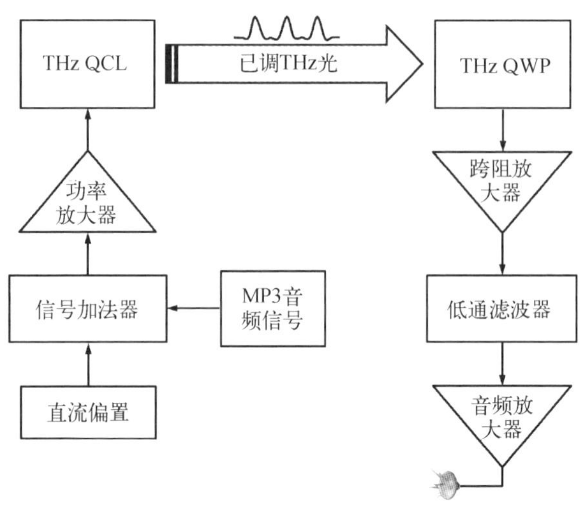

图 5－56 太赫兹实时音频信号传输演示系统框架图[30]

上述传输演示系统的工作过程如下：由 MP3 播放器产生的模拟音频信号通过调制驱动电路与一个直流偏置信号进行叠加，然后进行信号功率放大，驱动 THz QCL 产生调制太赫兹光。调制器提供一个 0.313 A 的直流偏置和幅值约为 0.04 A 的交流分量，使得 THz QCL 工作在其阈值之上，并工作在光功率-电流-电压($L-I-V$)曲线的线性区域，输出平均功率约为 2 mW 的调幅太赫兹光，调制深度为 75%。THz QWP 探测到的电流信号，经过增益为 104 V/A 的跨阻放大器(TIA)转变为电压信号，再经过滤波和放大，最终反馈给示波器实时显示，同时输出给扬声器进行声音播放。

图 5－57 所示分别为演示实验中 MP3 输出的音频信号(黄色)、加载到 THz QCL 的音频信号(绿色)以及 THz QWP 响应后输出的模拟信号(粉红色)。可以看出，三个信号在时域上非常一致，通过扬声器对比，发现接收端还原出的声音与发射端的声音相似度非常高。

为了进一步测试上述传输系统的性能，在实验中利用该系统传输正弦波信号，在失真不太明显的情况下，逐步提高正弦波信号的频率。图 5－58(a)所示为传输一个 500 kHz 正弦波信号的调制信号与接收信号时域图。可以看出，接收

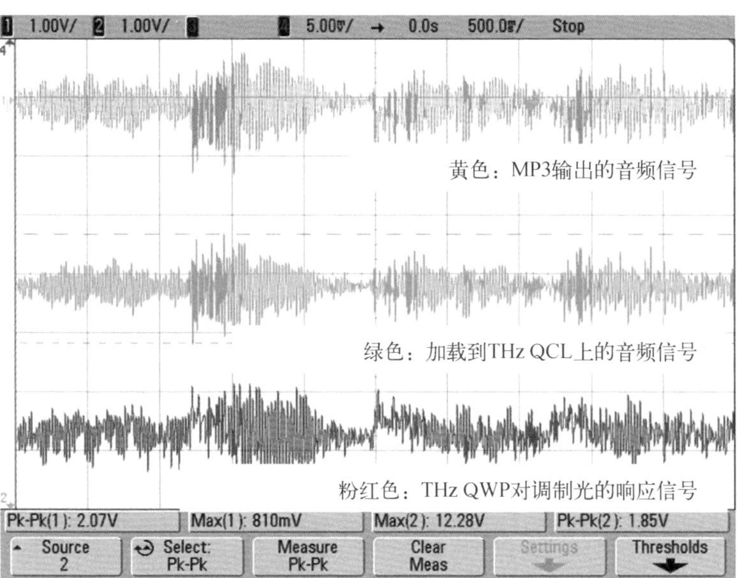

图 5-57 太赫兹音频信号传输演示中的信号波形比较[30]

信号存在着 800 ns 左右的时延，这主要是由接收端电路的相位延迟引起。同时可以看出解调信号相比于调制信号，存在着一定程度的非线性失真，这主要源于 THz QCL 的输出功率与调制电压关系的非线性、THz QWP 的响应电流与接收功率关系的非线性以及电路的非线性失真。随后，采用子谐波更多的 100 kHz 的三角波信号代替正弦波信号，测量得到了图 5-58(b)所示的时域图和图 5-58(c)所示的频谱图。在时域图中，依旧可以看出时延和失真现象；在频谱图中，不仅可以看出由系统的非线性导致的接收信号失真，还可以看出接收信号的信噪比，信噪比在 100 kHz 处大于 30 dB，在 300 kHz 处大于 20 dB，并随着频率的增加迅速降低。上述情况的出现主要是由于在频率较高时信号功率降低，而噪声功率几乎不变，从而导致信噪比下降，传输质量变差。

3. 实时视频信号传输

随着通信信道容量的不断增加，视频传输成为现代社会越来越常用的方式，微信视频聊天就是很好的例子。为了验证上述两个器件在实时视频信号传输系统中的性能。基于 THz QCL 和 THz QWP 搭建的数字视频实时传输演示系统

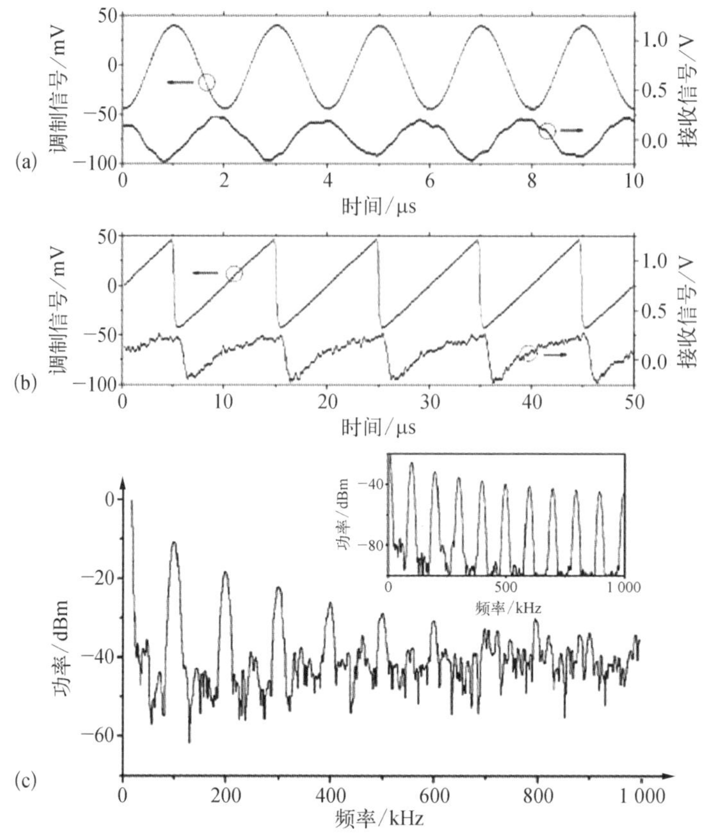

(a) 500 kHz 正弦波和(b) 100 kHz 三角波输入调制信号和接收信号的时域图;(c) 图(b)中下方曲线(接收信号)的频谱图,插图为图(b)中上方曲线(调制三角波信号)频谱图[30]

图 5-58 音频信号传输演示中的波形分析

如图 5-59 所示,图 5-59(a)(b)分别显示了系统照片和信号传输原理图。图 5-59(a)中,THz QCL 的工作温度为 10 K,激射频率为 3.9 THz;THz QWP 工作温度约为 4.2 K,传输链路的总长度为 2 m。

图 5-59(b)中红色点划线框内为发送端和接收端的数字部分,均由 ARM 开发板和 FPGA 开发板构成。ARM 的功能为对视频信息进行获取、编码、解码和显示,FPGA 的功能为实现异步串行通信的发送和接收。在发射端,摄像头获取的视频信号,经过 ARM 信道编码后,并行传输给 FPGA,FPGA 按照 UART 协议要求的时序,将数据串行传输给驱动电路,驱动电路输出高低切换的电平信号,高低电平均可调节。根据器件的 $L-I-V$ 曲线,选定输出高电平为 13 V,低电平为 10.8 V,这样当驱动电路输出高电平时,THz QCL 输出激光,当驱动电路输

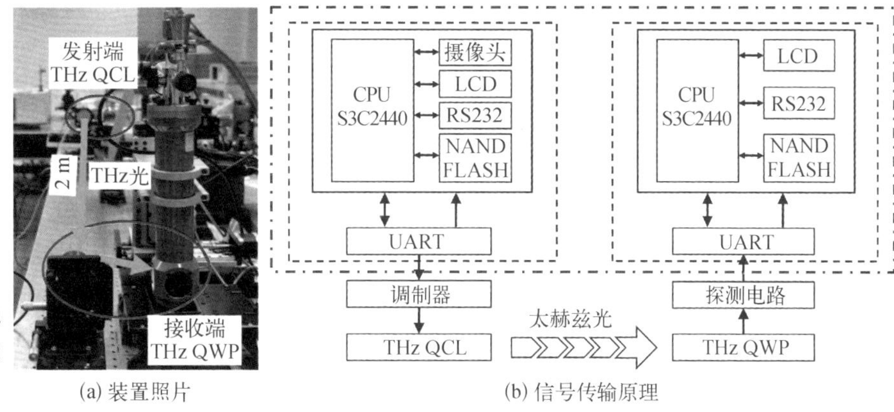

(a) 装置照片
(b) 信号传输原理

图 5-59 太赫兹数字视频实时传输演示系统[31]

出低电平时，THz QCL 不输出激光，从而实现了对太赫兹光的 OOK 调制。

THz QCL 输出的调制太赫兹激光经过光学系统的收集和反射，在空气中传输一段距离后，被 THz QWP 接收，接收电路为其提供−40 mV 的工作偏压，太赫兹光信号经过 THz QWP 探测电路的转换、放大、滤波和判别，变成数字信号，串行输出给 FPGA，FPGA 将一帧画面识别并缓存，ARM 再对这一帧画面信号进行并行接收、解码、纠错，最终显示在 LCD 屏幕上面。

为了对发射端数字部分和接收端数字部分进行功能验证，将这两部分直连，得到的发射端和接收端画面分别如图 5-60(a)(b)所示。调试成功后，再将视频获取及编码端(前端)和信号解码与显示端(后端)加入实际搭建的太赫兹实时视频通信演示系统中。

在系统链路验证过程中，通常采用示波器监视发射端驱动电路的输出信号和接收端探测电路的输出信号，其结果如图 5-61 所示，其中上部分为接收端信号，下部分为发射端信号，传输数据的比特率为 2.5 Mbps。可以看出，接收端信号波形与发送端信号波形十分一致。接收端信号相对发送端信号出现的 500 ns 时延为电路的相位延迟所致。

图 5-62 为实时视频传输中 2.5 Mbps 伪随机信号在示波器中的眼图，可以看出，探测器接收到的调制光信号形成的眼图(下图，绿色)张开明显，且迹线清晰，非常有利于模拟信号转为数字信号的判别。

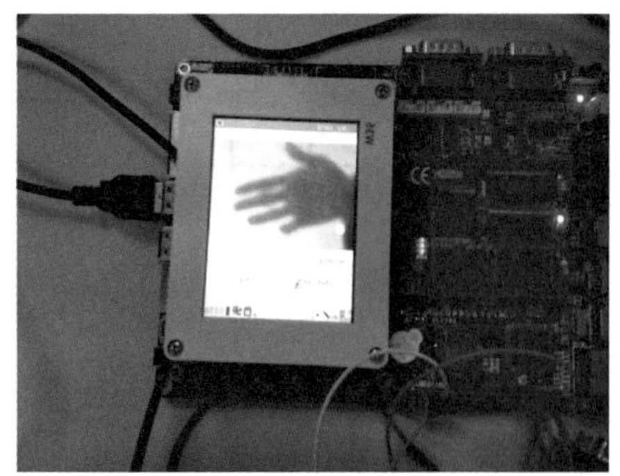

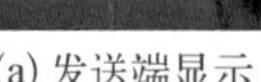

(a) 发送端显示

(a) 接收端显示

图 5－60 发射端和接收端数字部分的验证[31]

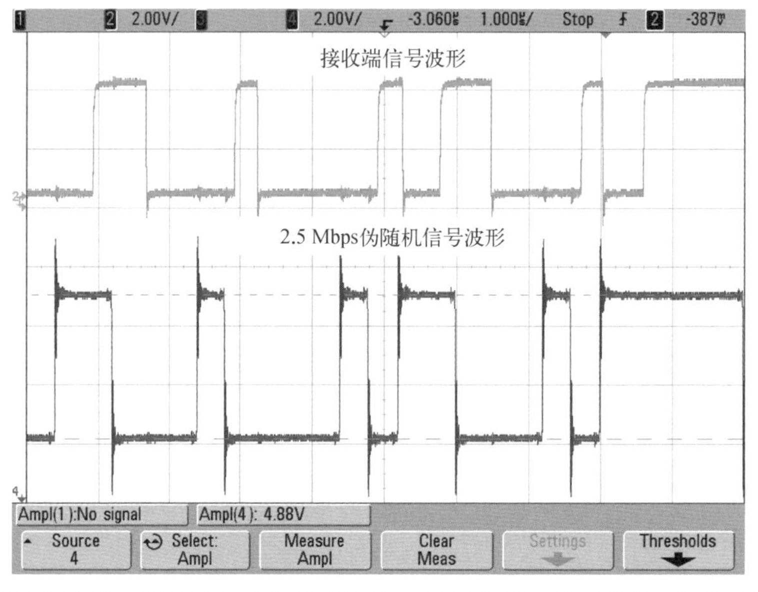

图 5－61 2.5 Mbps 伪随机信号波形(下)与接收端信号波形(上)对比

图 5－63 为实时视频传输演示照片及各组成部分示意图。通过上述实验系统的调试，成功实现了基于太赫兹光的实时视频信号无线传输演示，通信频点为 3.9 THz，实际通信速率为 2.5 Mbps[31]。演示实验中，视频信号传输稳定，在发射端和接收端显示的画面均播放流畅，没有出现卡顿现象，而且接收端画面相比于发射端画面的时延十分短暂。不过，由于接收端 FPGA 部分 RAM 容量有限，无法传输过于复杂的画面。如果采用内部资源更多的 FPGA 芯片，这一情况将会得到很好的改善。

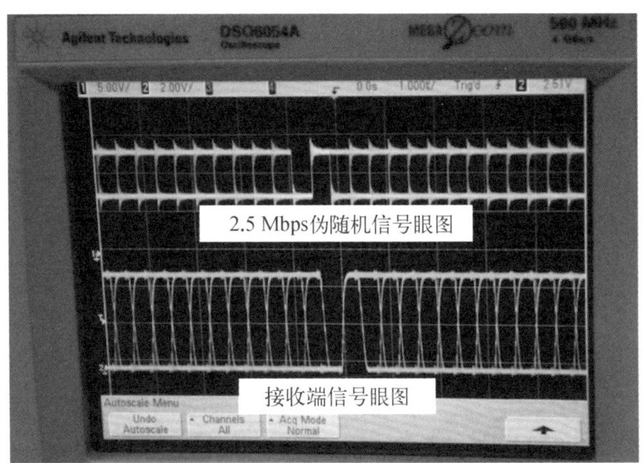

图 5 - 62 实时视频传输中 2.5 Mbps 伪随机信号在示波器中的眼图[31]

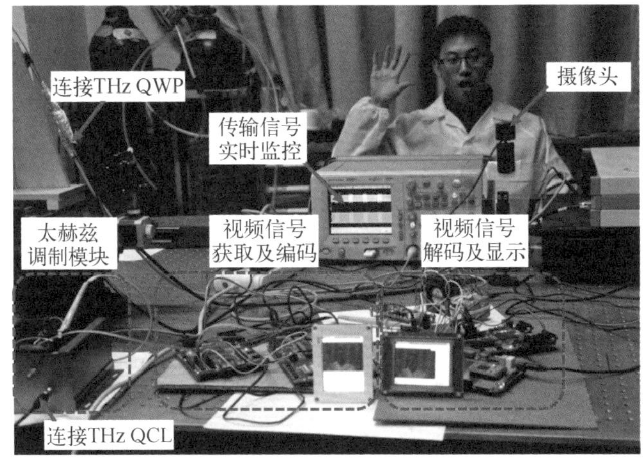

图 5 - 63 实时视频传输演示系统照片及各组成部分示意图

4. 传输速率的提高

根据 5.4.2 节中对信号调制解调过程的分析结果，通过优化 THz QCL 调制电路、THz QWP 跨阻放大电路，可以实现大电流、高电压下的快速调制电路，并针对较大输入电容的跨阻放大电路，在伪随机码码型上进行优化调试，最终获得不断优化的无线信号传输速率。

采用上述优化的调制解调电路，得到了在一个 2 m 距离的太赫兹光链路上传输不同速率伪随机信号时的链路误比特率值，结果如图 5 - 64 所示。由图可知，采用优化的 OOK 调制驱动电路和跨阻放大电路获得了较好的传输效果，在 18 Mbps 传输速率下的误比特率值仍然保持在 10^{-12} 水平。不过为了保证制冷效果和制冷量，制冷机中缠绕的低温导线较长，THz QCL 驱动电路加载端距离器件电极较远，导致驱动电路输出端的波形与 THz QCL 两端的实际波形不一致。另外，由于驱动电路和跨阻放大电路的带宽限制，整个太赫兹光链路的传输速率在大于 20 Mbps 之后，误码率急剧上升。

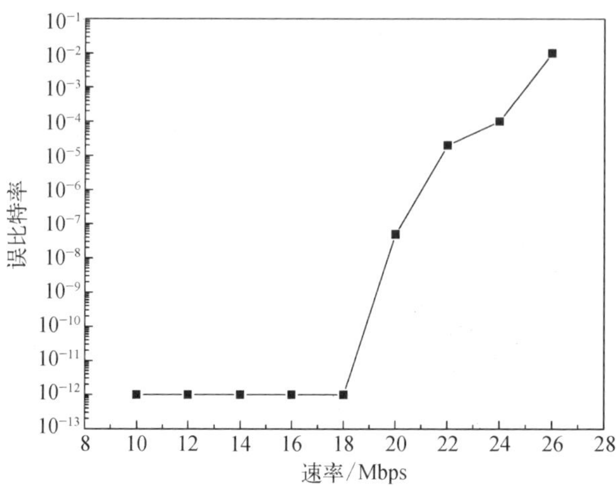

图 5-64 不同速率伪随机信号加载下的太赫兹光链路误比特率测试结果

5.4.4 器件通信性能的改进

太赫兹辐射的快速探测技术是太赫兹无线通信系统和成像系统中非常重要的一种基础技术，而对太赫兹发射端的调制也是高数据率传输和频移技术的关键。与中红外的 QCL 和 QWP 相似，THz QCL 和 THz QWP 在工作时内部存在非常快速的载流子跃迁过程，因此二者均具有非常快速的响应能力[33, 34]。THz QCL 是 1～5 THz 频段首选的通信系统发射端器件。在高速调制方面，研究者们借用上转换探测的方法，已经验证了 THz QCL 具备非常快速的被调制特性[34]。但上述高速调制光信号的直接探测因缺乏有效的探测器或探测手段，一直未能解决。在 5.4.2 节和 5.4.3 节中，上述器件作为通信系统的发射端和接收端已得到充分的性能验证。但是，受限于激光器调制、探测器跨阻放大和器件高速封装等方面的技术水平，上述发射接收技术和演示系统并没有将器件的快速响应能力发挥出来。

为了验证 THz QCL 和 THz QWP 的快速调制与探测性能，必须寻找新的调制和解调方法，并在器件封装方式上进行优化和改进，将两种太赫兹量子器件的内在高速响应特性充分发挥出来。在上述无线传输链路和系统中，THz QWP 由于缺乏阻抗匹配的信号处理电路和合适的跨阻放大技术，无线信号传输系统的链路带宽仅达到几十兆比特每秒的量级[32]。为此，一种采用射频注入调制的办法被提出，其并被用来实现对 THz QCL 的高速调制，同时采用传输线封装技术，将 THz QWP 封装在与传输线直接相连的热沉上（图 5 - 65），用于对快速调制太赫兹光的直接探测。

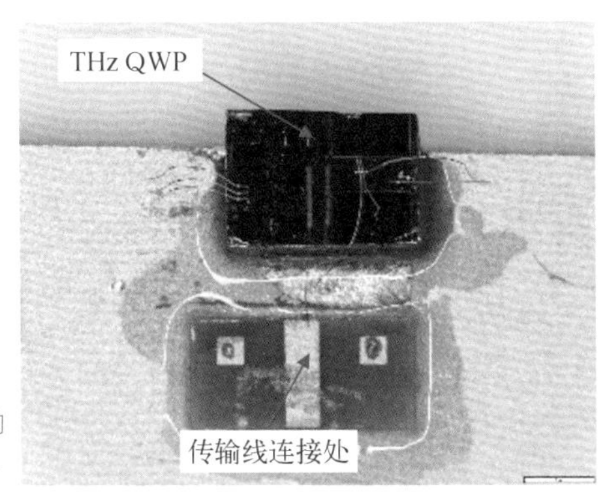

图 5 - 65 传输线式封装的 THz QWP 照片

图 5 - 66 所示为验证上述器件快速调制与直接探测性能的装置示意图，演示的光路距离为 0.3 m[35]。其中 THz QCL 的工作中心频率为 4.2 THz，为了能使探测器的响应幅度达到最大，采用了一个峰值探测率为 4.3 THz 的 QWP 进行频谱匹配，两者的频谱对比如图 5 - 67 所示。两个器件均工作于连续流液氦杜瓦中，工作温度均为 4.2 K。

上述快速调制与探测性能验证实验的具体过程如下：首先，给工作中心频率为 4.2 THz 的 QCL 施加直流偏压，使其工作在激射阈值附近，然后将微波辐射源产生的射频(RF)信号经过偏置器加载到 THz QCL 上，使其输出与 RF 信号同周期变化的太赫兹激光；THz QWP 接收到上述周期变化的太赫兹激光后，产生相应变化的光电流，通过另一个偏置器输出至放大器，然后将放大器的信号输出至示波器进行显示，同时将微波信号源的 RF 信号接入示波器进行对比。经过测试验证，获得了调制速率达 0.5 GHz 的信号波形（图 5 - 68），图中绿色曲线为加载到 THz QCL 的 RF 信号(Drive Signal)，黄色曲线为 THz QWP 的响应信号(Response Signal)。

上述演示实现了对快速调制太赫兹激光的直接探测，为进一步发展基于太赫兹半导体量子器件的高速调制、探测与信号传输技术奠定了很好的基础。

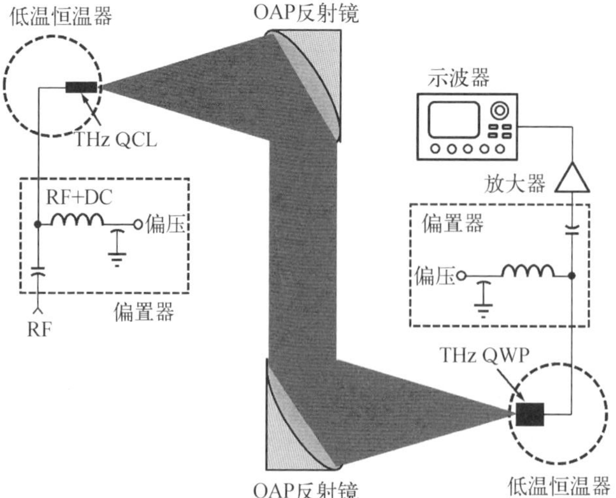

图 5-66 基于 THz QCL 和 THz QWP 的高速调制与直接探测装置示意图[35]

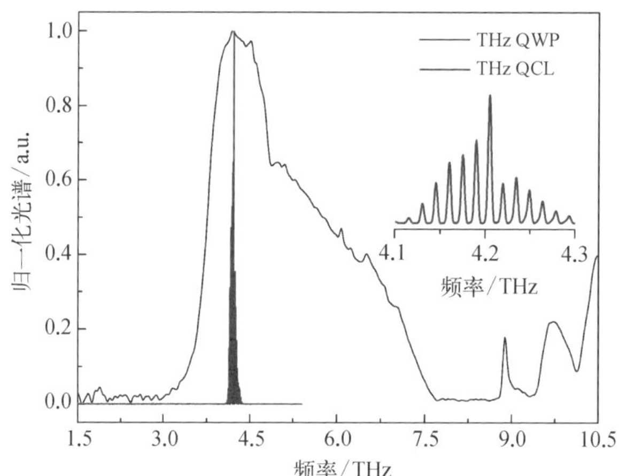

图 5-67 THz QCL 与 THz QWP 的频谱对比[35]

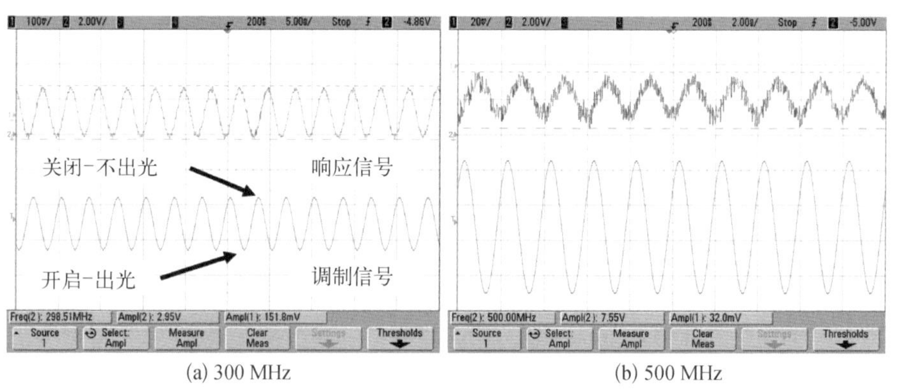

(a) 300 MHz (b) 500 MHz

图 5-68 THz QCL 驱动信号(上)与 THz QWP 响应信号(下)波形对比图[35]

5.5 小结

本章主要介绍了基于太赫兹量子器件的光电测试技术及其在太赫兹成像与无线信号传输方面的应用研究。分别从脉冲太赫兹激光测量、探测器峰值响应率与阵列探测器标定、太赫兹空芯光纤测量、太赫兹偏振光的测量与转换等方面着重介绍了基于 THz QCL 和 THz QWP 的光电测试技术和互表征技术，为太赫兹光电测试领域提供了很好的测试手段。然后，从扫描成像和阵列实时成像的角度，介绍了基于上述两种器件的成像系统，分析讨论了成像结果以及成像系统未来需要改进和优化的几个方面。最后，从信号无线传输的角度，介绍了以 THz QCL 发出的激光作为载频，实现的文本、图片、实时音频与实时视频信号的无线传输演示，分析了限制传输链路带宽的因素，最后采用射频功率信号调制的方式，验证了 THz QCL 和 THz QWP 的快速响应特性，为器件未来的高速应用奠定了基础。

参考文献

[1] Köhler R, Tredicucci A, Beltram F, et al. Terahertz semiconductor-heterostructure laser. Nature, 2002, 417(6885): 156 - 159.

[2] Liu H C, Song C Y, SpringThorpe A J, et al. Terahertz quantum-well photodetector. Applied Physics Letters, 2004, 84(20): 4068 - 4070.

[3] Liang G Z, Liu T, Wang Q J. Recent developments of terahertz quantum cascade lasers. IEEE Journal of Selected Topics in Quantum Electronics, 2017, 23(4): 1 - 18.

[4] 谭智勇，郭旭光，曹俊诚，等.基于太赫兹量子阱探测器的太赫兹量子级联激光器发射谱研究.物理学报，2010，59(4)：2391 - 2395.

[5] Schneider H, Liu H C. Quantum well infrared photodetectors: Physics and applications. Berlin: Springer, 2006.

[6] 中华人民共和国国家质量监督检验检疫总局、中国国家标准化管理委员会.红外焦平面阵列参数测试方法：GB/T 17444—2013[S].北京：中国标准出版社，2014：1.

[7] 李怡卿，谭智勇，曹俊诚，等.大口径柔性介质金属膜太赫兹波导的制作与特性.光学

学报，2016，36(1)：48－56.
[8] Luo X Q, Tan Z Y, Wan W J, et al. An efficient terahertz polarization converter with highly flexible tunability over an ultra-broad bandwidth. Journal of Applied Physics, 2019, 125(14): 144901.
[9] Adam A J L, Kašalynas I, Hovenier J N, et al. Beam patterns of terahertz quantum cascade lasers with subwavelength cavity dimensions. Applied Physics Letters, 2006, 88(15): 151105.
[10] Amanti M I, Fischer M, Scalari G, et al. Low-divergence single-mode terahertz quantum cascade laser. Nature Photonics, 2009, 3(10): 586－590.
[11] Yu N, Wang Q J, Kats M A, et al. Designer spoof surface plasmon structures collimate terahertz laser beams. Nature Materials, 2010, 9(9): 730－735.
[12] Guerboukha H, Nallappan K, Skorobogatiy M. Toward real-time terahertz imaging. Advances in Optics and Photonics, 2018, 10(4): 843－938.
[13] Hillger P, Grzyb J, Jain R, et al. Terahertz imaging and sensing applications with silicon-based technologies. IEEE Transactions on Terahertz Science and Technology, 2019, 9(1): 1－19.
[14] Tan Z Y, Zhou T, Cao J C, et al. Terahertz imaging with quantum-cascade laser and quantum-well photodetector. IEEE Photonics Technology Letters, 2013, 25(14): 1344－1346.
[15] Zhou T, Tan Z Y, Gu L, et al. Three-dimensional imaging with terahertz quantum cascade laser and quantum well photodetector. Electronics Letters, 2015, 51(1): 85－86.
[16] Tan Z Y, Zhou T, Fu Z L, et al. Reflection imaging with terahertz quantum-cascade laser and quantum-well photodetector. Electronics Letters, 2014, 50(5): 389－391.
[17] Lee A W M, Hu Q. Real-time, continuous-wave terahertz imaging by use of a microbolometer focal-plane array. Optics Letters, 2005, 30(19): 2563－2565.
[18] Lee A W M, Williams B S, Kumar S, et al. Real-time imaging using a 4.3-THz quantum cascade laser and a 320 × 240 microbolometer focal-plane array. IEEE Photonics Technology Letters, 2006, 18(13): 1415－1417.
[19] Lee A W M, Qin Q, Kumar S, et al. Real-time terahertz imaging over a standoff distance (>25 meters). Applied Physics Letters, 2006, 89(14): 141125.
[20] Oda N, Yoneyama H, Sasaki T, et al. Detection of terahertz radiation from quantum cascade laser, using vanadium oxide microbolometer focal plane arrays. Proceedings of SPIE, 2008, 6940: 69402Y.
[21] Bergeron A, Terroux M, Marchese L, et al. Components, concepts, and technologies for useful video rate THz imaging. Proceedings of SPIE, 2012, 8544: 85440C.
[22] Hosako I, Sekine N, Oda N, et al. A real-time terahertz imaging system consisting of terahertz quantum cascade laser and uncooled microbolometer array detector.

Proceedings of SPIE, 2011, 8023: 80230A.

[23] Oda N, Ishi T, Morimoto T, et al. Real-time transmission-type terahertz microscope, with palm size terahertz camera and compact quantum cascade laser. Proceedings of SPIE, 2012, 8496: 84960Q.

[24] Oda N, Lee A W M, Ishia T, et al. Proposal for real-time terahertz imaging system, with palm-size terahertz camera and compact quantum cascade laser. Proceedings of SPIE, 2012, 8363: 83630A.

[25] Oda N, Ishi T, Kurashina S, et al. Palm-size and real-time terahertz imager, and its application to development of terahertz sources. Proceedings of SPIE, 2013, 8716: 871603.

[26] 杨旻蔚,季海兵,谭智勇,等.成像与成谱联动的太赫兹分析检测仪.光学学报,2016,36(6): 115 - 122.

[27] Nagatsuma T, Ducournau G, Renaud C C. Advances in terahertz communications accelerated by photonics. Nature Photonics, 2016, 10(6): 371 - 379.

[28] Luo H, Liu H C, Song C Y, et al. Device and application of quantum well photodetectors for terahertz region. Proceedings of SPIE, 2006, 6386: 638611.

[29] Grant P D, Laframboise S R, Dudek R, et al. Terahertz free space communications demonstration with quantum cascade laser and quantum well photodetector. Electronics Letters, 2009, 45(18): 952 - 954.

[30] Chen Z, Tan Z Y, Han Y J, et al. Wireless communication demonstration at 4.1 THz using quantum cascade laser and quantum well photodetector. Electronics Letters, 2011, 47(17): 1002 - 1004.

[31] Chen Z, Gu L, Tan Z Y, et al. Real-time video signal transmission over a terahertz communication link. Chinese Optics Letters, 2013, 11(11): 112001.

[32] Gu L, Tan Z Y, Wu Q Z, et al. 20 Mbps wireless communication demonstration using terahertz quantum devices. Chinese Optics Letters, 2015, 13(8): 081402.

[33] Grant P D, Dudek R, Buchanan M, et al. Room-temperature heterodyne detection up to 110 GHz with a quantum-well infrared photodetector. IEEE Photonics Technology Letters, 2006, 18(21): 2218 - 2220.

[34] Gellie P, Barbieri S, Lampin J F, et al. Injection-locking of terahertz quantum cascade lasers up to 35 GHz using RF amplitude modulation. Optics Express, 2010, 18(20): 20799 - 20816.

[35] Tan Z Y, Li H, Wan W J, et al. Direct detection of a fast modulated terahertz light with a spectrally matched quantum-well photodetector. Electronics Letters, 2017, 53(2): 91 - 93.

索引

B

C

D

F

G

H

J

K

L

M

P

R

S

T

W

X

Y

Z